ICTを活用した営農システム

次世代農業を引き寄せる

監修　野口　伸

北海道協同組合通信社・ニューカントリー編集部

監修のことば

野口　伸
北海道大学大学院農学研究院教授

近年、農業における情報通信技術（ICT）やロボット技術（RT）の進歩が、急速に進んでいる。ICTやRTを活用した新しい農業は「スマート農業」と呼ばれ、これからの日本農業にとって極めて重要と広く社会に認知されている。わが国の農業分野の労働力不足は深刻で、さらに最近のTPPの大筋合意は日本農業の将来を脅かしている。この重大な局面を打破するためには、日本の強みである高い工業技術を高度に適用した革新技術を農業現場に１日も早く実装する必要がある。実際に農林水産省はじめ、政府も農業にイノベーションを引き起こすスマート農業のための先端技術の研究開発、大規模実証試験そして普及を推し進める諸施策を講じている。

他方、最近は農家の方もICTやRTを活用した先進技術に対する期待が大きく、導入にも積極的である。例えば、北海道ではGPSガイダンスシステム、GPSオートステアリングシステムの普及が進んでいる。これは営農規模拡大を進める上でネックとなるトラクタなど農機オペレーターの確保難が緩和されることに他ならない。オートステアリングシステムを使用すれば、女性、高齢者、初心者でもプロ農家顔負けの高い走行精度で作業ができる。

また、少ない労働力で規模拡大を進めると、当然今までできていたきめ細かな農作業がままならなくなる。他方、消費者は、農産物の低価格化とともに高品質化を求めている。国産農産物の国際競争力を高めるために、農家の皆さんは消費者ニーズに合致した農業生産を今まで以上に志向しなければならない。この収量や品質の高位平準化を進める上でも、ICTであるリモートセンシングや可変施肥技術は有効である。このように少ない人員で規模拡大を進め、さらに従来以上に高収量・高品質な生産をするためには、ICTとRTに頼らざるを得なく、これからの農業はますますその方向に進むことになるであろう。

このような背景から、最新のICTやRTについて基礎から応用まで体系的に扱った解説書として、「ICTを活用した営農システム～次世代農業を引き寄せる～」が企画された。本特集は入門編、応用編、事例編の３部構成とし、ICTやRTに関心はあるが内容に詳しくない方、最新技術を知りたい方、技術は知っているがその効果が判然としない方、技術の普及状況を知りたい方など、さまざまな読者層に受け入れてもらえるよう配慮されている。

応用編では、既に普及が進んでいる、もしくは近い将来普及が期待される最新技術を網羅的に取り上げている。事例編では、既に大規模実証試験や実用化された技術をユーザー、企業技術者、試験研究の専門家により技術評価がされている。執筆者は、みな第一線で活躍している専門家ばかりである。

この特集が、読者の皆さんの今後の営農に役立ち、ひいては強い北海道農業の形成の一助になれば望外の喜びである。

目　　次

第1部　入門編

第2部　応用編（最新技術解説）

第３部　事例編（実利用場面）

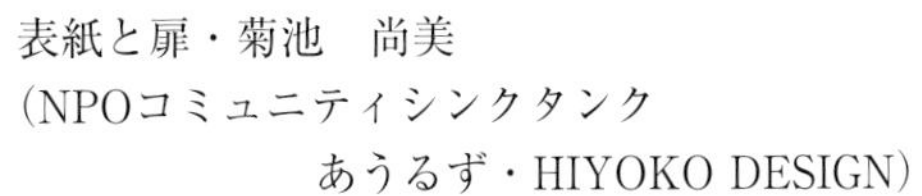

表紙と扉・菊池　尚美
(NPOコミュニティシンクタンク
あうるず・HIYOKO DESIGN)

執筆者一覧 （掲載順）

野口　伸	北海道大学大学院農学研究院教授
岡田　啓嗣	北海道大学大学院農学研究院講師
森本　英嗣	石川県農林総合研究センター農業試験場専門研究員
岡本　博史	北海道大学大学院農学研究院准教授
谷　宏	北海道大学大学院農学研究院准教授
南部　雄二	（一財）北海道農業近代化技術研究センター札幌支所長代理
吉田　剛	㈱トプコンスマートインフラ・カンパニーグローバル事業企画部
石井　一暢	北海道大学大学院農学研究院准教授
中土　宣明	（公財）新産業創造研究機構神戸ロボット研究所所長
手島　司	農研機構生物系特定産業技術研究支援センター 園芸工学研究部主任研究員
千田　有一	信州大学工学部機械システム工学科教授
八木　栄一	和歌山大学産学連携・研究支援センター特任教授
原　圭祐	道総研十勝農業試験場生産システムグループ研究主任
林　和信	農研機構生物系特定産業技術研究支援センター 生産システム研究部主任研究員
小林　伸行	㈱スマートリンク北海道常務取締役 酪農学園大学農食環境学群特任研究員
三浦　尚史	三浦農場（音更町）代表
馬渕富美子	道農政部生産振興局技術普及課北見農業試験場駐在主任普及指導員
安積　大治	道総研花・野菜技術センター研究部部長
丹羽　勝久	㈱ズコーシャ総合科学研究所アグリ＆エナジー推進室室長
高原　一浩	㈱クボタ収穫機技術部チーム長
西口　修	㈱日立ソリューションズ空間情報ソリューション本部GIS部担当部長
三枝　昌弘	㈱日立ソリューションズ東日本東日本ソリューション本部 北海道ソリューション部技師
村田　想介	ヤンマー㈱アグリ事業本部開発統括部農業研究センター 農業ICTグループ

第1部 入門編

第1部 入門編

ICT農業

情報通信技術（ICT）を農業に利用することは、食料生産の安定化を図る上で多大な効果が期待される。安全な食を安定供給するためには、生物生産環境のモニタリングと解析を通して最適に管理・制御する必要がある。また、全球レベルのマクロな生物生産の観点に立って食料生産の持続性を実現するためにも、各地域において気象・作物生育など栽培環境の長期モニタリングを行い、基礎的データの蓄積と管理が必須である。

すなわち、今後の食料生産の技術展開は、モニタリングした結果に基づいて生物生産に関わる複雑系をモデリングし、最適化できる方法論の確立にある。この場合の目的は、収量などの生産性だけでなく、環境保全も重要な評価軸となり、時空間情報を対象とするフィールドインフォマティクスの進展が重要である。具体的には、センサーネットワーク、リモートセンシングなどによる広域センシング技術や多次元フィールド情報の解析を進め、これを基にした生物の新たな生理生態学的特性と、環境適性を考慮した食料生産理論を創出することにある[1)]。フィールドから収集される多様で膨大なデータを管理・統合し、空間・時間・内容に応じて適切に組織化し、その先は一般化した知識ベースの構築、広義には作物栽培に関する技術形成を達成することにほかならない。

ICT農業の目指す方向

わが国の食料生産基盤は脆弱で食料自給率（カロリーベース）は39%（2014年度）、先進諸国の中で最低である。政府は2014年３月に策定した「食料・農業・農村基本計画」で、25年度までに食料自給率を45%まで引き上げる目標を掲げているが、最近５年連続39%であり、目標達成には多大な努力が必要であるのはいうまでもない。

他方、農業就業人口は1990年には482万戸であったのに対して、2014年には227万戸と過去24年間で47%にまで激減した。加えて、農村地域では、若年層の流出により、13年の基幹的農業従事者の平均年齢は66.5歳になり、労働力不足は深刻な状況にある。

米を含む農産物の輸入自由化が進む中で、国際競争力を確保するために、今まで以上の品質の向上や生産コストの削減が求められており、国内農業の構造改革と合わせて革新的な技術開発により、一層の品質の向上や生産コストの削減を図ることが喫緊な課題となっている。この問題を解決するために、農地の集積や高能率機械体系の導入による生産性の向上、新規就農・異業種参入の促進が重要である。

しかし、土地利用型農業における作物の生産性は、畑の土性や地形、気象などの影響を受けるため、生産性を高めるためには畑の特性に応じた農作業方法や資材を選択しなければならない。また、耕地面積を維持して安定した食糧生産を達成するためには、現状では「経験」と「勘」に基礎をおいた栽培技術が不可欠であり、ここに新規就農が増加しない根本的な原因がある。日本農業を再生するためには、ICTを高度に活用して、作物栽培にノウハウがない未熟練者でも一定の生産性を確保できる「営農支援システム」の開発が急務である。

一方、今日の日本農業は農業従事者の漸減によって、農業に関わる知と技術の消失が起こっており、農業に関わる知の可視化は、日本農業を持続的に維持・発展させる上でも不可欠である。この解決に向けた取り組みとして、いわば、「匠(たくみ)の技術」をサイエンスに基づいて生成できる方法の確立がある[2)]。換言すれば、今後の栽培技術は、人が農業生産過程において処理している「データ」→「情報」→「知識」→「知恵」のプロセスを解明・モデル化し、その機能実装した人工物である「インテリジェントシステム」を創出することが求められる。

精密農業

精密農業の歴史

ICT農業は、欧米では従来から精密農業と呼ばれ実践されてきた。ここでは、具体的なICT農業として精密農業について解説してみたい。

20世紀の欧米の農業は生産性向上を目指して、機械を大型化し、化学肥料や農薬を大量消費するといった投入エネルギーの増大を基礎に発展してきた。しかし、作業効率や生産性は向上したものの、農地やその周辺に与える環境負荷が大きく、農業生産の持続性を低下させる結果となった。これからの農業は、生産性と環境の両面への配慮が求められ、この両立が農業の持続性には不可欠である。

この問題を解決する農法として1980年代後半にICT、特に空間情報に基づいて精密な農業生産を行う精密農業（Precision Farming, PF）という技術概念が提唱され、21世紀の生産技術として世界中で研究開発が始まった。従来の農業生産は、農村レベルから圃場レベルまであらゆる階層で、個人知に依拠した生産形態がとられ、生物生産の本質である不確定性・不確実性のリスクを農薬、化学肥料などの過剰投入によって回避してきた。

その結果、農薬・化学肥料の農地残留、河川への流出を引き起こし、環境に与える影響が問題になった。当然、不要な資材投入は農業経営にとっても望ましくない。この問題を科学的に解決するためには、土壌や植生などの空間変動を考量して、細分化した小空間ごとに適切な資材投入量を決定する必要があり、この実現には**図1**のようなプロセスを構成する。適切な「意思決定」には、圃場の時空間情報を総合的に考察する「分析と診断」が重要である。さらに川上の「データ取得」では、トラクタにセンサーを搭載する近接、ドローンなどの低層、そして人工衛星の高高度に至るさまざまなリモートセンシングが用いられる。

すなわち、PFの基盤技術は、GPSに代表される衛星測位システム（GNSS）、さまざまな空間情報をデータベースで管理できる地理情報システム（GIS）、そしてリモートセンシングである[2)]。

図1　ICT農業のコンセプト

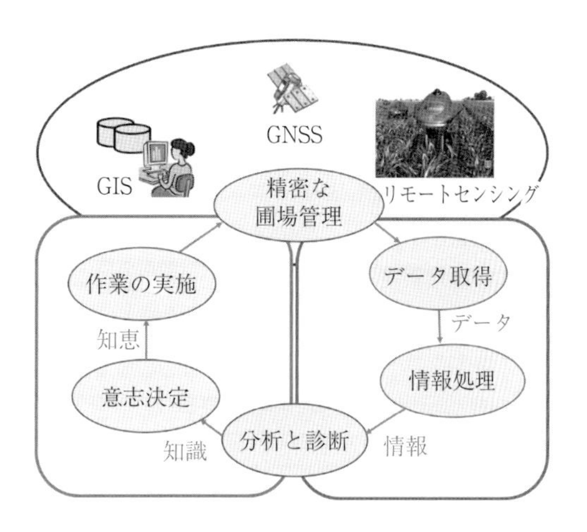

精密農業の技術要素

精密農業（PF）の革新的な点は、GNSSとGISを活用することで農家が今まで把握できなかった圃場の状態（収量や土壌成分）が地図情報としてコンピュータのスクリーンに描画され、そのデータに基づいて経営戦略が立てられるようになったことである。

これは、今まで自分の圃場の詳細を観察・記録することができなかった農家にとって、画期的な出来事であった。また、圃場の詳細情報は、施肥設計など具体的な作業計画の適正化にも有効である。ここでは、現在欧米で普及している各種PF機器について概観することにする。

■収量モニター付きコンバイン

アメリカにおいて、2012年には約40%の農地で使用されており、PF用機材の中でGPSガイダンスの次に普及している。この収量モニター付きコンバインは、GPS受信機、レーダ速度計、穀流センサー、含水比センサー、収量モニターが基本要素である。

さらに、収量測定精度を向上させるためにヘッダ部両端に超音波距離計を装着して、実刈幅をリアルタイムで測定して収量データを補正するシステムも実用化している。この収量モニタリングシステムは、小麦、コーン、大豆はもちろんのこと、オート、大麦にも対応している。

■土壌マップ

アメリカにおいて、収量マップの次に普及しているものが土壌マップである。収穫後圃場の土壌マップは、今のところ、農家が収穫後に土壌分析を請け負う業者、コンサルタント会社などに土壌採集・分析を依頼して、土壌中窒素、リン、カリなどの主要成分の他に、pH、カルシウム、有機質含量などを分析・マップ化してもらう方法で普及しており、次年度の作業計画に使用されている。

現在、バギーなどオフロード車両やトラクタの３点リンクに装備するソイルサンプラが製品化されており、これら機器はコンサルタント業者などが所有して運用する。ソイルサンプラはGPS、自己位置がマップとして視認できるモニター、土壌サンプリングのためのアクチュエータなどによって構成される。

すなわち、収穫後の圃場から土壌をグリッド状にサンプリングして、GPSによる位置データとともに格納し、GISによりマップ化して、土壌診断を行う流れである。

■可変施用作業機

収量マップと土壌マップは普及しているPF製品であるが、これ以外にさまざまな可変施用作業機が製品化している。播種機・施肥機・防除機などについて、自宅のパソコンで作成した作業計画（アプリケーションマップ）に基づいて、自動的に施用量を圃場内で調整、制御できる機械群がある。

これは、「マップベース可変施用機械」と呼ばれる機械である。この「マップベース」が次年度以降の農作業に有効な技術に対して、リアルタイムに適切に資材の可変施用を行うことを目的とした「センサーベース可変施用機械」も注目されている。いわゆる、On-the-go方式と呼ばれるPF技術である。

例えば、コンピュータが雑草の繁茂状態をリアルタイムで認識して、雑草の存在している所だけに除草剤を散布する防除機、コーン、小麦、大麦などの生育中の窒素ストレスを観測して、生育状態に応じて追肥する施肥機などがこれに当たる。

すでに欧米、日本において光学センサーをトラクタなどの農用車両に搭載して、水稲、小麦などの栄養状態を観測して、リアルタイムに適切に施肥量を決定して施用する「センサー可変施用機械」が普及している。また、航空機や人工衛星によるリモートセンシングデータを解析して、準リアルタイムに可変施肥する技術も実用化している。

この可変施用機械は現状ではアメリカにお

図2　時空間データを収集・分析して営農支援するシステム

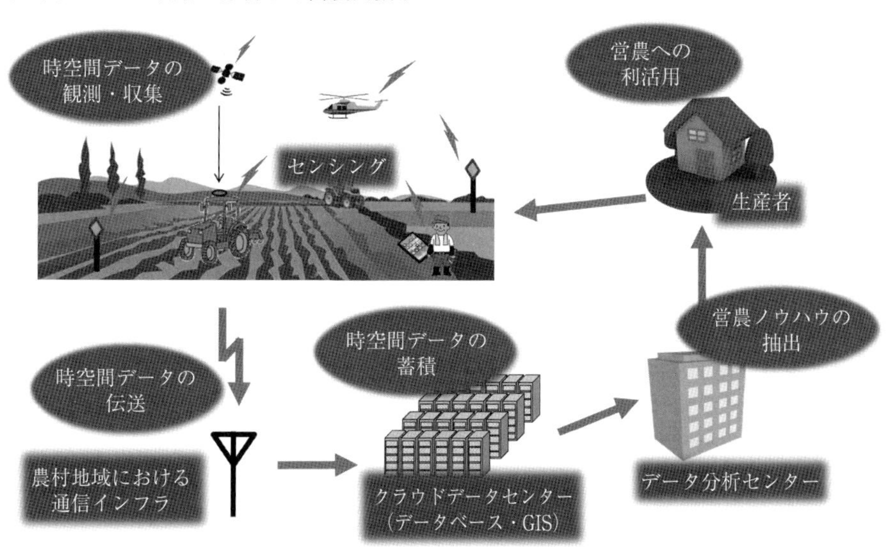

いて10%以下の普及にとどまっているが、今後この「センサーベース」は「マップベース」と比較して容易に使用できるので、さらなる普及が予想される。

精密農業のメリット

PFが所期の目標を達成できれば、資材投入の最適化が計られ生産性は確実に向上する。また、農薬・肥料の過剰投入を抑えることができるので、農産物の安全性、農地環境の保全に寄与する。

他方、PFには、圃場環境や作物生産の情報化といった側面もある。センシングされた作物情報を客観データとして蓄積・整理することで、新規就農者のための教育教材に活用することもできる。

さらに進んで気象情報、作物栽培情報、収穫情報、土壌情報、病虫害情報、流通・販売情報など膨大な農業情報と作業履歴をデータベース化し、営農に関する知識を自動的に抽出、見える化できる技術が開発されれば、地域の農業生産性を低下させない極めて重要なシステムとして機能する。

ICT利用による新規就農の促進

ICTを高度に活用することで、新規就農や企業の農業参入のハードルも下げることができる。ここでは「インテリジェントシステム」と呼ぶが、インテリジェントシステムは、「時空間データの効率的収集」→「データから有用情報への変換」→「情報からノウハウへの変換・蓄積」のプロセスを構築することが必要となる。特に農家が作業の意思決定をする上での必須な情報である「気象情報」「土壌情報」「作物生育情報」「生産履歴情報」の効率的な収集がポイントとなる。

図2は現在、著者らの研究グループが取り組んでいる「営農支援システム」として機能するインテリジェントシステムである。インテリジェントシステムは、①気象ロボットによる微気象観測網②人工衛星や低空リモートセンシングによる農地や作物生育の情報③プロ農家の作業情報④農協などに整備されている地理空間情報システム(Geographic Information System：GIS) に

蓄積された生産履歴情報によって構成される。

これら①〜④は通年で、しかも毎年取得される時空間データとなるため膨大なデータ群である。特に③プロ農家の作業情報は、作業中農機からリアルタイムに無線通信によって自動収集するもので、極めて大きなデータ量となる。そしてこの「生産環境」-「農作業」-「生産物の質と量」から構成されるデータ群からプロ農家の営農ノウハウの自動抽出が技術目標である。

しかし、この「営農ノウハウ」の抽出には難しい問題を含んでいる。その一つは地域の作物の栽培回数は基本的に年1、2回しかなく、実は4、5年の期間では、知識を発見できるほどのデータセットの質・量は確保できない。営農ノウハウとなる知識ベースは〝経験や勘に基づき言葉などで表現が難しい知識〟である「暗黙知」と、〝言葉や文章、数式、図表などによって表出することが可能な客観的な知識〟である「形式知」で構成されるデータベースである。特にインテリジェントシステムは、言葉などにしづらいプロ農家の「暗黙知」を取得することを目指しているが、上述のように年間の栽培回数も制限されており、データに基づく知識ベースの構築は決して容易ではない。

一方、人はこの限られた栽培回数で、いわゆる高い栽培技術を身に付ける。この理由は知識創造プロセス理論として有名な野中郁次郎先生らの知識創造モデル[3]が適用される。

この理論は、**図3**に示した通り知識創造にはSocialization（共同化）、Externalization（表出化）、Combination（連結化）、Internalization（内面化）の4つのプロセスが必要であり、個人知から集団、組織の知識に変換・移転していく循環過程で、知識が創造・進化するというものである。暗黙知の個人間の共有（共同化）とその「暗黙知」の「形式知」への変換（表出化）、「形式知」同士を組み合わせて

図3　知識創造モデルの概念図

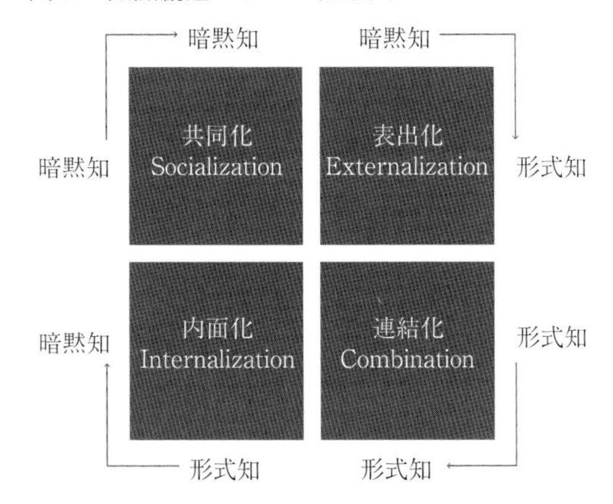

（野中ら「知識創造企業」東洋経済新報社、1996年）

新たな形式知を創造する（連結化）、そしてその形式知の実践と体得（内面化）から成立するという理論である。

すなわち、近代農業の基盤となった家族や農村コミュニティの中で親・兄弟、友人などから個人知の継承・共同化、連結化を通して地域の栽培技術を形成していったプロセスはこのモデルが適用されると考えられる。

しかし、この知識創造プロセスは農村コミュニティが主役であり、今日の離農・過疎化が進む農村において、この知識創造プロセスはもはや機能しない。人工物で知識創造を目指すICT農業の場合、その代替として農学の研究者の有する一般化された知識を最大限活用することが肝要である。

具体的には、暗黙知の探索空間を絞り込むために、データベースの設計段階から形式知である農学の知識（ドメイン知識：domain knowledge）を最大限活用することにある。

「営農ノウハウ」の可視化を目指した研究は、ドイツ連邦共和国教育研究省のプロジェクトとして2008年10月から4年間行った。農業における知の構造化を目的としたI-Greenと命名されたプロジェクトであるが、ドイツ人工知能研究所が中核機関となり、農業関連の試験研究機関、企業、農業団体など16機関

とコンソーシアムを構成して行った。

食料自給率（熱量ベース）が92％（11年）のドイツにおいて研究されたことは、興味深い。つまり、このドイツの研究動機は、今から20～30年後の農業従事者の減少を見込んだところにあった。他方、わが国は農業の持続性強化は既に深刻な問題であり、ICT農業の確立はオールジャパンで早急に取り組むべき課題である。

地域の活力アップに有用なICT

「営農ノウハウ」によって農業プロセスを最適化することにより、生産性とともに収益向上を図ることが可能になる。また、このインテリジェントシステムによって営農に有用な情報を蓄積・配信することで、新規就農者への円滑な技術伝承もできる。

他方、大規模農業経営に対しては生産プロセスのPDCA徹底による生産の低コスト化と品質の高位平準化に寄与する。さらに食料生産の川上から川下まで一気通貫の情報化による６次産業化を推進できるメリットもある。

農業が地域の基幹産業の場合、農業の衰退が地域の活力を失わせ、人口減少に拍車をかけ最悪地域崩壊にもつながる。地域の活性化には若者が新規就農して、その地域住民になることが重要である。ICT農業がその一助になることは疑いの余地がない。

（野口　伸）

【参考文献】

１）野口伸（2009年）「農工融合によるフードイノベーションを目指して」日本農学アカデミー会報No.12、６～53㌻

２）日本学術会議（2014年）「農林水産業への地球観測・地理空間情報技術の応用―持続可能な食料生産と環境保全―」日本学術会議提言

３）野中郁次郎、竹内弘高（1996年）「知識創造企業」東洋経済新報社

第1部 入門編

農業の自動化・ロボット化

第１部の「ICT農業」で述べたように、日本農業の労働力不足は深刻である。労働力不足の一方で、農業経営改善のために１戸当たりの耕作面積は増加している。そのため耕作に手間のかかる農地の耕作放棄が増加し続け、40万ha（2010年）に達した。

この主要な発生要因は労働力不足であり、耕作放棄地は地域の営農環境にとどまらず、生活環境にも悪影響を及ぼしている。今後も農業の労働力不足はさらに進行することが予想されており、ロボット化を含めた超省力技術の開発が、日本農業を持続させる上で必須である。

一方、ロボットを少子高齢化の中での人手不足やサービス部門の生産性の向上という日本が抱える課題の解決の切り札にすると同時に、世界市場を切り開いていく成長産業に育成していくための戦略を策定するためにロボット革命実現会議が2014年９月に首相官邸に設置され、15年１月23日に報告書「ロボット新戦略」[1)]がまとまった。新戦略では５産業分野について具体的な技術政策が提言されたが、その一つが「農林水産業・食品産業分野」であり、農業をロボット化の重要産業と位置付けている。

この新戦略を具現化する推進母体として15年５月15日にロボット革命イニシアティブ協議会が設立された。200社以上の企業・団体が参加した産官学の組織であり、ロボットによる新たな産業革命を起こすべく活動を行っている。

他方、世界に目を転じると世界の人口は10年で70億人、30年には84億人になり、食料需要は現在の50％増との推計があり、今後世界の食料需給バランスは崩れ、食料不足になるとされる（世界食糧サミット、08年６月）。

さらに日本農業が抱えている労働力不足は先進諸国・新興国でも共通である。農業従事者の減少、特に農業技術を有した人材の不足が問題になっており、国際的に車両系農業機械のロボット化はニーズが高い。現在ロボットトラクタは米国・欧州・中国・韓国・ブラジルなどで開発中である。本稿ではこの農業ロボットの現状と課題を論じることにする。

ロボット新戦略

ロボット新戦略では、農林水産業・食品産業分野のロボット導入について「ロボット技術を積極的に活用することで作業を機械化・自動化し、労働力を補うとともに、センシング技術などを活用した省力・高品質生産により、大幅な生産性向上を図ることを目指す。

また、多くの作業が炎天下や急斜面などの厳しい労働環境で行われている中、依然として人手に頼っている分野において重労働を軽労化するとともに、ICTと一体的にロボット技術を活用することでノウハウが必要とされる作業を経験が少ない者でも可能にする。

また、高齢者が生き生きと農業を継続するとともに、若者・女性など多様な人材の農林水産業への就業を促す環境を整える」ことを基本的考え方にしている[2)]。

今後、重点的に取り組むべき分野としては

以下の３技術が挙がっている。
①GPS自動走行システムなどを活用した作業の自動化
②人手に頼っている重労働の機械化・自動化
③ロボットと高度なセンシング技術の連動による省力・高品質生産

「①GPS自動走行システムなどを活用した作業の自動化」では、トラクタなど農業機械の夜間・複数台同時走行・自動走行を行い、これまでにない大規模・低コスト生産を実現することを目指す。

「②人手に頼っている重労働の機械化・自動化」は、収穫物の積み下ろしなどの重労働をアシストスーツで軽労化するほか、除草ロボット、畜舎洗浄ロボットなどによりきつい作業、危険な作業、繰り返し作業から解放させることが狙いである。中山間地における畦畔（けいはん）除草や傾斜地の除草作業は重労働であり、除草ロボットは農家ニーズが大きい。またアシストスーツも高齢者の重量野菜の収穫やコンテナ運搬など足腰に負担強度の大きい作業を楽にできる技術として普及に対する期待が大きい。この除草ロボットとアシストスーツは、本特集でも個別に扱っている。

「③ロボットと高度なセンシング技術の連動による省力・高品質生産」は、センシング技術や過去のデータに基づくきめ細やかな栽培により、作物のポテンシャルを最大限に引き出し、多収・高品質を実現することを目指す。

この分野は特に高度施設園芸が該当する。高度な施設園芸は、地域固有の気象資源を有効に活用・考量して最適な環境制御を行わなければ、植物の生産性を向上させることは難しい。地域の自然環境を把握した上でハウス環境を制御することが要求される高度施設園芸は、いまだ高い技術を有した人のオペレーションが必要であり、工業化・産業化に発展させる上で大きな障害となる。すなわち、栽培ノウハウの可視化とインテリジェント化は、次世代の施設園芸分野においても極めて重要な課題といえる。また、農業用ロボットのいち早い導入が期待される分野は、半閉鎖系の施設園芸分野であり、中期的にはさまざまな作業ロボットが実用化される可能性が高い。

ロボットを導入した次世代の全自動施設（太陽光利用型植物工場）は国土が狭く、少子高齢化が進むわが国の食料生産システムとして極めて有望なシステムといえる。保護あるいは制御された環境は、屋外と比較して作物生育およびロボット作業の双方に適した生産環境に整備することが可能である。これが屋外と比較してロボットの実用化が早い理由である。さらに施設型生産システムは、集約的な生産システムであり、制御環境という好条件を適用して付加価値の高い果物、野菜、花きなどの高価格な農産物を生産することで経済的にもロボット導入の効果を最大化することが可能である。

清浄レタスを代表とする葉菜類の施設生産システムや苗生産システムでは、播種から出荷までの各過程において装置化やロボット化が既に一部実用化しているが、高齢化と労働負荷の観点からニーズが大きい各種管理・収穫ロボットはいまだ開発途上にあり、今後の研究開発に期待がかかる。

農産物の加工・流通過程において、光センサーを用いた等級選別、NIRによる食味計などが品質の管理・向上のため、さらに利用されることになろう。次世代施設園芸は生産履歴情報はもちろんのこと、消費者が求めるオーダーメードな食料生産を可能にし、農産物の生産から消費までのフードチェーン全体を対象にしたシステムに進化することが予想される。

新戦略では20年までに目指す姿として、自動走行トラクタの現場実装を実現、農林水産業・食品産業分野において省力化などに貢献する新たなロボットを20機種以上導入するとしており、農林水産省はじめ関係省庁が産業界と協業して今後この目標実現に向けた技術開発を進めることになる。本稿では、北海道農業において特に重要な「① GPS自動走行システムなどを活用した作業の自動化」分野に絞って、技術動向を概観してみたい。

GPS自動走行システムなど活用した作業の自動化

GPS自動走行システムは、既に「GPSオートステアリングシステム」として現場実装している。今後、「有人・無人協調作業システム」さらには「完全無人作業システム」が普及することが期待される。

さらに、これら技術の安定性・信頼性を高める技術として日本版GPSと呼ばれる「準天頂衛星システム」がある。本稿では、この4技術の現状と将来展望について解説する。

GPSオートステアリングシステム

GPSオートステアリングシステムは、オペレーターが手放しで作業させることができる技術で、女性、高齢者にも安全・高精度なトラクタ作業を可能にするため、労働力不足が深刻な日本農業には有効な技術である。

この技術については本書の第2部の「GPSガイダンスシステム・オートステアリングシステム」、第3部の「ガイダンスシステム・オートステアリングシステムの活用」で詳しく解説されている。特に自動運転ではないが、運転操作を支援するガイダンスシステムの普及が急速に進んでいる。また、オートステアリングも近年急速に伸びている。北海道では15年度にガイダンスシステムは980台、オートステアリングシステムが480台販売されており、全国販売数の約90%が北海道である[3)]。

しかしオートステアリングシステムは、アメリカではすでに約40%の農家が使用しているが、北海道ではまだそこまで普及していない。これは、オートステアリングシステムが日本の農家にとっていまだ高価であることも一因である。加えてオートステアリングが、いつでも、どこでも安定して使用できないことも理由である。

これはGPS自体の限界であるが、GPS衛星数が限られているため、防風林や建物のそばでは測位精度が上がらない、もしくは使用できないことが起こる。ただアメリカ、ロシア、EU、中国の測位衛星が全て使用でき、さらに現在日本政府が整備を進めている準天頂衛星システムが完備すれば、測位システムの安定性と精度は格段と高まることになる。このような測位衛星システムをマルチGNSSと呼んでいる。

有人・無人協調作業システム

無人で動く機械は、いまだ世界的に実用化していない。その理由は、ロボットの安全性にある。万が一事故が起きたときの責任問題に帰結するが、ロボットトラクタを安全に使用できる方法として人間との協調作業がある。前方にロボットトラクタが無人で整地作業を行い、有人トラクタがロボットを追従して施肥・播種作業を行う。

ロボットトラクタはあらかじめ決められた経路を5cm程度の誤差で走行できるので、人間の能力をはるかに超えた走行性能である。後方トラクタのオペレーターは、ロボットトラクタが残したマーカー軌跡を追従すれば精度良く作業できる。また、ロボットの走行停止・再開、走行速度の変更、耕深の調節などは、後方の有人トラクタから遠隔操作できるので、圃場の状態に応じた適切な作業設定ができる。

現在、農林水産省はこの協調作業システムの安全ガイドラインを策定中で、2、3年以内には整備される見通しである。この技術のメリットについては第3部の「有人・無人協調作業システムの活用」で詳しく解説されているので参照されたい。

完全無人作業システム

衛星測位システムを利用したトラクタ、田

図1　完全無人作業システム

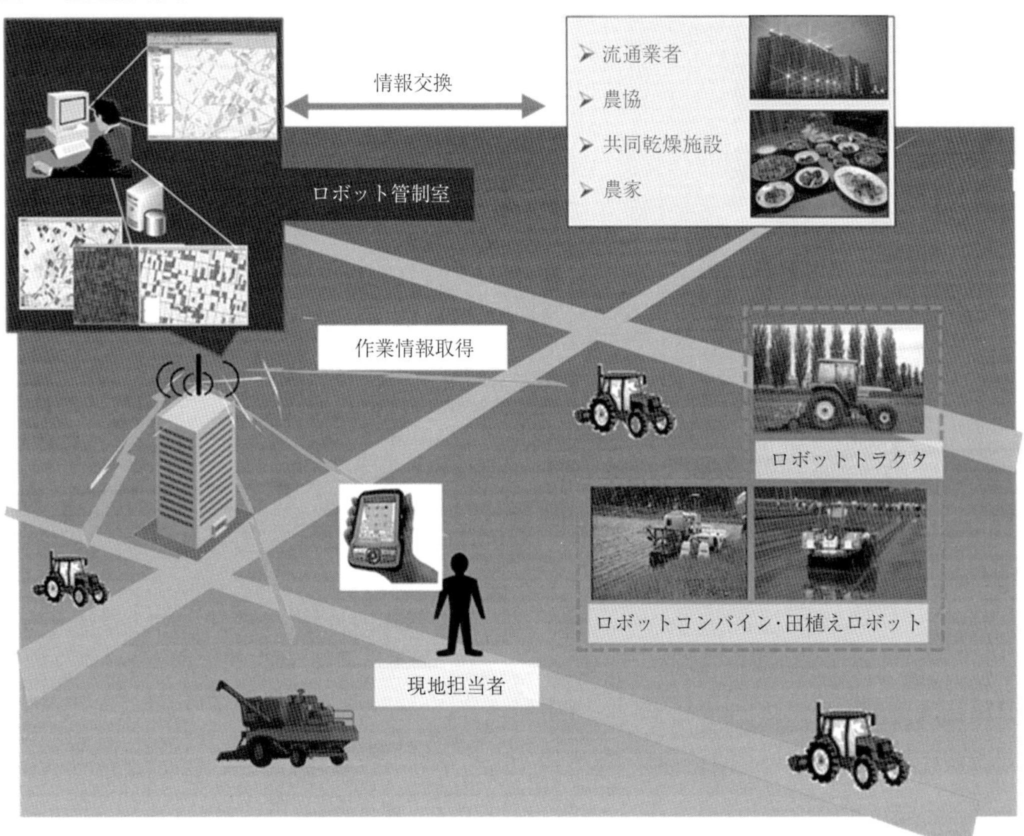

植え機、コンバインなど主要な農業機械のロボットは技術的に完成している[4]。ロボットトラクタ、ロボット田植え機、ロボットコンバイン、そして各種ロボット用作業機が開発されている。

全てのロボットは高精度GPSと姿勢角センサーといった航法センサーを使用して、精度は横方向偏差で±5cm、速度も慣行の有人作業と同等で作業できる。また、ロボットは障害物センサーを装備しており、自動作業中に人や障害物を検出してアラーム、一時停止、待機など適切な行動を取ることもできる。これら技術の詳細は第2部の「ビークルロボット」で解説されている。

基本的に**図1**のように地域内で複数のロボットに同時作業させられるシステムで、ロボット管制室にいる1人のオペレーターが複数台のロボットを管理できる[5]。さらに大区画圃場においては耕うん、整地、代かきの夜間作業も可能である。ただし現状では、ロボットの遠隔監視用の電波がないため完全無人作業システムの実現には、まだ4～5年かかる見込みである。

ビークルロボットの将来展望が、**図2**である。一つ目は1人がロボットに搭乗して複数のロボットを監視するシステムである。前述した第3部「有人・無人協調作業システムの活用」で説明する有人・無人協調システムは、ロボット1台と通常のトラクタによるシステムであったが、**図3**のシステムは3台以上のロボットによる協調作業であり、人間は自動運転のロボットに搭乗し、ロボット群の監視と作業速度や耕深などの設定・調整が任務となる。このシステムの場合、複数のロ

図2　ビークルロボットの将来展望

1人がロボットに搭乗して複数のロボットを監視

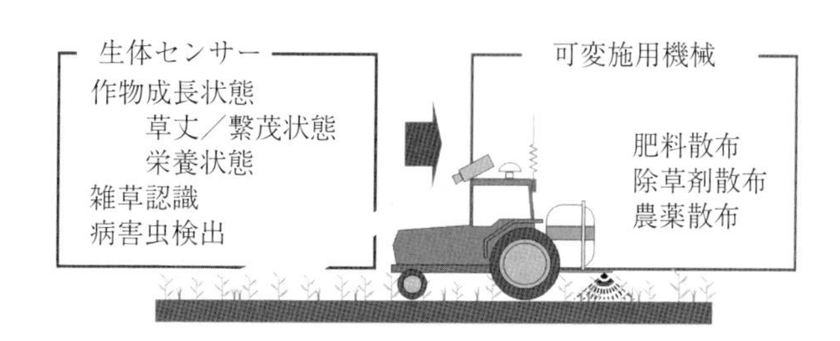

ロボットが生育状態を認識して最適な作業

図3　小型スマートロボットによる農作業システム

ボットを同時に使用するので作業能率は格段に向上するのは言うまでもない。また、運転操作が必要でないため高齢者、女性、初心者などでもオペレーターの役割を果たすことができる。

もう一つの将来像は、ロボットが生育状態を認識して最適な作業を行うことができるスマートロボットである。ロボットが、篤農家に匹敵する農作業の知識を有する。インターネットに接続してさまざまな情報を収集・解析して的確な作業を自律的に行う。最近話題の「モノのインターネット」(Internet of Things：IoT)の農業利用であるが、拡張性が高く、低コストに実現できる生産システムである。

いわばスマートロボットは、「単純作業ロボット」から農業を知った「知農ロボット」への進化を意味する。

準天頂衛星システム

準天頂衛星システム(Quasi-Zenith Satellite System；QZSS)は、常に日本の天頂付近に衛星1機が見えるように、軌道設計された衛星測位システムであり、現在1機のみの運用であるが、18年には4機体制になり、その後は米国のGPS衛星に依存しない衛星測位システムが確立できる7機体制まで拡充する計画である。

準天頂衛星システムの機能は、高仰角から航法信号（軌道情報および時刻情報）を提供する「補完機能」と、測位精度を向上させる補強信号を送信する「補強機能」がある。前者は山間部やビル陰など十分に可視衛星数が確保できない場所において測位が可能になり、後者は準天頂衛星から放送される補強信号（L6）を使用することでセンチメートル級の測位精度を実現する。本特集では、第2部の「GPSガイダンスシステム・オートステアリングシステム」で、準天頂衛星システム利用の開発段階のオートステアリングシステムについて詳しく紹介されている。

現在、複数の補強信号が検討されているが、国内で整備される補強信号でセンチメートル級の測位精度が達成できるものはCLASと呼ばれる測位方式である。このCLAS信号の受信は無料になる予定で、ユーザーは2～3cmの高精度測位サービスを基地局なしで自由に使用できることになる。

欧州の農業ロボット事情

農業の近代化は、「機械の大型化」の歴史であった。1人の農家の食料生産・供給の増大が人（ヒト）を農業以外の産業に従事させることを可能にし、現在の人類の豊かさを生み出している。この原動力が「農業の機械化と大型化」であり、これが農業の大規模化を可能にした。

しかし、産業革命以降の「機械の大型化」という食料生産戦略が土壌踏圧による作物の生育環境を悪化させ、その対策として不可欠な心土破砕作業の消費エネルギーが増大している。EUの調査では、農業生産に使用される石油エネルギーの90%がこの心土破砕に費やされ、食料生産に関わるエネルギー消費の増加を引き起こす原因になっている。また、近年の気候変動に伴う異常気象により各地で多雨が発生し、そのため大型機械では適期に作業できないことが多い。

この問題の解決には、**図3**のような小さなロボットが群で協調しながら精密・高効率に作業を行うシステムが必要になり、EUではその研究開発が最近始まった。圃場規模に対する対応は〝1台の馬力〟ではなく、小型ロボットの〝台数〟になることが特長である。また、この小型ロボットは農地を面的に均一に管理する従来農法から作物を個体レベルで精密に管理する農法に変える。すなわち、「面」の農業から「点」の農業への大転換である。この個体管理に基づいた農法を導入することで、例えば除草剤散布量は99.9%まで削減できる。当然、このシステムのキーテクノロジーは高精度測位技術であることは言うまでもない。

◇

日本農業の持続性をロボットによって確保できるかどうかは、今後これら革新技術を最大限活用できる農業経営組織や作業体系を生み出せるかどうかにもかかっている。経営の大規模化による生産コストの削減にロボットが貢献することは言うまでもない。基本的にロボット1台は労働者1人に相当し、人手不足の解消に有効であることは明白である。実際には、ロボットは昼夜を問わず24時間連続作業が可能であり、その労働生産性は2～3人の労働力に匹敵するとみることもできる。今後ロボット技術は国際市場を念頭に置き、しかも要素技術の共通化を図ることで製造コストの削減に努める必要がある。

ロボットの開発・普及には、技術的問題にとどまらず、制度の整備も重要な課題となる。ロボットの安全性評価とガイドラインの策定、社会的受容形成の検討も必要である。また、安全性確保ガイドラインやロボットシステムを最大限有効活用できる生産経営基盤も検討しなければならない。特に水田作、畑作などオープンフィールドで作業を行うロボットには、安全性の問題を抱えているものもあるので、行政主導による制度の整備なくして普及は困難である。また、普及のための大規模実証試験は、企業―行政―農業者（市民）の連携により実行され、社会的コンセンサス形成に資する重要なものとなる。

（野口　伸）

【参考文献】

1）日本学術会議（2008年）「IT・ロボット技術による持続可能な食料生産システムのあり方」日本学術会議提言
2）日本経済再生本部（2015年）「ロボット新戦略」
3）北海道農政部技術普及課（2015年）http://www.pref.hokkaido.lg.jp/ns/gjf/jisedai/syukka.htm
4）野口伸（2004年）「農業ロボット（I）」ビークルオートメーション近藤・門田・野口編、コロナ社、143～205㌻
5）N.Noguchi（2013年）「Agricultural Automation-Fundamentals and practices」、Agricultural vehicle robot、CRC Press、15～39㌻

第2部 応用編

(最新技術解説)

第2部 応用編

気象情報と予察情報

私があらためて述べるまでもなく、気象は農業にとって切り離すことのできない要素であり、その移ろいは農作業や収穫量、作物の品質に大きな影響を及ぼす。

気象の巧みな利用は、農業の歴史の一部であるとともに、これからも農業にとって重要な課題である。「農業にとっての気象」は、葉っぱ1枚から一つの地域くらいまでのスケールの広がりの中での現象だと考えているが、「気象」そのものは、より広い空間スケール、つまり、雨滴や雪の結晶といった微細なスケールの現象から偏西風やエルニーニョといった全球規模（地球全体）の現象にまで及んでいる。そしてそれらが、それぞれ異なる時間スケールで生起・消滅を繰り返しながら、他の空間スケールにも影響を及ぼして、別の気象現象の要因となる。

われわれはこうした気象現象の一部を必要に応じて切り取って認識しているにすぎないという事実は、農業と気象の関係を本質的に理解する上で重要である。それは、農業が食料生産という枠内で完結するのではなく、地球環境と社会、そして人としての生き方に影響を与えているのに似ているかもしれない。

本稿ではまず、気象情報理解の基礎として気象の基礎的な話を交えながら、測器の原理と取り扱いについて簡単に説明する。自ら気象測器を用いてデータを収集したり、アメダス（AMeDAS：Automated Meteorological Data Acquisition System）などの既存のデータを利用する場合の参考になるだろう。続いて、気象情報の利用について、マップ化（メッシュ化）の概要や営農利用について述べ、将来の気象情報と予察情報について考える。

気象情報理解の基礎

ここでは代表的な測定項目について、気象情報理解のための基礎的な話をする。農業にとっての気象の利用とは、作物の生育期間中に過小でも過剰でもない量の、光と温度、水を確保できるような条件を整えることである。これらは、日射量、気温、降水量、湿度、風速などの数値情報として評価される。測定された数値の意味の理解は、気象の知識の理解をもって真になされる。また、この知識は気象データ利用や気象測器の運用にも大いに役立つだろう。

日射と日照時間

最初は日射と日照時間に関わる話である。太陽のエネルギーは生命活動をはじめとする地球表面上の多くの現象に影響を与えており、そのエネルギー伝達は「放射」により行われている。

放射による熱の移動とは、ある物体から射出された電磁波が他の物体に吸収されることによって、その物体のエネルギーが増加することである。太陽だけでなく、地球上の動植物やわれわれの身体、コップやまな板など身の回りにある事物も同様に「放射」によりエネルギーを放出（吸収）している。

電磁波はその名の通り、波である。放出さ

れる波はさまざまな波長（波１つ当たりの長さ）の物があり、ある物体からの放射による電磁波の波長分布域は、物体の温度が高温であるほど短くなる（ウィーンの変位則）。太陽（表面温度約6,000℃）と地球上の事物（平均約15℃）の放射の波長分布域を見てみると、太陽は約３μmまで、地球上の事物のそれは３μm以上となっており、両者は全く異なっている。太陽からの放射を短波あるいは日射、地球上の事物からの放射を長波と呼ぶ。なお、太陽からの放射=短波（日射)、が光として目に見えるのは、人間が識別可能な0.4～0.7μmの電磁波を含むからである。

この日射のエネルギー量を水平面上で測定したものが、日射量である。傾斜面では値が変わるので、必ず水平面でなければならない。日射量を測定する日射計は、熱電対を利用したものと半導体を利用した物に分けられる。熱電対タイプは、筐体（きょうたい）上部の黒く塗られたセンサー面がガラスドームで覆われた形になっており、日射がセンサー面に入射すると裏面との間で温度差が生じ、これを電圧として出力する。半導体タイプは、白色フィルターの下に光電素子が置かれており、日射が当たることによって電圧を生じる。こちらは日射の全波長域に対して応答しているわけではないので、熱電対タイプよりも精度が落ちる。また、フィルターの劣化による精度の低下もある。ただし、それほど精度を必要としない日射量観測に対して、フィルター劣化に注意しながら半導体タイプを使用するのは、それほど問題がないと筆者は考えている。

日射は、大気中のエアロゾルや水滴などによる散乱を受けるため、地表で受け取る日射は直接来た成分と散乱を受けた成分に分かれ、前者を直達日射、後者を散乱日射という。なお植物にとっては、散乱日射の方が光合成に有効な波長の日射量が多い。日照時間は「直達日射量が120Wm^{-2}以上の時間」と定義される。曇りがちの日も日射はあるが、この直達日射120Wm^{-2}という基準を満たさない時間は、日照時間にカウントされない。

日照時間の測定には日照計を用いるが、あらかじめ検定時に電池の出力と日射量の対応関係を調べておき、その電池の出力の大きさから日照の有無を判別する太陽電池式のものと、規定日射量以上の日射時にパルスを発生させる回転式のものがある。アメダスでは日射量ではなく日照時間が測定されているが、日照時間と日射量は比較的高い相関があるので、マップ化の間にはこの関係が利用される。

長波は、さまざまな気象現象に大きく関わっているので少し触れておきたい。先に物体の温度と波長の話をしたが、射出される電磁波のエネルギーについては、温度が高いものほど大きくなることが知られている（シュテファンーボルツマンの法則)。長波放射としてエネルギーを放出すれば、物体の温度は下がる。よく晴れた夜間の後の明け方が冷え込むのは、地表面が放射により熱を失い冷えるからである（放射冷却)。晴れていないと生じないのは、雲の長波放射が晴れた空のものより大きいからである。雲が地表面に熱を供給することによって放射冷却が妨げられているともいえる。霜害を防ぐのにたき火の煙を利用するのは、この原理を利用している。

もう一つ、大気中のCO_2増加による温室効果が話題になったが、これはCO_2が長波放射をよく吸収する性質があることによる。大気中のCO_2が増加すると、地表からの長波放射をCO_2が吸収し、再び長波を放射する。つまり、CO_2がなければ宇宙空間へと出て行ったはずの長波が、再び地球を暖めるのに使われることが考えられるということである。

気温・湿度と飽和水蒸気圧

気温とは、空気中の分子の運動量の合計である。密度が高くて分子が多く、その運動が激しければ気温が高くなる。運動が激しくても、密度が低くて分子数が少なければ、気温は低い。上空に行くと気温が低くなるのは、この密度の効果で説明される。

気温センサーとしては、よく見かけるアルコール式や水銀式の液体の膨張・収縮を利用したもの、温度により抵抗値が変化することを利用した抵抗温度計、温度差によって起電力が変化する熱電対などがある。気温の測定に関して、センサーは長短両方の放射の影響を受けないようにすることが重要である。そのため、正確な気温の測定には通風が必須で、気温測定用の温度計には放射よけ+通風ファンか、自然通風シェルターが備わっている。また、気温を測定する高度への配慮も重要である。気温の鉛直分布は、太陽放射により直接加熱される地表付近が最も高温で、上に行くに従って低下する。地表から1m以上の高さの場所であれば、気温の鉛直勾配（高さ当たりの気温変化）も小さくなるため、1～1.5mの高さで測定されることが多い。

湿度の話に移ろう。湿度とは大気中に水蒸気がどれだけあるか表す指標だが、目的によってさまざまなものが考えられている。ここでは、普段の生活でよく耳にする「湿度=相対湿度」について説明する。水蒸気は大気を構成する分子の一つであり、その量はおおむね窒素・酸素に次ぎ、長波放射をよく吸収する・地球上の常温で態変化（水蒸気⇔水⇔氷）を起こす・場所や時期による量の変動が大きい、という特徴を持つ。

大気中に含まれ得る最大の水蒸気量を飽和水蒸気量と呼ぶ。飽和水蒸気量は気温によって変化し、0℃で$4.9gm^{-3}$、20℃で$17.2gm^{-3}$、40℃で$51.1gm^{-3}$と指数関数的に増加する。相対湿度とはある空気について、そのときの気温における飽和水蒸気量に対し、その空気が実際に含んでいる水蒸気量との比を百分率で表したものである。蒸発のしやすさをその指標にしていると考えてもよい。湿度の測定について、アメダスなどでは湿度センサーとして静電容量式（高分子膜）が用いられている。これは、空気中の相対湿度の変化に対してセンサー素子の電極間の静電容量が変化することを利用して、湿度を測定するものである。応答性が速く、測定範囲が広いという特徴を持っている。

気温・湿度を測定する標準測器であるアスマン通風乾湿計は、乾球（通常の気温計）と湿球（ガーゼを巻いた気温計）と通風ファンから構成される。一定風速の風を当てた湿球に水分を供給し、蒸発による湿球温度の低下から、湿度を算出する。空気が乾燥していると蒸発が起きやすく、湿っていると蒸発が起きにくいため、同じ気温であっても乾燥度合いで湿球温度が変化することを利用している。水分の供給がうまく行われていないと正確な湿度を算出できない。湿度の測定も、気温の場合と同様に、通風や放射よけが必要で、さらに測定高度を考慮しなければならない。また、湿度センサーは空気中のちりなどの付着による劣化が生じるため、定期的なメンテナンスが重要である。

降水と蒸発散

降水量は通常、この測器は「ししおどし」と同じ原理の転倒式雨量ますにより測定される。この測器は筒型で、筒の上部にろうと状の集水口を持ち、筒の中に同じ容量の容器が2つと、それぞれに対応する金属製の「接点」で構成されている。2つの容器はつながっており、集水口からの雨はどちらかの容器にたまるようになっている。雨が一定量入ると、容器はその重さで接点をたたくと同時に雨水を放出する。もう片方の容器は雨水がたまる位置に来ていて、一定量の雨水がたまると接点をたたく。雨量は、この接点をたたいた回数をカウントし、容器の容量と掛け合わせることで得られる。雨量計の誤差要因としては、遮蔽（しゃへい）物や風の影響により補足できない降水があることや、強雨のときに雨をためる容器が追随できないなどが挙げられる。特に前者は重要で、雨量を正確に測定するには、風よけを必要とする。また、他の気象要素と比較して場所ごとの偏りが大きいといわれており、面的な降水量を扱う場合には扱いに地形の効果を考えるなどの処理が必要な場合がある。

地表面に降り注いだ水は、いずれ地表・地下へ流出するか、蒸発散により大気中に戻っていく。蒸発散とは、土壌や水体などの無生物表面からの蒸発と、植物体の呼吸と光合成に伴う葉面の気孔からの蒸散を合わせたものである。蒸発散量は、かんがい排水計画や地温・水温の維持に深く関係するため、昔から多くの研究がされている。蒸発散の計算は、水の鉛直方向の移動と植物の蒸散を扱うためにやや複雑である。基本的に2高度のデータ（気温・湿度・風速など）が必要であるが、気象台やアメダスなどの観測では一つの高度のデータしか取得しておらず、一つの高度でも蒸発散量が推定可能であるような手法が開発されている。

風速・風向

風速の測器として真っ先にイメージされるのは、風車が回転する風車式や風杯式といったものではないだろうか。風車式は主翼のないプロペラ飛行機のような形状をしており、風向も同時に測定できる。これらは風の強さによって回転数が変わることを利用し、風速を測定する測器である。回転数はパルスか発電量に変換されて、それに対応した風速が出力される。これらの風速計は、ある風速（起動風速）以下では回転が生じないため、微風条件では風速が計測されない。

これに対し、近年、気象ロボットや大気と地表面の物質交換の測定などに用いられている超音波風速計は、微風時でも測定可能である。超音波風速計は、発信器と受信機の間の音波の到達時間が風速の大小により変化することを利用したものである。風向と風向を測定する場合には2対、鉛直風速も測定する場合には3対の超音波センサーを使用する。可動部がないため、メンテナンスも容易である。風速計は、センサー本体やその支持物の影響を受け、風向によっては誤差が生じることに留意して、センサーと支持物が主風向方向に並ばないように設置することが重要である。

気象情報の利用

ここでは気象情報の利用という観点から、気象データのマップ化と営農利用について述べる。気象情報の営農利用については、病害虫防除についてと、追肥や出穂・収穫量予測に役立つ作物生育モデルについて概要を解説する。最後に気象データの蓄積がもたらす効用を考える。

気象データのマップ化

アメダスの観測網は、広域的な気象データの代表である。アメダスの観測項目は、気温（℃）、湿度（%）、降水量（mm）、日照時間（分）、風向（16方位）、風速（ms^{-1}）であり、これらの項目が1時間置きに自動で測定されている。ただし、全ての観測点で全項目を観測しているわけではない。観測点は約20㎞の間隔で配置されており、国内には1,300カ所、道内には230カ所が存在する。しかし、圃場ごとの作物生育や病虫害の予察、蒸発散量推定モデルの適用などに対して、気象台やアメダスなどの気象観測点はまばらであり、何らかの方法で修正された、利用する地点に即した値が必要とされる。

気象データのマップ化は、こうした目的に対し、複数の地点で観測されたデータ群を平面上に展開することである。メッシュ化とも呼ばれる。最も単純なマッピング手法は、ある点について周囲の観測点との距離を求め、距離に応じて重みを変えて平均を求める方法である。しかしそれだけでは、地形要素や土地利用の影響を十分に表現できない。特にわが国のように一様な地形や土地利用がそれほど広い範囲で連続しないような場所では、観測値の代表性は観測点周囲の狭い範囲に限定される。

わが国では、気象庁により国土数値情報のメッシュに対応した１㎞×１㎞の30年平年メッシュ気候値が整備されており、月別の降水量・平均気温・日照時間・全天日射量が利用できるが、その作成には標高や勾配とその方位、凹度、凸度などの地形因子と都市因子を用いた重回帰の手法が用いられている。

地形因子のうち標高については、これが高くなるほど気温は低くなることは経験的にもご存じだろう。この高度の増加に伴う気温の低下率を熱減率という。

乾燥空気の場合、熱減率は100mでおよそ１℃である。しかし、通常の大気は水蒸気を含んでいる（湿潤空気）ため、これよりも小さな値となる（100mでおおよそ0.6℃）。両者の違いは、湿潤空気は気温低下の過程で水蒸気の凝結による放熱があることによる。勾配とその方位、凹度、凸度などの値は、山や谷、盆地などを含む地形（複雑地形）で大きくなる。複雑地形では、山の影響で日照時間が短くなるだけでなく、平地とは異なる気象現象も生起する。例えば盆地では、晴れた夜間には斜面の放射冷却による冷気塊が盆地の底にたまって、平地よりも極端な低温になることがある。また、日中は平地から山頂に向かって風が吹き、夜間は山から平地に向かって風が吹く山谷風循環も存在する。山岳は山頂と低地部の温度差によって上昇気流が生じやすいことと、山体が物理的障壁となって上昇気流が生じやすいことにより雨の降り方に違いをもたらす。

また、海洋や湖沼などの水体の存在が周囲の気象に与える影響もある。水体は熱容量が大きく、暖まりにくく冷めにくいという陸地とは異なる熱的特性を持つ。そのため、夏季は陸面が温度上昇して大気に熱を供給するのに対し、水体は熱を吸収し蓄えて周囲の大気の温度上昇を妨げる。逆に冬季は、水体は夏季に蓄えた熱を放熱するため、水体周囲の陸地は暖かくなる。都市因子は、土地利用が気象に与える影響についてモデル化したものである。農地、森林など植物の存在している場所では、都市などの植物の少ない場所と比べて蒸発散により気温の上昇が抑えられる。また、都市は冬季や夜間のヒートアイランド現象に代表されるように人為起源の熱源を持つ。

なお、気象庁のメッシュ気候値は月別の30年平年値であり、農業への利用には時間解像度が不足気味である。農業利用目的では、日別の１㎞×１㎞メッシュの気象値（気温・日射量・降水量）を出力するシステムを農研機構が開発し運用している。こちらの気温と日射量については、近隣アメダスの実況値と平年値の差を、距離に応じて加重平均する「平年差との距離重み付け法」を採用している。これは、平年値の方が実況値よりも場所ごとの地形の影響が高く出ることを利用している。つまり、あるアメダス観測点について実況値から地形の影響が加味された平年値を差し引いてやると、平均的な地形の影響が取り除かれる。この値は、完全に地形の影響が取り除かれているわけではないが、実況値よりはアメダス観測点間のデータの質の差が小さくなっているという考え方に基づく。降水量は、日別の平年値を取ることが無意味である（気温や日射のように毎日連続的に変化する量ではない）ため、単純に距離による加重平均が行われている。

気象情報の営農利用

害虫や病気の発生は気象の推移と大きく関係しており、気象との関係が数多くモデル化されている。

害虫発生や作物生育のモデル化においてよく使用される指標が、気温推移の履歴を表した「積算温度」である。積算温度は、日平均気温がある「しきい値」以上のときだけ、それ以上の温度分を一定期間合計する。例えば、しきい値が10℃で、ある1週間の日平均気温が、11℃、15℃、13℃、9℃、8℃、15℃、17℃と推移したとき、1日目の気温に対して積算される温度は(11℃-10℃)で1℃となる。従って、この1週間の積算温度は21℃（1+5+3+0+0+5+7）である。

害虫の生育過程においては、ある最低限度以上の気温にならないと発育が進まないことが知られている。この気温を発育零点と呼ぶ。発育零点と、それをしきい値とした成虫になるまでの積算温度は害虫ごとに異なるが、主な害虫についてはそれらが実験により調べられている。例えば、カメムシの発育零点は13.8℃で成虫になるのに必要な積算温度は330℃、ナストビハムシは発育零点が14.8℃で成虫までに必要な積算温度が151.2℃である。栽培期間中に第2世代が活動するような害虫には、それに対応した積算温度も求められている。従って、日々のデータから害虫ごとの有効積算温度を計算すれば、必要に応じた農薬散布が可能であり、数年単位の長期間では実際の農薬散布回数を減らすことができると考えられる。

病気の防除については、水分に関する情報、湿度や降水量を用いた指標が用いられることが多い。馬鈴しょ疫病初発予測のFLABSは、平均気温・降水量による感染好適度指数（DIV）を使用している。DIVは計算によって求めるのではなく、通常は表から数字を拾い出して使用する。この表は、葉の湿潤継続時間を行、温度を列の要素としており、それぞれ対応する箇所に指数が割り当てられている。この表から指数の数値を毎日拾って積算し、累積が一定値になったところで初発が発生すると推定する。同様の考え方は、馬鈴しょの褐斑病の予察システムにも使用されている。降水量ではなく、相対湿度を用いたDIV表を作成する場合もある。葉いもち感染好適日予測のBLASTAMは降水量・風速・日照から葉面の湿潤時間を算出し、これと気温との関係から、感染に好適な条件下どうかを判断する。ただし、実際の病気の発生は、外部条件（近隣圃場の輪作ローテーションなど）の影響も強く、気象情報からの指標は絶対的なものでない。

追肥のタイミング、出穂・登熟の時期や収量の予測は作物生育モデルを使用することで実現可能である。作物生育モデルとは、日々の気温、日射量、降水量などの気象要素を入力値とし、植物体を数値で表す諸要素、草丈や葉面積、乾物重量、収量などが出力されるものである。コンピュータ内で作物を栽培する、と考えてもよい。つまり、日射が当たれば、そのときの温度と葉の面積に応じた光合成がなされ、炭水化物が生成される。その一部は植物体を成長させるために使用され、残りは呼吸に用いられる、といった具合に、植物内で起きている現象を再現し、一つの植物体に関わるさまざまな数値を算出する。こうしたモデルに気象データ（の予測値や平年値）を入力することで、作物の成長段階や収量を予測でき、それに応じた営農計画を立案することも可能である。しかし、モデルの作成には手間がかかり、すべての品種や土壌タイプを含む営農条件の違いなどに対応しているわけではない。

気象データの蓄積

気象データの利用は、営農をしているその年だけで完結させるものではない。過去の気象データの利用の最も身近な例は、平均値の算出だろうか。平均値は代表値としての記述性は高く、現象の概要をつかむのに適しており、農業だけでなくさまざまな分野において多様な利用のされ方をしている。

データの記述に当たってもう一つ、ばらつきを表す標準偏差（分散）も性質を記述する便利な要素である。気象のばらつきは、農業にどのような利用の仕方があるだろうか。例えば、秋まき小麦は、播種から積雪までの積算温度（しきい値0℃）が390～580℃必要とされる。播種した時点で、その後の積算温度が実際に何度になるかは不明だが、過去のデータから統計的な期待値は計算することができる。すなわち9月中旬の播種予定日の前後何日分について、過去の気温データを使って積算温度の平均と標準偏差を求める。年ごとの積算温度が正規分布に従うと仮定すれば、ある日の積算温度の平均値から標準偏差を引いた値が390℃以上の日が、67%以上の確率で必要な温度を確保できる日である。同様に、平均値に標準偏差を加えた値が580℃以下であれば、同じ確率で育ち過ぎを回避できる。積算温度予測の確率に基づく、複数の播種日のポートフォリオを組むような利用の仕方もできるだろう。もちろん、データの分布が正規分布にならない可能性もあるが、データの蓄積はそうした問題をいずれ解決し、統計的な利用も可能にしてくれるはずである。

将来の気象情報と予察情報

農業と気象の関係において、天気予報の長期化と予想精度の向上、圃場ごとの正確な気象マップ、病虫害防除をはじめとする各種営農管理に関わる気象情報利用技術の進化が将来は求められる。天気予報の長期化は、近い将来に2週間まで延ばせる見込みがあるそうだ。後者2つは多くの取り組みがなされており、われわれの研究グループもその一つである。現在、構築を検討しているシステムでは、領域内にアメダス観測網の10倍程度の高密度な気象観測網を持ち、それぞれの観測点のデータがインターネットを介してリアルタイムでサーバーに送られる。圃場データとして、領域内の各圃場について固有IDの他、面積や土壌タイプ、作物情報、位置情報、地形情報などを持たせる。サーバーでは、気象観測網のデータと各圃場の地形データからリアルタイムで気象マッピングを行い、圃場ごとの気象情報を計算し蓄積する。蓄積されたデータは、病害虫防除のための指標（積算温度やDIVなど）が計算される他、栽培されている作物ごとの生育モデルの入力値として使用される。病害虫防除の指標は防除適期のシグナル、作物生育モデルは追肥や収穫適期の判断がサーバーでなされ、必要に応じて作業者の携帯電話に連絡される。これら全てが短期間で実現されるわけではないが、将来的にはこうしたシステムが日本各地で見られるようになることだろう。

気象センサーネットワークの充実は、別の効果も生み出す。それは、数値モデルの初期値をより確かなものにし、その精度を飛躍的に高めることである。そしてこれは、「よく当たる天気予報」へとフィードバックされる。また、予察情報も初期の頃は誤差が大きいかもしれない。これは、さまざまなモデルが平均的な気象・圃場・営農条件でのものであり、圃場固有の事情を考慮してないためである。営農活動記録を含めた各種データ収集を圃場単位で行うことができれば、土壌条件や営農技術といった圃場に固有な条件を取り込むことになり、それがモデルを改善するためのデータとなる。また、気象データの蓄積は確率論的な営農活動も可能にし、農業経営のさらなる安定化に大きく寄与するだろう。

（岡田　啓嗣）

第2部 応用編

土壌センサー・生育センサー

わが国における肥料の自給率は、ほぼゼロに等しい。さらに、肥料産出国の輸出制限や社会情勢の変化に伴い、ここ数年原料高騰が続いており、この現状はもはや生産者単位での自助努力の範囲を超えていることは自明である。

小規模生産者数は統計的に減少し続ける一方、50～100haクラスの大規模生産者が増加傾向にある。このクラスの生産者は、年間数百万から1000万円超の肥料代を支出しており、直接的に経営に影響を与えていることを考慮すると、農業機械分野における適正施肥の技術シーズを生産者へ提供することは喫緊の課題であるといえよう。

また圃場集積が進んだ地域などで、生産者が自主的に取り組んでいる畝取りなどの簡易合筆をした際、もともとの圃場の高低差を作土の移動で補正した結果、切り土と盛り土部での生育が安定しないというような問題が頻発している。これらの問題は結果的に倒伏を引き起こし、コンバインによる適期作業を阻害する要因となっているが、根本的な解決策は現状ではなされていない。他方、わが国の水稲栽培において適正施肥栽培技術とその利活用は重要性が従前より提唱されており、精密農業が代表するように局所施肥技術について多くの研究が行われてきた。

精密農業については、欧米では一部普及が見られるものの国内では積極的な技術普及は滞っているのが現状である。そこで筆者は、日本型精密農業を普及させるためのキーワードとして「篤農技術をオペレーターへ」と「肥培管理のさじ加減を生産現場へ」の２つを掲げて技術開発および普及に取り組んでいる。

ここでは、水稲を中心に大規模栽培を行っている集落営農組織や農業法人を支援するための技術として「土壌センサー」と「生育センサー」を概説する。

田植え機に搭載可能な土壌センサー

生産現場では、枕地のように生産者が経験則で理解していても過剰生育となり、収穫時期に倒伏してしまう箇所があり、倒伏による収穫作業効率や整粒歩合の低下を招いている。本研究では「収穫適期に枕地を倒さず（倒しにくく）育てる」をコンセプトとし、土壌状態をリアルタイムで計測しながら可変施肥を行うスマート田植え機（**写真１**）の開発を行った。ここでは、現場に有用な土壌パラメータの絞り込みおよび測定方法、リアルタイム可変施肥を実現するためのアルゴリズムについて詳述する。

写真１　スマート田植え機

作土深計測センサー

圃場内には枕地など特異的に「深い」箇所があることが知られており、またその傾向は再度硬盤を整備しない限り変化しないことから作土深を測定項目に採用した。作土深測定には超音波距離センサーを適用し、地表面までの距離算出する手法を用いた。田植え機前方に一定高さで超音波センサーを設置することで、車体の沈下量の差分から作土深を算出した。室内試験において超音波センサーからの出力値と設定した作土深との関係を**図1**に示すように、リニア（直線的）な計測結果を得た。

電極センサー

新たに開発した電極センサーには、**写真2**に示すように車輪の内側に輪状電極を取り付け車輪間の電気抵抗値を測定する手法を採用した。欧米では精密農法で電極値を利用している事例があるが、含水率の影響を大きく受けるため、遅々として導入成果が上がっていないのが現状である。

ところが、筆者が日本の水田において全国3万点以上の田植え時の土壌を調査した結果、代かき土壌の含水比は1近辺でプラトー（停滞）となり観測環境としては安定した状態となっていることが明らかとなった。

さらに黒ボク・砂壌土など異なる土壌タイプであったとしても同様の傾向を示したことから、代かきを要する水稲栽培では電極センサーが有用であるという知見を得て、電極値から得られる土壌中のイオン総量をパラメータとして適用した。

電極センサーは、田植え作業中、例えば、枕地と圃場中央部などのように作土深が変動することでセンサーの接触面積も変化するが、基礎試験の結果、**図2**に示すようなリニアな関係を得たので、出力した電極値を新たに本開発機用として、作土深と電極センサー接触面積を勘案した土壌肥よく度（SFV：Soil fertility value）と定義し、後述する可変施肥システムに活用した。

リアルタイム可変施肥システム

前述の土壌パラメータに基づいて、可変施肥を行うことで初めてリアルタイム局所施肥

写真2　電極センサーのセンシング範囲

図1　実測距離とセンサー出力の関係

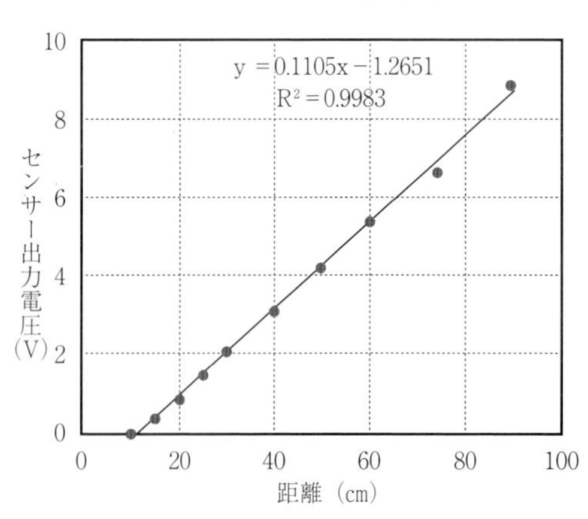

図2　深さと電極センサー出力値との関係

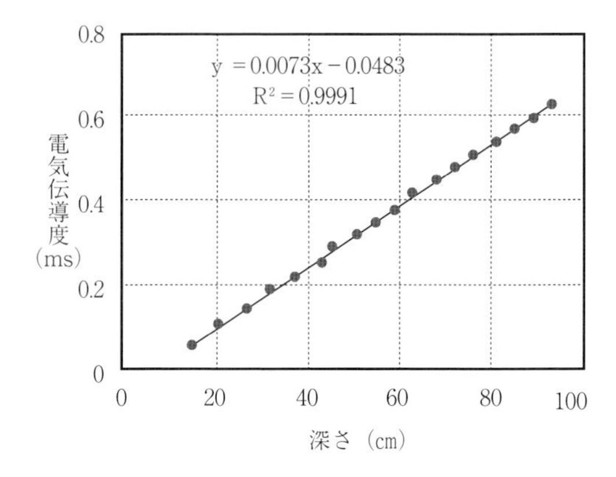

が実現する。まず土壌センサーから得た情報を基に、慣行量・減肥、増量を車速に連動しながら任意の設定量の施肥できるシステムを開発した。**写真3**、**図3**に示すように、可変施肥部は可変モーター部、施肥量計測センサー、施肥量設定操作部、制御モニターから構成され、繰り出し量を設定する部分にモーターを設置することでリアルタイム性を確保した。目標施肥量までのシステムの応答時間は0.9秒と、センシング部から肥料の吐出部までの距離が2mと勘案すると、最高速の毎秒1.85mで田植えを行った場合でも、理論上センシングした箇所に目標量の散布が可能となった。

次に、可変施肥を行う上で最も重要な施肥量の決定手法について検討した。通常、生産者は、地域の慣行施肥量を基準として使用する肥料の種類や堆肥散布の有無などで施肥量を決定している。本研究では慣行量そのものを基準施肥量とし、そこから減肥する割合や減肥基準（しきい値）を生産者が決定する手法を開発した。この場合のしきい値は、圃場内で取得する基準データ「平均値、σ（標準偏差）」に応じて平均値＋σ、2σや任意の値を設定することで、圃場の特性に応じたセッティングが可能である。

作土深による浅深の判断を最初に行うことによって、例えば、枕地などの常に深い箇所に係る減肥を確実に行うという狙いがある。次に肥よく度に応じた加減を行うことでより田植え時の現状に即した減肥を実現させることを目指した。なお、これらの設定は全て田植え機に搭載しているタブレットのアプリで行うことができる。

写真3　操出量制御部

図3　可変施肥設定画面

基本情報の設定　手動計測終了　田植終了

減肥設定：減肥あり

設定する項目をタッチ

施肥量	50.0kg/10a
比重	0.900
減肥率1	30%
減肥率2	20%
減肥率3	10%

増　減

決定　値を戻す

表示切替　減肥設定選択　入力切替

計測画面　設定　作業状態

導入実証試験

実証試験は、農林水産省と復興庁から委託を受けて行っている「食料生産地域再生のための先端技術展開事業」をはじめてとして、現時点までで沖縄県から北海道まで延べ500ha以上で行っている。測定点数は作業速度に依存し、毎秒1mの場合、約1万5,000点/haの取得が可能である。

図4の作土深マップを示すように、宮城県名取市で30年前に基盤整備した圃場（30a：8筆）で測定した結果、基盤整備前に存在していた河川の跡がだ円で囲んだ所に記述され、生育ばらつきの要因が明らかとなった。この傾向は、代かきで表面を均平にしても基本的に硬盤層の凹凸は変化しないため、整備

図4　作土深マップの例

図5　合筆圃場におけるSFVのばらつき

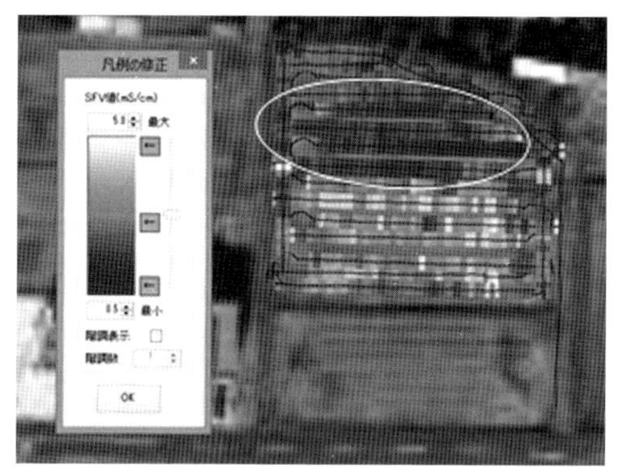

後30年経過した現在も残っていることから今後もその傾向は変わらないという意味において局所的な可変施肥管理の重要性を示しており、導入2年次、3年次と経年変化をトレースすることで減肥率の当たりを付けて過剰生育（倒伏）を抑制することが期待できる。

また、簡易合筆圃場におけるSFVマップを**図5**に示すように、若干の高低差がある圃場の場合、高い側の圃場の作土（だ円部）を低い側へ移動させることで全体の圃場均平を図ることが多い。その場合、削られた場所のSFVが低下し、逆に盛り土側の圃場は相対的に上昇する傾向にある。そのため均一施肥した場合、過剰生育により倒伏することが合筆の弊害となっていた。今回、スマート田植え機を導入したことでそのSFVの高低を観測してリアルタイムで可変施肥を試みた結果、盛り土側で50%の減肥し、圃場トータルでも30%の肥料削減を達成した。

今回紹介した土壌センサーは田植え機に搭載するために開発したユニークなセンサーであり、かつリアルタイムで可変施肥するための土壌パラメータを独自に導出したため、いわゆる土壌分析におけるECやNO 3などの土壌成分をダイレクトに測定しているわけではない。しかし、これまでの現地実証を通じて、例えば堆肥施用効果をSFVで比較することや合筆時の作土深、SFVのばらつきを表現することなど、営農において経営者が意志決定をするパラメータとして十分な情報を取得できることを明らかにした。稲作におけるAI農業において、作土深とSFVが田植え時のリアルタイムセンシングにおける標準的な観測アイテムとなることを期待する。

トラクタ搭載型土壌分析システム

「トラクタ搭載型土壌分析システム（SAS: Soil Analyzing System）」は東京農工大学大学院・澁澤栄教授が発明・開発し、実用機の開発に当たっては東京農工大学とシブヤ精機㈱（愛媛県松山市）の共同で実施、販売普及している。本技術の特徴は**図6**に示すように①チゼルプラウの切削深さにより、深さ10〜

図6　土壌分析システム（SAS）の概要

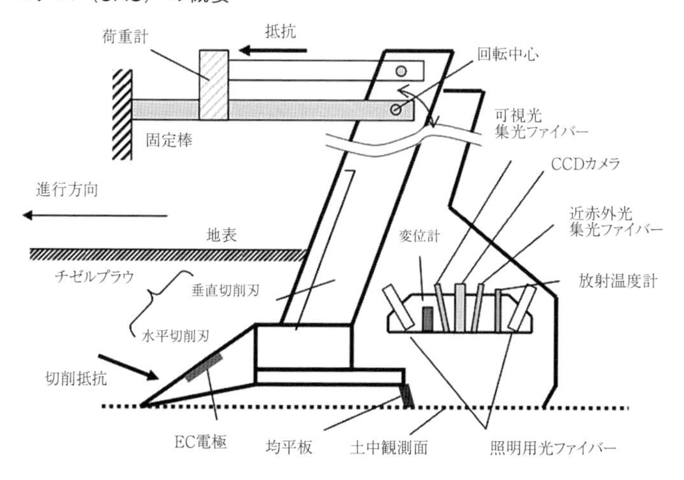

40㎝の土壌中肥よく成分を連続的に観測することにより、水田・畑地を問わずセンシングできる②測定できる土壌パラメータは土壌水分、有機物含量、電気伝導度、全炭素、全窒素や銅などの微量元素も計測可能である③観測間隔は1m、観測速度は毎時1km、GNSSと連動することでマップ描画に資する高精度測位を実現④各種土壌マップを農業者へ提供し、可変施肥の指針を処方箋として提案可能である。

慣行の土壌サンプリング調査では、1圃場当たり3～5点の土壌サンプルを採集分析し、その平均値で土壌診断および施肥設計を実施していた。均一な肥料散布を実施すると、場所によって土壌栄養の過不足が発生し、環境負荷増大と収量・品質の変動が不可避であった。緻密な土壌マップを基礎にすると、全体としては投入減を実現しながら局所最適な施肥管理が可能で、環境負荷軽減と生産性向上を同時に実現することができる。また、土壌マップは圃場情報として蓄積でき、長期短期の圃場管理戦略を決定する有力な資料になる。

生育センサー

追肥作業を要する水稲栽培では、現在そのほとんどが人手による動力散布機で行われており省力化が進んでいない。また作業者は葉色を見ながら任意の散布量の加減をしているのが現状であり、スマート農業を実現する上ではこの部分の機械化・情報化は不可欠な要素技術であるといえる。

ここでは、追肥におけるリアルタイムセンシングと可変施肥を両立させたシステムとして、活用方法を含めながらトプコン社製のCropSpec、ポータブルで手軽に生育量をセンシングするコニカミノルタ社製のSPAD501、それと㈱ニコン・トリンブル製のGreenSeekerを紹介する。

CropSpec

CropSpecは、**図7**に示すように生育状態を測定する生育センサー、トラクタの位置を測位するDGPS、それらの情報を集約し施肥量をリアルタイムに計算するソフトウエアとコンソールから構成される。

生育センサーの構造は発光部と受光部に分離され、CropSpecは2つの波長のレーザーを発光している。受光部は、対象物である作物から反射光を受光して、光量、比率からセンサー固有の値を出力する。センサーの大きな特徴として、自分で参照光を照射し受光するアクティブ型センサーであることが挙げられる。他に市販されている太陽光を参照光とし反射光を計測するタイプのセンサーに比べ、**図8**のように外部環境に影響されにくいという特徴を持ち、日の出から日の入りまでの日射変動に対し高い安定性を有し、また夜間の測定も可能である。

CropSpecは、光源にレーザダイオードの

図7　可変追肥システムの概要

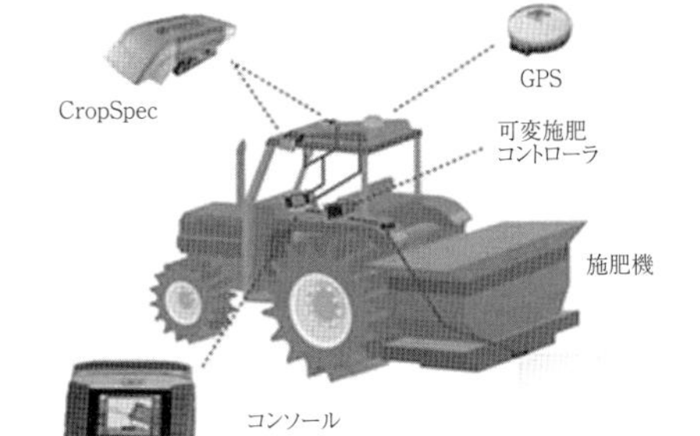

図8　経時変化におけるセンサー出力値のゆらぎ比較

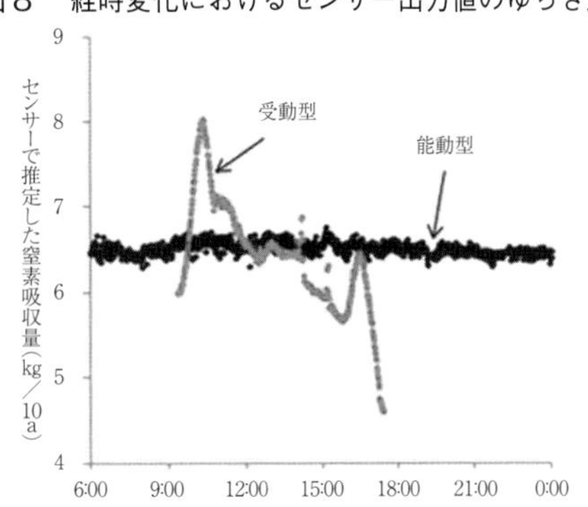

採用を行ったことにより、小型軽量化と低消費電力化を図り、通信システムにCAN（Controller Area Network）を採用することで、複数台の取り付けにも対応可能とした。また使用環境を考慮し、防水・防塵性能はIP67を有している。高出力のレーザー光源を使用することにより波長の狭帯化を実現し、センサー感度、安定性の実現に寄与している。

一方、レーザー光源は、環境温度の変化により波長シフトが生じることが知られている。われわれは過酷な屋外の環境に対応するため、独自に温度補償機構を組み込み、レーザーの波長、出力を安定化することを実現している。一方でアクティブセンサーの場合、太陽光などの外乱光は、センサー値の安定性を損なうノイズとなる。CropSpecではレーザー光を変調することで、外乱光との分離、また受光データを積算することで、さらに信号とノイズの比を大きくしてセンシングの安定性を高めている。

写真４　生育センサーの照射範囲

写真５　水稲追肥の例

上述した２つのセンサーは**写真４**に示すようなだ円状の測定範囲を持ち、トラクタの進行方向に対して両サイドの植物の生育状態を測定する。また水稲の追肥では**写真５**のような設置方法となる。小麦の場合の追肥時の窒素吸収量とセンサー出力（S１）との関係を**図９**で示すように、生育ステージが異なっても一定の相関関係が見られることから追肥時のセンサーとして活用できることを明らかにした。

S１は、気候の年次変動による生育量の変動が大きくなることが想定されることから、S１を絶対値として適用するより、当該年度の生育状況を相対評価するためのパラメータとして活用すると、さらにきめ細やかな可変追肥が行えると考えている。

可変施肥アルゴリズム

GPSによるガイダンスは、追肥時の二重まきなどの問題を解消するためのツールとして、重要な機能である。CropSpecに付随するSystem110ガイダンスシステムは、ガイダンスの指標となる着脱式ライトバー、ディスプレー、GPS/GLONASSのハイブリッドアンテナから構成され、作業機の幅に合わせて走行した部分を塗りつぶす機能を持っている。

この機能により、作業場所の確認をしたり、変形圃場におけるトラクタの走行ルート

図９　小麦の窒素保有量と生育センサー出力（S1）の関係

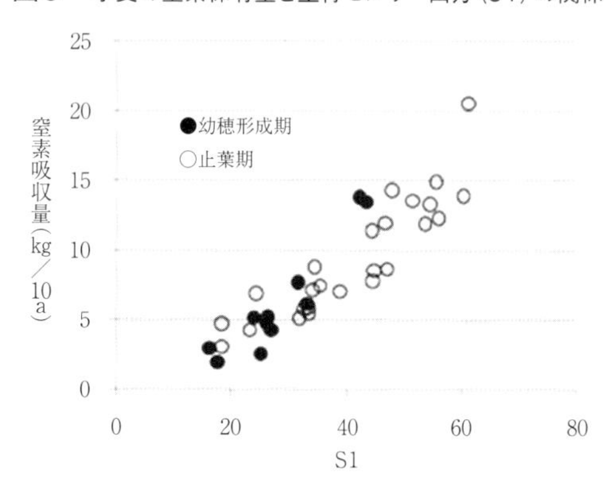

を検討したりすることが可能となる。さらに生育情報は位置情報であるGPS情報にひも付けされた上でログ（記録）される。コンソールに内蔵されたソフトウエアは、植物の生育状態に応じ独自のアルゴリズムで施肥量を算出し、施肥制御用の可変施肥コントローラーにデータを送信する。

リアルタイムセンシングで作物の生育状況に合わせた肥料散布を行うためには、センサー値を作物の生育ステージに合わせた必要窒素肥料量に換算するための検量線が必要となる。国内の小麦に関する可変施肥アルゴリズムは、北海道大学と道総研十勝農業試験場と連携し、水稲については石川県農林総合研究センターとの共同研究によりアルゴリズム開発を進めている。また、GPSデータに基づいた車速連動も可能であるため本機の走行速度に寄らず、単位面積当たりの散布量が一定になるようコントロールされる。これらの機能に生育センサー CropSpecを組み合わせることで、作物の生育状況に合わせた可変追肥を記録し、記録媒体を介し地図情報としてパソコン上での確認や印刷をすることができる。

生育状況はマップとして**図10**のように可視化でき、圃場ごと、生育ステージごとのむらなどを確認することが可能となる。さらに航空写真などと重ね合わせて、生育状態を把握することができる。小麦に対する導入効果や事例については第２部「可変施肥」および第３部「生育センサーを活用した秋まき小麦の可変施肥」で解説するので参照されたい。

図10　生育量マップの例

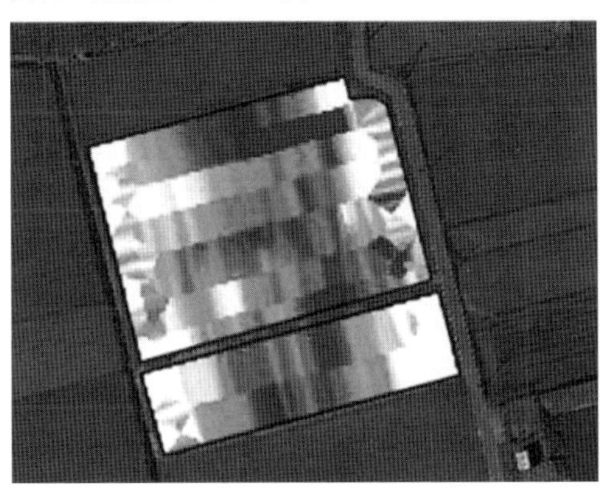

SPAD501

SPADは、コニカミノルタと農業環境技術研究所などが共同で開発した計測機器であり、都道府県農試や普及センターでは、生育指標として広く普及している携帯型の生育センサーである（**写真６**）。本機の特徴は、①定点観測などの現場での測定を可能にする小型・軽量・防水タイプである②接触タイプの観測装置であるが葉を切り取らないので、同一部分の経過観測が可能であり通常１枚の葉で３点程度取得した平均値を用いる③植物の葉などに光を当て透過量を測定する④水稲小麦、とうもろこしなどでも適用可能である。

SPADは、作物栽培分野において標準的な生育指標となっており、開発当時主流であった葉色板による目視評価を数値化できる機器として公設試を中心に利用されており、今後も活用が見込まれるセンシングシステムであり、現在はSPAD502Plusが販売されている。

GreenSeeker

GreenSeeker Handheld Crop Sensor（GHCS）はニコン·トリンブル社製であり、SPAD同様、携帯性に優れたセンサーである

写真６　SPADでの計測の様子

第2部 応用編

（**図11**）。測定項目は正規化植生指数（NDVI）であり、発光タイプのため外光の影響を受けにくいのが利点である。測定範囲は高さ120cmからの照射で直径50cmの円状で取得される。測定ボタンを押している間の平均値が表示される。北海道農業研究センター[1]ではGHCSの利活用に係る研究が進められており、牧草・小麦から得られたデータから、センサー値と植被率およびSPAD値の間には高い相関関係があると報告されており、今後可変施肥や生育診断、品質予測などへの展開が期待されている。

今回紹介した土壌センサーや生育センサーは、共に簡便に観測できる点で共通しており、それぞれセンサーユニークなパラメータとなっている。それぞれがリンクすることでさまざまな作物に対してスマート農業が営農に資する技術として広がりを持つ段階に来ている。前述したセンサー以外にも収量モニターやフィールドサーバー、生育情報測定装置、衛星画像、産業用ヘリやドローンによる低空リモートセンシングなどさまざまな観測技術の開発が進んでおり、これらのパラメータは、圃場の階層的理解のために適期作業を補助するために互いに補完できるデータベースになり得ると考えている。

今後スマート農業に係るセンシング技術が普及するための鍵となるアプローチは、東京農工大学澁澤教授が提唱している「コミュニティベースの精密農法」がベースになるであろう。センシングデータと篤農家の意志決定をサポートし、マネジャーと従業員間における作業指示に組み込まれることが肝要であり、測定のための作業を排し、農作業中における観測できるハードが必須となる。さらに当該年度に収集した各種データに基づいて篤農家の経験・知識を観測データベースと照らし合わせてアナログな翻訳・学習を繰り返すことも、将来的に篤農家の知力を尊重・反映させる上でキーファクターとなり得るであろう。これらの要素技術を踏まえることができれば、篤農家の個別経営に対してスマート農業がデファクトスタンダード化され、個別農家ごとに営農活動に係るビッグデータが構築される機運が高まる。今後は次章以降で紹介するセンシング技術や営農支援システムなどとともにスマート農業に資する技術がさらに発展し、営農におけるPDCAがマップなどの可視化技術で具現化され普及につながることを期待する。　**（森本　英嗣）**

図11　GreenSeekerの概要

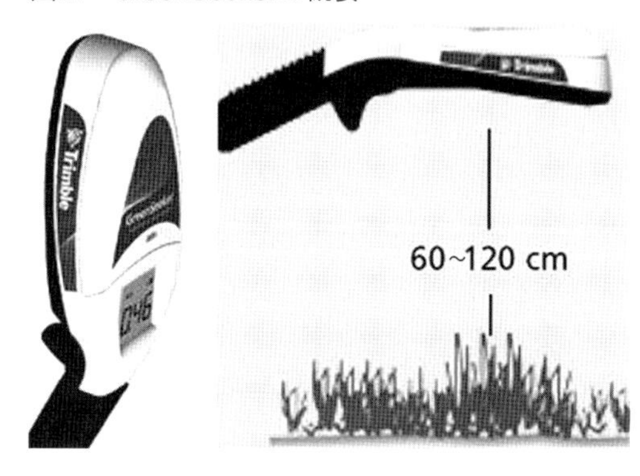

【参考文献】

1）佐々木大、村上則幸、林怜史「携帯型NDVIセンサーの特性と利用の検討」農作業研究49（4）、155～161ページ

第2部 応用編

収量センサー・収穫物品質センサー

収量センサー

欧米においては以前より、穀物収穫のための普通コンバインハーベスタに収量センサーを搭載したものが広く普及している。しかし近年、わが国においても複数の農業機械メーカーから収量センサーを搭載したコンバインハーベスタおよびその情報を活用した営農支援サービスが次々と発表・発売され始めた。

旧来、異なる圃場であっても同一の肥よく度であると見なし、投入される施肥量も同一とされることが多かった。しかし実際には、異なる圃場間では土壌の肥よく度は異なり、さらには同一の圃場内であっても局所的に土壌肥よく度は異なる。そのため、場所によって施肥量が過剰であったり不足であったりと変動が生じ、それに伴って農作物の生育もまた場所によりばらつきが生じるという問題が起こっている。施肥量が不足している場所については当然のことながら収量低下や品質低下という問題が生じるが、一方で施肥量が過剰である場所についても単に肥料コストが無駄になるだけでなく、環境負荷の増大や倒伏などによる収量低下や品質低下という問題が生じる。

こうした問題を解決するためには、圃場区画ごとあるいは圃場内の場所ごとなど局所的な土壌の状態を把握・記録し、そのデータに応じて次回作付け以降の施肥の際に最適量を投入することが有効である。

局所的な土壌状態を把握・記録するためには、土壌センサーにより直接的に測定する方法、生育センサーにより栽培途中の作物生育量を計測することで土壌状態を推定する方法、穀物収穫時にコンバインハーベスタに搭載した収量センサーを用いて土壌状態を推定する方法などがある。

ここでは、3番目の収量センサー（コンバインハーベスタ）の原理について特に述べる。

収量センサーの原理

収量センサーはコンバインハーベスタ内部を流れる穀粒の量を計測するが、さまざまな手法が開発されている[1)]。欧米で普及している収量センサー（普通コンバインに搭載）では、揚穀エレベーター内を通過する穀粒の流量を計測する方法が一般的である。

衝撃力センサー方式は、揚穀エレベーターから投てきされた穀粒を衝突板で受け、その時の衝撃力をロードセルのような力センサー

図1 収量センサー（衝撃式）

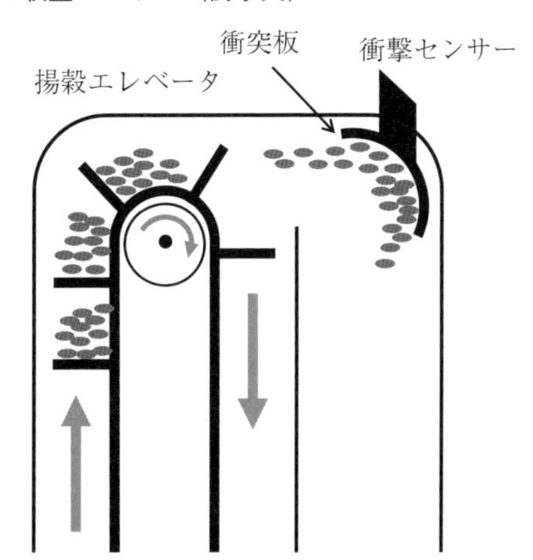

により計測し、穀粒流量を推定するものである（**図1**）。穀粒流量と衝突板衝撃力との間には高い相関があると考えられ、穀粒流量が多いほど衝突板への衝撃が強くなる。衝突板への衝撃力を測定する代わりに、衝突板の変位をポテンショメータ（可変抵抗器）によって測定する方式も存在する。

γ線を利用した計測方式[2)]では、γ線放射部と検出部を向かい合わせに設置し、その間を通過する穀粒の流量を測定する。γ線は穀粒に吸収される性質があるため、流量が多いほどより多くのγ線が吸収され検出部で測定されるγ線量は減少する。すなわち穀粒流量とγ線吸収量との間に高い相関が見られることを利用した方式である。

光学式センサーを利用した計測方式では、光源とそれを検出するフォトセンサーを向かい合わせに設置し、その間を通過する穀粒の流量を測定する。穀粒が通過する際は光源からの光が遮られるが、穀粒の量が多いほど遮光の度合いが増し、フォトセンサーに到達する光量は減少する。

構造上の問題などから欧米向け普通コンバインで採用されている収量センサーを、そのまま国内向け自脱コンバインハーベスタに搭載するのは困難である。自脱コンバイン向け収量センサーの方式としては、衝撃力センサーや光学式センサーを揚穀オーガ排出口に設置し、穀粒がタンクへ流入する際の量を計測するものがある。また、タンク下部にロードセルを設置し、タンク内部の穀粒重量を直接計測する方法もある。

水分センサー・食味センサー

収量センサーを備えたコンバインハーベスタには、穀粒量センサーだけでなく水分センサーを装備しているものも多い。収穫時の穀粒水分（含水率）は非常に重要な情報であり、収穫物の品質や乾燥コストなどに大きく影響する。コンバインハーベスタに搭載されている水分センサーの原理は、主に次の２種類がある。電気容量式は測定物に交流の電気を流し、その電気容量の変化（キャパシタンス）を水分値に置き換えて表示する方式、電気抵抗式は測定物に電気を流し、その抵抗値を水分値に置き換えて表示する方式である。

また、もみの近赤外波長分光データから含水率とタンパク含有率を推定する食味センサーなども開発され、コンバインハーベスタに搭載されたものが発売されている。

収穫物品質センサー

農業においては、圃場での栽培に加えて、収穫後の農産物を処理するための作業(選別、乾燥、冷蔵、冷凍、貯蔵、加工、輸送など)もまた非常に重要である。こうした収穫後作業の中で、サイズ等級判定、品質判定、損傷・規格外品除去などといった選別作業では、旧来、主に作業者の目視によって行われてきた。しかし、作業者の労働負担や労働コストを低減し、大量の収穫農産物を高速に処理するため、さまざまな農産物センサーを利用した選別システムが開発・導入されている。

作業者が目視により農産物を判別する場合には感覚的に行うことが多いが、農産物センサーとコンピューターを組み合わせた自動判別システムにおいては、農産物の状態（物性）を数値データとして計測する必要がある。農産物の状態は、色彩的物性（外皮の色など）、物理的物性（寸法、形状、重量など）、化学的物性（甘みや成分など）などに大別できる。

色彩的物性や物理的物性は旧来、作業者の目視によって判定してきたものが多く、作業者の視覚を自動化システムで代替する際は、カメラ映像を利用した画像処理が非常に有効と考えられる。一方、農産物の成分推定など化学的物性を知る場合は、作業者目視やカメラ画像などの外観視覚情報では間接的な推定を行うことしかできず、限界がある。

また、化学成分を直接測定するための装置を使用すれば高精度な測定が可能となるが、測定に時間がかかることや破壊的な測定となることなど実用の面で問題がある。そこで、分光スペクトル分析法などで人間の目視では認識できないような情報を利用した非破壊的（非接触）センサーが開発されている。

体積・重量

収穫農産物の物性として最も一般的なものが体積（大きさ）あるいは重量であろう。農産物各個体の大きさあるいは重量に応じてサイズ等級別に選別・振り分けを行って出荷するという作業は、農業の現場で広く行われている。

農産物の個体体積を直接的かつ高精度に測定するための方法として液体置換法、気体置換法、電気容量法などが存在する[3]が、計測時間や装置コストなどの問題があり、実際の選別現場においてこれらを導入するのは困難である場合も多い。よって、農産物個体の重量を測定することにより間接的に体積を推定する方法が広く使用されている。これは個体の重量と体積の間には高い相関が見られることを利用したものである。

この原理を利用して、大量の収穫農産物を高速に処理するための大規模選別システムも各地に導入されている。こうしたシステムでは、コンベヤーベルト上に農産物を流し、その経路上に設置された重量計により各個体の重量を測定して等級別に振り分ける。

また、旧来より行われてきたように作業者が目視でサイズ等級判別を行う場合は、外観から農産物個体の大きさを認識している。これはカメラにより農産物の外観を撮影して画像処理を行うことで自動処理システムとして代替することができる。

画像処理による収穫物の測定・判別

サイズ等級判定、品質判定、損傷・規格外品除去などといった選別作業では旧来、主に作業者の目視によって行われてきた。これら人間による作業は、肉眼＝カメラ、脳＝コンピューターと考えれば、デジタル画像処理による自動化システムで代替することができる。

以前は、撮影画像をデジタルデータとして取り込むための装置（デジタルカメラなど）や膨大な画像画素データを処理するための高性能コンピューターは極めて高価であり、実際の農産物選別現場にシステムを導入するのはコスト面で困難であった。しかし、近年の著しいコンピューター技術の発展に伴って、デジタル画像装置や高性能コンピューターを容易に導入できるようになった。

そのため、画像処理を用いた農産物の測定・選別に関する研究が盛んに行われるようになり、それらの技術を応用したマシンビジョンセンサーによる大規模な実用選別システムも各地に導入され、大きな成果を上げている。人間の視覚は極めて高性能な画像処理システムと考えることができ、コンピューターシステムはまだ人間の視覚にとうてい及ばないのが現状ではあるが、今後も大きな技術発展が期待されている。

■デジタル画像の構造

一般的に用いられるRGBカラー画像は多数の画素で構成されており、(x, y) の座標によって各画素の位置が示される。各画素には色情報が含まれており、赤色成分（R）、緑色成分（G）、青色成分（B）それぞれ0～255の範囲内の数値で構成されている（**図2**）。

■画像の前処理

撮影した農産物の画像を対象とした計測・判別処理を行う前に、背景除去、ノイズ除去、ラベリングなど幾つかの前処理が必要となる。

図2　RGBカラー画像の構造

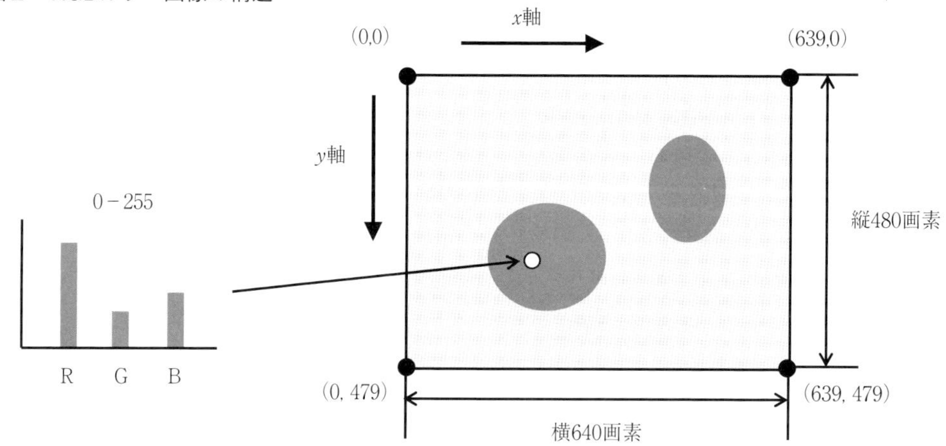

撮影画像には対象となる農産物個体だけでなく背景が写り込んでいる。よって、画像上において農産物のみを処理対象とし、背景は除去する必要がある。背景除去においては、農産物と背景との間での色情報の相違を利用して2群（対象物と背景）に判別・分離する（2値化）。対象物と背景の判定は、画素ごとに行われ、一般的に対象物画素は白、背景画素は黒色に変換されて、黒画素は後処理では無視される。

色情報を利用した2群の判別手法はさまざまなものが提案されているが、具体的な対象物や背景によって適切な手法を選択する必要がある。対象物（農産物）と背景の色が類似しているほど2群の判別は困難となるので、自動選別システムを設計するに当たっては、背景部（コンベヤーベルトなど）の色が対象農産物の色とは色情報的にできるだけ離れていることが望ましい。例えば、対象農産物が赤い果実である場合、色相情報（後述）で見ると赤の正反対に位置する色（補色）はシアン（水色）であるので、背景を水色とするのが望ましい。あるいは、果実表面が明るい色だとすると、背景を暗い色（黒など）とする

図3　ノイズ除去

ノイズ除去前

ノイズ除去後

ことで明度情報によって背景除去が容易となる。

適切な背景色を採用することで対象農産物と背景の判別精度を向上させることが可能となるが、それでも完全に誤判別をなくすことは困難である。誤判別された画素はノイズとなって残るので、それらをノイズ除去処理によって取り除く必要がある（**図3**）。ノイズ除去の手法としてさまざまなものが考案されている。

メディアンフィルターは、ある注目画素に対して周辺画素を大きい順に並べ替え、注目画素の値を並び順中央に位置する値に置き換える処理である。例えば、注目画素とのその周辺が**図4**のようであった場合、もともとの注目画素は白（対象物）であるが、メディアンフィルター処理によって黒（背景）に置き換えられる。このように、もともとは対象物と誤判定されていた画素（白）が周辺の画素情報によって孤立した白点（ノイズ）と判断されて除去される。

縮退・膨張処理によるノイズ除去では、まず白色画素塊（連結画素群）の輪郭部から1画素ずつ薄皮を剝ぐように削っていく（縮退処理）。この処理を複数回繰り返すことによって小さな白色画素塊（ノイズ）は消失する。一方、大きな画素塊は形状を保ったまま残るので、縮退処理と同じ回数の膨張処理（輪郭部へ1画素ずつ追加する）を行うことによって元と同じ大きさに戻すことができる。

ラベリングによるノイズ除去では、まずラベリング処理（後述）によって白色画素塊（連結画素群）をそれぞれ1つの塊として認識する。そして、それぞれの塊の画素数を算出し、その画素数をある一定の値（しきい値）よりも小さいものをノイズとして除去する。

デジタル画像においては、画像中の各画素が独立して色情報を保持している。しかし、農産物の測定・判別においては画素単位ではなく個体単位で認識して処理する必要がある。対象物と背景を判別した2値化画像では、黒画素を背景として対象物が白画素として存在している。これら白画素のうち、連結している画素群を同一の個体と認識し、一方で連結していない画素群とは別個体であると認識する処理をラベリングという。ラベリング処理では、検出された個体（連結画素群）にそれぞれ番号が付与され、その後はそれらの個

図4　メディアンフィルター

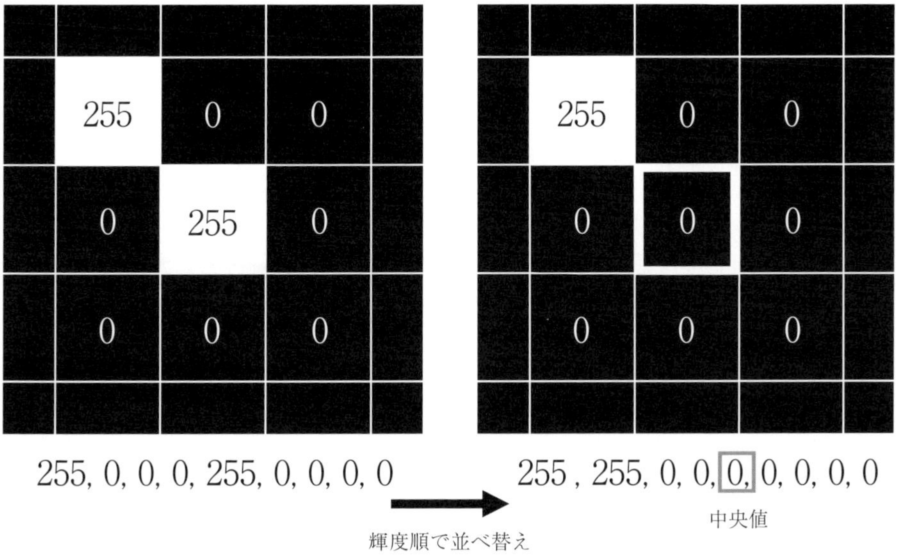

255 0 0
0 255 0
0 0 0
255 0 0
0 0 0
0 0 0
255, 0, 0, 0, 255, 0, 0, 0, 0
255 , 255, 0, 0, 0, 0, 0, 0, 0
輝度順で並べ替え
中央値

体番号によって識別することができる。

■色情報の利用

前述の通り、デジタルカラー画像には膨大な画素が含まれており、それぞれの画素が色情報を保持することで画像全体を表現している。しかし、各画素が保持する色情報はRGB表色系（赤、緑、青の各成分）で表現されており、この色情報をそのまま農産物のセンシングに利用するのは適当でない場合が多い。例えば、われわれ人間の視覚では白色（RGB=255, 255, 255）とやや暗い赤（RGB=200, 0, 0）を比べると当然後者の方を赤い色だと認識できる。

一方、コンピューターによりこの画素の赤成分（R）の値のみを用いて両者を比較すると、暗い赤よりも白色の方がRの値は大きいのが分かる。すなわち、R成分の値だけではその色が赤いかどうか（例：赤い果実を認識する場合など）は認識できないことになる。よってRGB表色系を認識するためには、3つの色成分全てを組み合わせて考える必要があり、複雑な処理となる。

そこで、人間の視覚に近い形で色を表現するための表色系が考案されている。HSI表色系（類似のものとしてHSV､HSL表色系）は、色を色相（Hue）、彩度（Saturation）、明度（Intensity）の3成分で表現するものであり、変換式によりRGB表色系からHSI表色系に変換することができる。色相は色合いを示したもので、赤を0°として反時計回りの角度で表され、赤（0°）→黄（60°）→緑（120°）→シアン（180°）→青（240°）→マゼンタ（300°）→赤（360°）となる。彩度は色の鮮やかさを示したもので、最も鮮やかな場合には1となり、値が小さくなるに従い鮮やかさが失われてゆき、0となったとき無彩色（グレー）となる。明度は色の明るさを示したもので、0（暗）～1（明）で表される。例えば黄色の果実をセンシングする場合であれば、明るい黄色、暗い黄色、鮮やかな黄色、くすんだ黄色…さまざまあっても、いずれも色相で見ると60°付近の安定したデータが得られる。

色情報による農産物センシングを行う場合は、照明について留意する必要がある。農産物を対象とする場合、農産物自体が発光しているわけではなく、照明（光源）からの光が対象物に反射したものを人間の視覚やカメラは捉えている。よって、対象物は不変であっても光源が変化すれば反射光も変化するため、それを捉えたデジタルカラー画像の色情報もまた変化する。屋外など光源が太陽光となる場合には、朝、昼、夕方、晴れ、曇天などによって光源の質が変化するため、例えば日中の撮影画像に比べて夕方は赤みの強い画像となる。

このように、太陽光など不安定な光源を使用すると、安定した色情報が得られず適切な画像処理を行うことが困難となる。そのため農産物センシングでは、極力閉鎖的な室内において安定した人工光源を用いることが望ましい。さらに、人工光源は経年劣化によって光量低下や色温度変化などが生じるので、劣化が少ない時期に新しいものに換装するよう留意すべきである。また、人工光源にはさまざまな種類のものがあり、対象物や目的に応じて適切なものを選択する必要がある。

色情報を利用した農産物のセンシング例としては、野菜や果実の外観判定（適熟、損傷、虫害など）だけでなく、米など穀粒の選別においても色彩選別機が広く用いられている。

■寸法・形状の利用

旧来より行われてきたように作業者が目視でサイズ等級判別を行う場合は、外観から農産物個体の大きさを認識しているが、厳密にいうと、実際の個体体積を認識しているのではなく、個体をある面から見たときの投影面積を認識して個体体積を推定しているのである。これは、個体の投影面積と体積の間には高い相関が見られることを利用したものであり、同様の考えで画像処理により農産物個体の投影面積を計測することで大きさの推定が自動化できる。投影面積はラベリングにより認識された対象物個体の画素数を数えることで得られる。

また、われわれ人間は、ある物の形状を認識する際は「丸い」「四角い」「長細い」など感覚的な言葉で表現する。しかし、コンピューターによる形状の自動認識を行う際は、農産物の形状を感覚的な言葉ではなく、数値データとして捉える必要がある。そこで、形状を数値として表現するために形状特徴量というものが考案されている。例えば、面積Aと周囲長Lの値から $C_L=4\pi A/L^2$ の式により円形度という形状特徴量を求めることができる。円形度は真円のとき1となり、値が1より小さくなるに従い形状は円形から離れていく。円形度を利用することで、だ円形や角張ったものなど形の悪い果実やトマトなどを判別することができる。円形度以外にもさまざまな種類の形状特徴量が考案されており、大きく曲がったきゅうりの判別なども行われている。

分光スペクトル分析

光は波の性質を持っており、波長（1周期の波の長さ）により特性が異なる。人間の視覚が検知できるのはおよそ380～780 nmの波長域であり、この範囲の光を可視光線と呼ぶ。先ほど述べた画像処理で一般的に用いられるRGBカラーカメラも人間に視覚に合わせて可視光の波長域内を青色光域、緑色光域、赤色光域の3つの成分に分けて検知するように設計されている。

これに対して、分光光度計のような装置には、可視光線のみならず、可視光線よりも波長の短い領域である紫外線（10～380 nm）や、可視光線よりも波長の長い領域である近赤外線（780～2,500 nm）などが検知できるものも存在する。さらに、対象波長域のデータを分光スペクトルという形で非常に高い波長分解能で計測できる。このように分光光度計は人間の視覚では検知できない情報も検知できるため、農産物のセンシングにおいて有用となる場合がある。分光光度計により得られたデータ（分光スペクトル）には多数の波長バンドの情報が含まれているが、これらを分析することを分光スペクトル分析と呼ぶ。各波長バンドの値を説明変数とした多変量解析を行うことにより、米の食味、果実の糖度、穀物の含水率などさまざまな農産物を対象としたセンシングが行われている。

（岡本　博史）

【参考文献】

1）澁澤栄（2006年）「精密農業」朝倉書店、東京、59～64㌻
2）ファイトテクノロジー研究会（2002年）「ファイテク How to みる・きく・はかる－植物環境計測－」養賢堂、東京、70㌻
3）西津貴久、近藤直、林孝洋、清水浩、後藤清和、小川雄一（2011年）「農産物性科学（1）」コロナ社、東京、64～70㌻

第2部 応用編

リモートセンシング

リモートセンシングは、地表の対象物からの情報を非接触でかつ遠隔から収集し、その特徴の判読、分析を行ったり、対象物を識別・分類したりする技術である。日常的には衛星画像として地図の背景などとして各種メディアで目にする機会が多くなった。

リモートセンシングでは人間の目に見える可視光線をはじめ紫外線、赤外線、またマイクロ波と呼ばれる電波の領域に及ぶ電磁波の情報を各種センサー技術や計測技術を用いて収集し、画像処理などの周辺技術を用いて解析する。このため写真のように可視光線の領域のみでは取得不可能な多くの有益な情報がリモートセンシングデータには含まれている。従ってリモートセンシングは単に地上における色や幾何学的な特徴だけではなく、植物の活性度や地上の熱環境、大気の状態、土壌や作物の性質や状態などさまざまな情報をわれわれに提供してくれる。しかもリモートセンシングは面的な情報を短時間で取得し、広範囲の経時的な変化までも追跡できるため多くの分野で活用されており、次世代農業にも不可欠な情報源である。近年ではUAV（Unmanned aerial vehicle：無人航空機）に搭載したセンサーからの画像も利用されており、データ取得も比較的簡単に実施できるようになった（**写真**）。

センサーとプラットフォーム

リモートセンシングが計測対象とする電磁波は、空間を電場と磁場の変化によって伝わる波の一種であり、その中で身近な例として光（可視光線）や電波がある。電磁波は波長によって分類されており、**図1**にその一部を示す。この中でリモートセンシングに利用される電磁波は紫外線の一部から可視光線、赤外線、マイクロ波にまで及ぶ。ただし、その間の全ての波長を使うわけではなく、対象物の特徴が得られ、また計測に適した波長帯（バンドと呼ぶ）に分割して使用している。

農業分野でよく用いられる電磁波の波長は、可視光線から近赤外線の領域である。この領域の電磁波は太陽が起源であり、太陽光が地表で反射したエネルギーをセンサーで計測することになる。可視光から近赤外までの領域を3～10バンドに分割して計測するマルチスペクトルセンサーが農業分野では主として使用される。また赤外線の中でも長波長側の熱赤外線のエネルギーを計測できるセンサーを使用すれば、対象物が発する赤外線からその表面温度が分かるので、サーモグラフィーによって得られる温度分布が使われることもある。

リモートセンシングのセンサーは、大きく分けると受動型センサーと能動型センサーに分類できる。受動型センサーは、対象物による太陽光の反射または対象物がその温度に応じて発する放射エネルギー（熱赤外線）を計測する。太陽光の反射を計測するタイプは、地上の物体に当たって反射された可視光線や近赤外光を観測する。従って夜間は、太陽光がないので観測できない。また雲がある時も、地表で反射された光が雲でさえぎられ

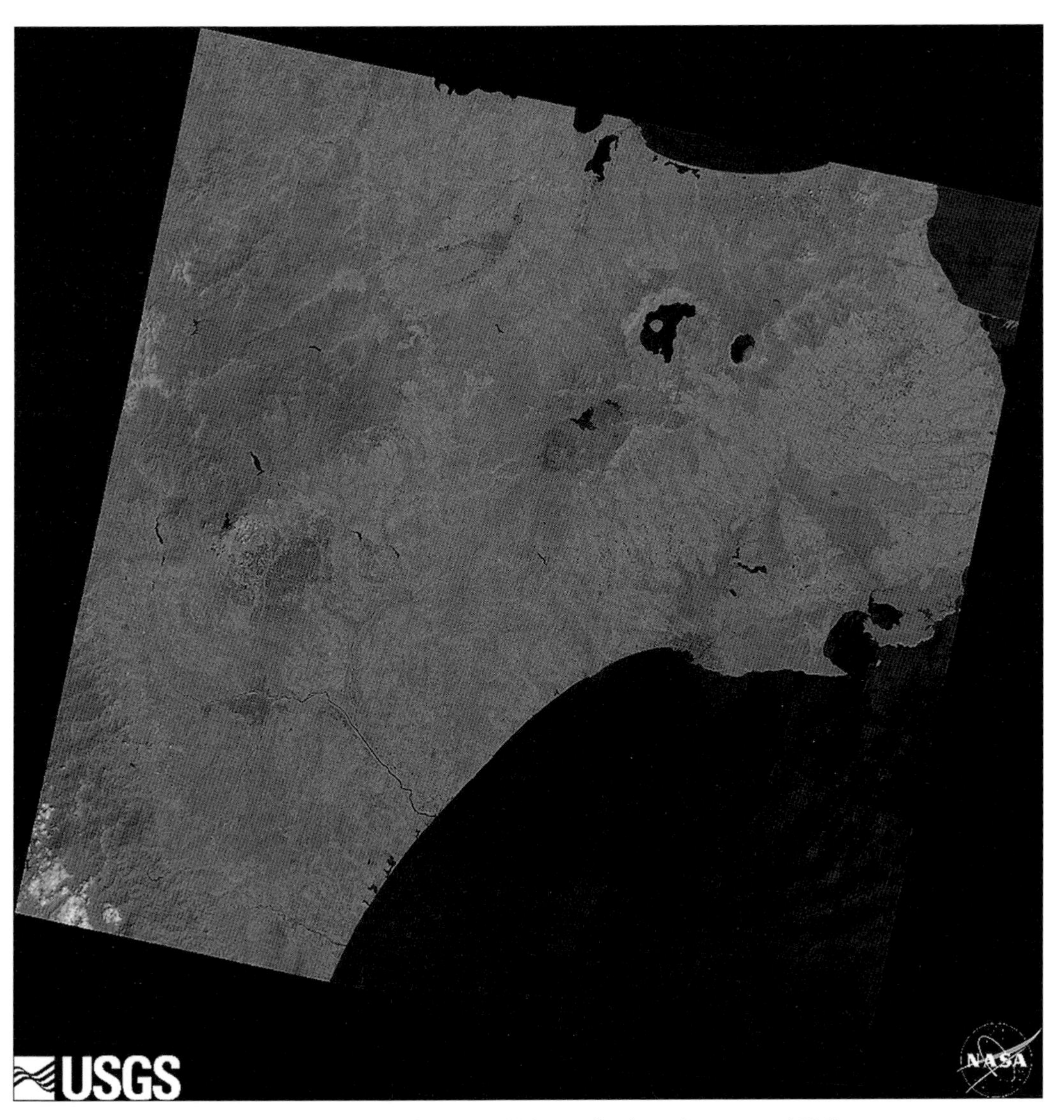

写真　地球観測衛星「ランドサット８号」による道東の画像（2015年５月27日観測）

図１　波長による電磁波の分類

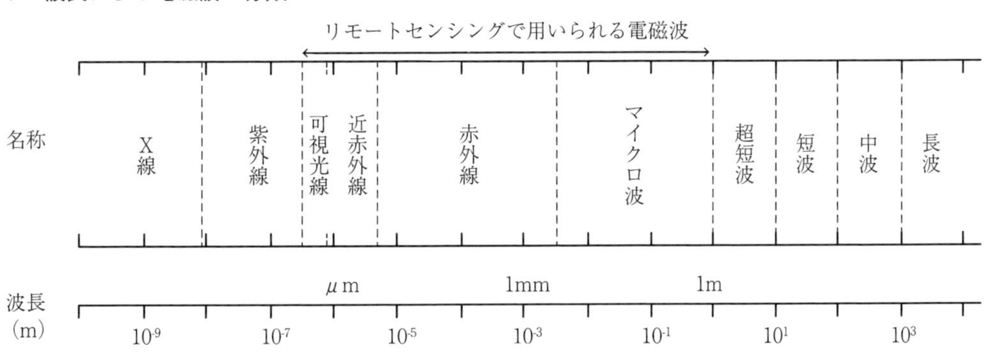

図2　リモートセンシングの概念図

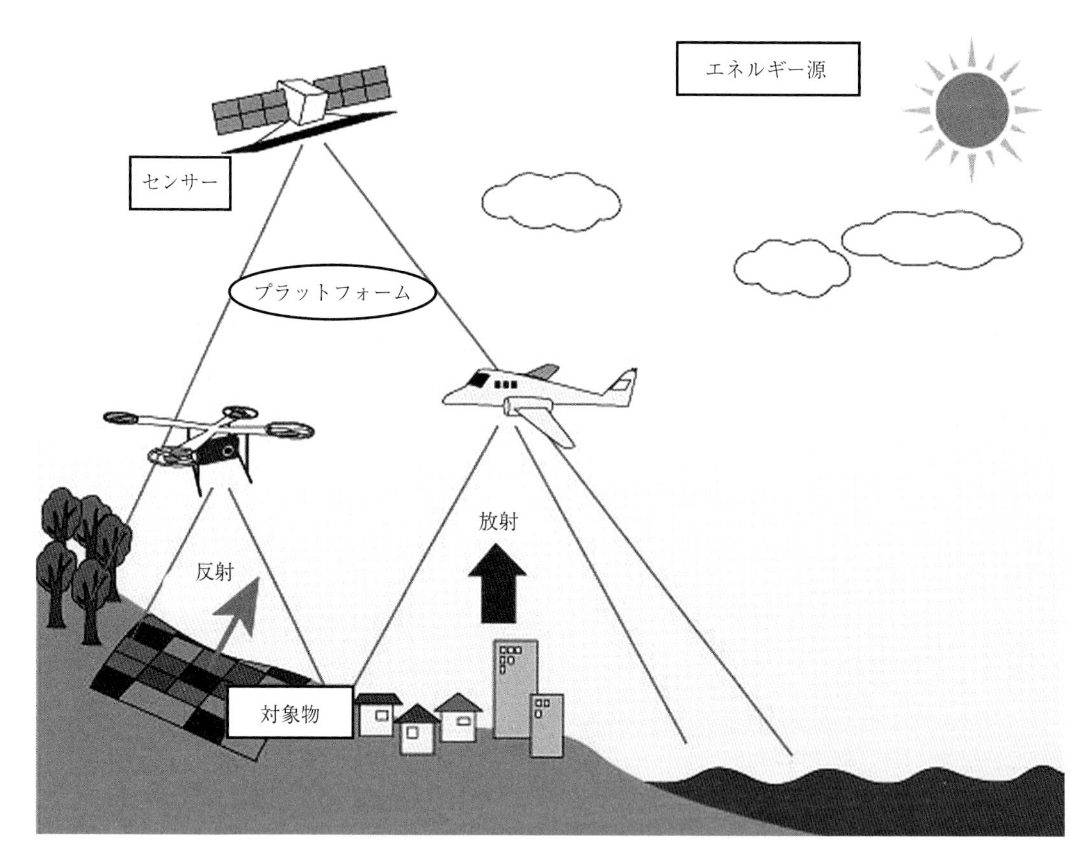

るので、雲の下の物体を観測することができない。熱赤外線を計測するタイプは地表面から射出される熱赤外線を観測するので、雲がなければ夜間でも地表を観測することができる。

能動型センサーは、衛星に搭載されたセンサーからマイクロ波(電波)などを発射し、地表面で散乱(反射)されるマイクロ波を観測する。能動型センサーの代表的な物が合成開口レーダー（SAR）である。可視光線や赤外線より波長の長いマイクロ波は、雲を透過するため、天候に左右されずに観測を行うことができる。またマイクロ波を地表に照射して観測するため、昼夜を問わず観測が可能である。その他、光の波長のレーザー光を上空から発射し、その反射強度を計測する方式もあり、これも能動型センサーと呼べる。

以上のようなセンサーを搭載する移動体のことを総称してプラットフォームと呼んでいる。プラットフォームは高高度から観測する人工衛星や航空機が代表的なものであり、その他ドローンを含むUAVやあまり一般的ではないが気球、カイトのような低空から観測する物がある（**図2**）。さらに近接リモートセンシングにおいては、センサーを手持ちで行ったりトラクタや自動車などの車両をプラットフォームとして使用したりする。

プラットフォームとして人工衛星を利用する場合は、衛星が周期的に上空を通過するため、観測時期を自由に設定できないことも注意を要する。ただし衛星の真下だけではなく斜め方向を観測するポインティングの技術や、複数の衛星を同一の軌道上に周回させるなどの技術により観測頻度を高めて天候による障害を少なくする工夫もなされている。

ピクセルと解像度

一般にリモートセンシングで得られる画像データは、地上の一定の範囲を衛星であれば、搭載センサーが進行方向に直角方向に走査して得たり、ドローンの場合は写真方式で連続的に撮影した画像を得たりする。こうして取得した画像は地上の広い範囲における反射や放射の強さを点（これをピクセルまたは画素という）の集まりとして測定したものである。観測した1ピクセルは地上において対応する測定範囲があり、そこからの平均的な反射や放射の強さを計測することになる。この測定範囲のことを地上分解能あるいは解像度といい、長さの単位で表す。

前項で述べた高度の違うプラットフォームによって得られる画像の主な相違点は地上分解能（解像度）である。写真を撮る際に近距離で撮影すれば、その写真から詳細な情報が得られるのに対して、遠距離からの撮影では広範囲を撮影できるが、細部の情報は分からなくなるような相違と同様である。このようにプラットフォームを選択する時は地上分解能を考慮することが肝要である。日本でデータを入手しやすい人工衛星のセンサーの種類、観測幅、解像度を**表**に示す。高い高度から観測する人工衛星でも、最近では解像度の良いものもある。

分光反射特性

物体に光が照射されれば、通常はその表面で反射される。この反射の程度を波長別に見ると、その物質に固有な波長別反射のパターンを示す。このような波長による反射率の詳細な変化のことを分光反射特性と呼ぶ。植物、乾燥土壌、湿潤土壌、清水、濁水についてこの分光反射特性を、模式的に示したのが**図3**である。同図には代表的なマルチスペクトルセンサーである地球観測衛星「ランドサット8号」の陸域イメージャ（OLI）について8種類のバンドの観測波長域も示してある。

植物葉について詳しく見ると、葉面に入射した太陽光は反射、吸収、透過の3つの過程に分配される。そのうちセンサーに届くエネ

表　地球観測衛星のセンサーの種類、観測幅、解像度

衛星	ランドサット8号（Landsat-8）	ジオアイ（GeoEye）	ラピッドアイ（RapidEye）	ワールドビュー2号（WorldView-2）	スポット6号、7号（SPOT-6,7）
地上分解能（解像度）	白黒15m 可視～短波長赤外30m 熱赤外100m	白黒0.41m 可視～近赤外1.65m	6.5m	白黒0.46m 可視～近赤外1.8m	白黒1.5m 可視～近赤外8m
観測波長域（バンド）	可視4 近赤外1 短波長赤外3 熱赤外2	可視3 近赤外1	可視3 レッドエッジ1 近赤外1	可視5 レッドエッジ1 近赤外2	可視3 近赤外1
飛行高度（km）	705	681	630	770	694
回帰日数（日）	16	11	5.5	3.7	26
観測幅（km）	185	15.2	77	17.7	60

第2部 応用編

ルギーに関係するのは反射される部分であり、その強度は葉面の粗さや化学的性質、葉内の水分含有量・葉緑素量などで変化する。植物の葉が緑に見えるのは、赤色域と青色域を葉緑素がよく吸収し、葉が緑色域の光を相対的に強く反射するためである。反射率は波長によって細かく変化するが、そのパターンは葉の細胞構造および化学的組成に依存する。それ故葉の反射特性の測定から植物葉の性質を知ることができる。植物葉の分光反射特性を短波長側から見ていくと、緑の波長帯である0.5〜0.6μmの可視光域に比較的強い反射のピークがある。0.7μm以上の近赤外線領域にはさらに強い反射域があり、植物の分光反射の特徴的な形を示す。1.4〜2.0μmには強い吸収体があり、これは葉内水分による赤外線の吸収による。このような特徴は植物種や成熟度で変化する。

植物葉が病害虫の被害に遭ったり老化したりすると、葉内の葉緑素量や含水量に変化を来す。このような植物の活性度の低下が見られると、植物葉の赤色バンドの反射量が増加する一方で、近赤外光の反射率が低下してくることが知られている。従ってこの関係を利用して、両バンドで演算を行って求められる植生指数（VI：Vegetation Index）を用いて植物の活性や植物バイオマス、LAI(葉面積指数）などを表すことがある。

植生指数は多くの算定式が提案されているが、その中から代表的なものを挙げるとDVI(Difference Vegetation Index)、RVI(Ratio Vegetation Index)、NDVI(Normalized Difference Vegetation Index）がある。これらは初期のころに発表されたものであるが、NDVIは今でも多くの場面で利用されている。

DVI=IR-R

RVI=IR/R

NDVI=(IR-R)/(IR+R)

（IR：近赤外バンドの反射強度
R：赤色バンドの反射強度）

リモートセンシングデータの補正処理

観測した直後のリモートセンシングデータは、各種のゆがみが含まれているため、通常は取得されたままのデータに各種の補正処理を施す必要がある。

図３　代表的な地上の物体の分光反射特性

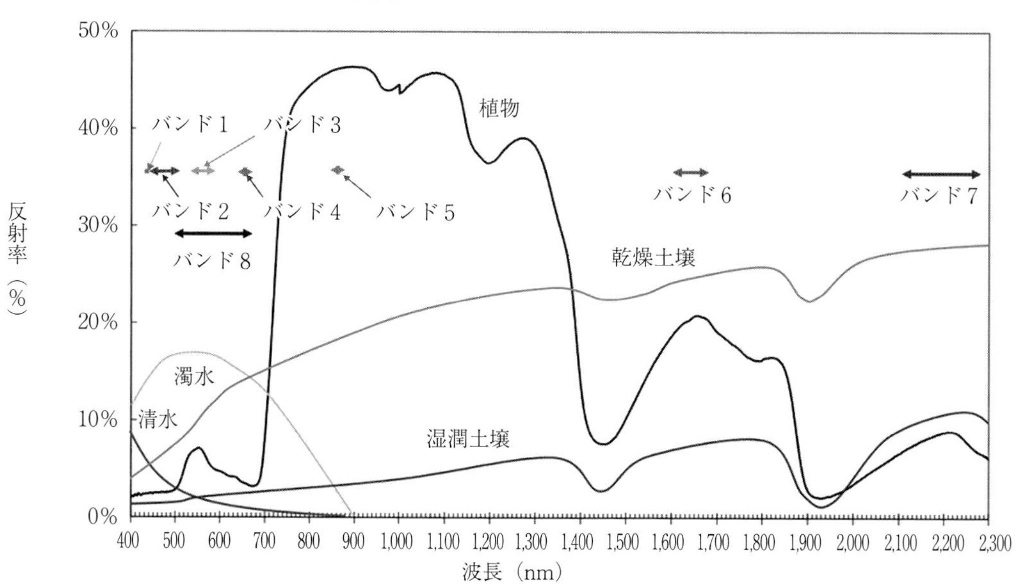

人工衛星データには、衛星軌道の傾斜や太陽の位置、地形の起伏、地表付近の大気の存在などが原因となって、衛星データには幾何学的ゆがみと放射量（画像濃度）のゆがみが含まれている。データにこれらのゆがみが含まれていると、解析に重大な影響を与えることがあるので補正処理を行う必要がある。

幾何学的なゆがみは、センサー内部に起因するものや、地球が球体であることや自転の影響などさまざまな要因によって生じる。1枚の衛星画像の中で同じ1ピクセルでも、画像の中心に存在するか画像の端に存在するかによって実際の面積が大きく異なることがある。このような幾何学的なゆがみを除去することを幾何補正と呼ぶ。

ドローンなどの低空で撮影したデータの場合も使用するカメラのレンズ特性のために幾何学的なゆがみが含まれており、そのままでは地図に重ね合わせることができない。そのためレンズ特性を考慮してオルソ補正を行う。さらに、通常は重なりのある複数の画像を撮影するため、それらを接合するモザイキングの処理も必要となる。実際にはこのような処理は、次で述べる画像処理を用いて実施される。

もう一つのゆがみとして、大気中に水蒸気やエアロゾルが含まれるため、人工衛星の観測値は地上で計測した場合の値とは異なる現象がある。この違いを補正することを大気補正という。地表状態を正確に知るためにさまざまな大気補正法が提案されている。一方、2バンド間の数値の比や差を取ることによって大気補正を施したのと同様の効果が出ることもあり、簡易的な補正法として用いられている。

リモートセンシングデータの画像処理

リモートセンシングデータを利用する場合は、各種の画像処理を施してそこから得られる情報を抽出する。通常、最初に行うことは目視による画像の判読のために、カラー画像を作成する。ここでは画像の可視化に関する表示処理とリモートセンシングデータの代表的な利用方法である土地被覆分類について紹介する。

シュードカラー表示

リモートセンシングデータは、ピクセルごとに輝度がデジタル値として与えられた数値であるため、そのままでは人間には理解不可能である。そのため、デジタルデータを適当なアナログデータ（画像）に変換し、判読可能にすることがよく行われる。一つのバンドのデータを濃淡によって表示した場合、白黒写真のような画像が得られる。この濃淡のある画像を、階調により色彩を用いた画像で示す方法をシュードカラー法という。代表的な例は、温度分布を表現するときに低温を示す青色から高温を示す赤色まで虹の色のように変化する色の階調の使用である。

カラー合成画像

多くの人工衛星には、異なる波長域のセンサーが搭載されている。このような複数のバンドデータをそれぞれ異なった3原色（青、緑、赤）に対応させて合成した画像を作成することをカラー合成という。ランドサット8号OLIの場合、バンド5に赤、バンド4に緑、そしてバンド3に青を割り当てて合成した画像をフォールスカラー画像と呼ぶ。この画像では森林や草地は赤系統、市街地は青系統の色で表示される。またバンド5に緑、バンド4に赤、バンド3に青を当てた画像をナチュラルカラー画像という。この画像では、森林や草地は鮮やかな緑、市街地はマゼンタ系統の色で表示される。しかし、実際の色とは異なる。可視光域で観測された青、緑、赤に対応するバンドにそのまま青、緑、赤の色を割り当てた画像をトゥルーカラー画像とい

図４　土地被覆分類処理の概念

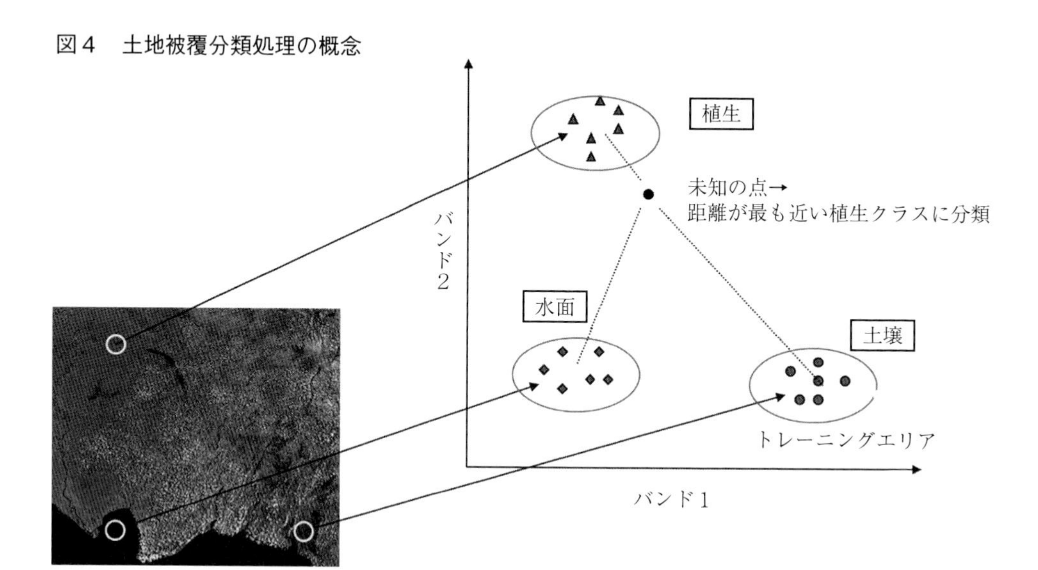

う。理論的には、人間が実際に視た光景と同じ色で表現される。このように色彩を用いて画像の情報を表現すると、人間は濃淡で表現された物以上に情報を得ることができる。これは人間の視覚において濃淡レベルの差異よりも、色の差異を検知する能力の方がはるかに優れていることによる。濃淡レベルでは24～36階調、色彩では1,000階調以上の差異が分類できるといわれている。

分類処理

農業地帯において作付け作物を区分したマップの作成を行ったり、土地利用状況を把握したりする時に用いられる画像処理が分類処理である。衛星リモートセンシングにおいて分類は本質的に統計的な手法であり、一般に多変量解析の手法が用いられる。具体的な方法としては最尤（さいゆう）法、主成分分析法、クラスタ分析法、テクスチャ解析法などが挙げられる。

分類の処理において、よく実施される土地被覆分類の概念を示したのが**図４**である。あらかじめ画像中から土地被覆状況が分かっている領域（トレーニングエリア）を抽出し、バンド値を軸とした空間内での各土地被覆クラスの位置を調べておく。画像全体の分類処理では、被覆クラスが未知のピクセル１個ごとに各土地被覆クラスとの距離を計算し、最も近いクラスに所属するとする。近年では機械学習による分類アルゴリズムも利用されるようになり、分類精度も従来法より上昇してきた。

リモートセンシングの展望

リモートセンシングは、1972年に人工衛星アーツ１号（ERTS-1、後のランドサット１号）が打ち上げられてから本格的に開始されたといわれている。その後もセンサー技術やロケット技術が発展して、当時から比べれば格段に性能が向上したデータが得られるようになった。技術革新は現在も進んでおり、今後、発展が見込まれる技術としてマイクロ波を利用する合成開口レーダー、バンドの波長幅を狭めてバンド数を大幅に増やしたハイパースペクトルセンサー、小型の衛星を多数打ち上げて観測頻度を飛躍的に上げることなどが挙げられる。

これらを農業分野へ利用するための研究も進行しており、リモートセンシングはデータの種類も利用法も多様になっていくものと考えられる。

（谷　宏）

第2部 応用編

GPSレベラー

図1は、農作業におけるGNSS(GPS)の使い分けを整理したものである。

2、3cm程度の測位精度が得られる測位方法としてのRTK(Real Time Kinematic)-GNSSの普及により、この測位技術活用することで、数cm単位の精度が求められる農作業機械の制御が可能となった。近年では、GLONASS(ロシアの人工衛星を利用した測位システム)の利用により、捕捉可能な人工衛星数が増加し、測位精度が安定化している。また市町村、JA、営農集団などで補正信号を発信する基地局の設置が進展しており、RTK-GNSSを容易に利用する環境が北海道内の各地域で整備されつつある。

GPSレベラーはRTK-GNSSの測位結果を用いて、圃場の高低計測ならびに均平作業機(レベラー)を制御する整地均平化システムである。近年の水田圃場の大区画化により、圃場の均平度維持するためにはレベラーによる均平作業が重要となっている。さらに経営規模の拡大により、均平作業の省力化が求められている。水田圃場では省力化のために代かき作業を省略する直播栽培、無代かき移植栽培が普及しつつあり、播種、移植作業前に均平作業を実施し、圃場の均平度を確保する必要がある。畑圃場では、降雨後に圃場内のくぼ地に発生する停滞水による湿害を軽減するために、くぼ地の修正と地表排水を促進するために傾斜均平作業が実施される事例もある。

しかし、レーザー光により均平作業機を制御する従来のレーザーレベラーの作業では、作業実施前に圃場の均平状況、傾斜状況、くぼ地の状況を把握するための測量が必要であった。また測量結果を地図化するには、標高測定地点の位置付けが必要となり、通常の

図1　農作業におけるGNSS（GPS）の使い分け

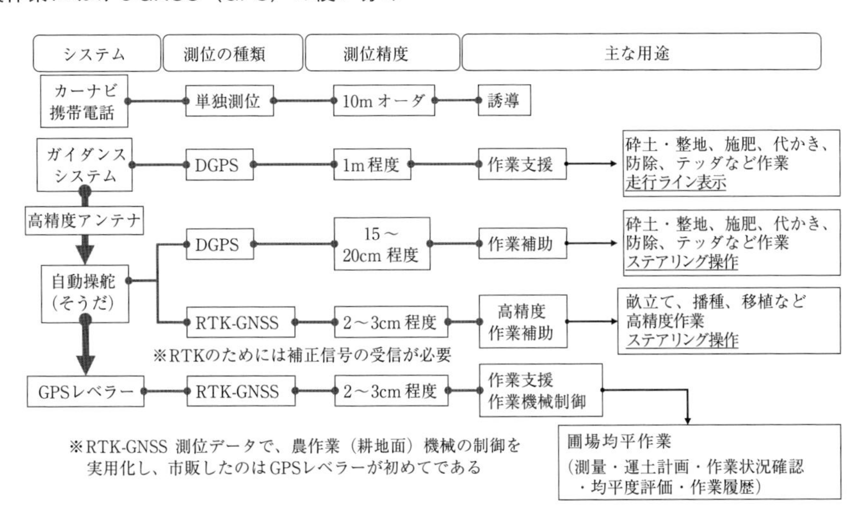

図2　レベラーシステムのイメージ

【レーザーレベラーシステム】

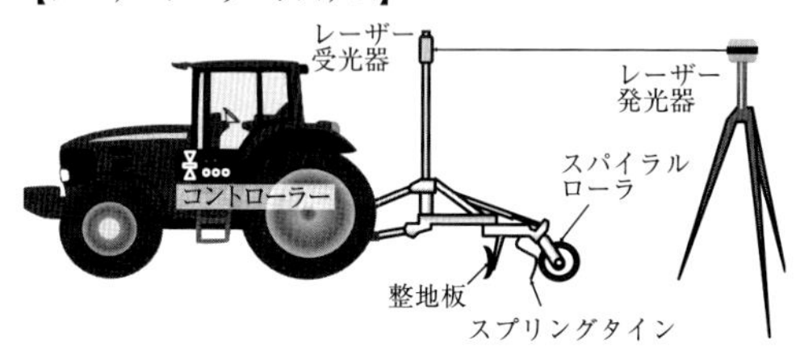

【GPSレベラーシステム】

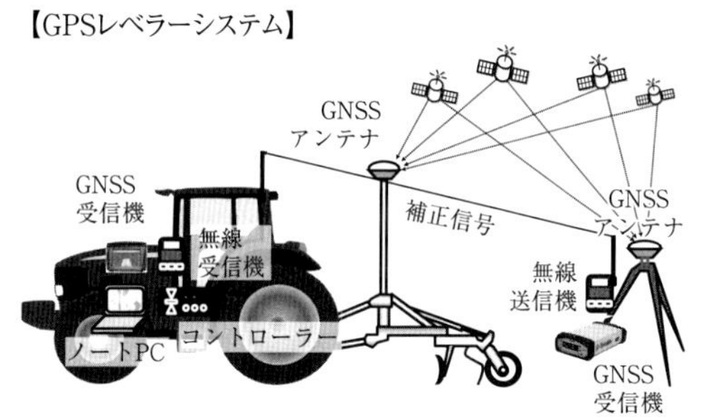

営農作業では実施されることは少ない。そのため、均平作業時に圃場内を走行しながら基準高さを調整することになる。さらに、近隣の別作業圃場に設置された発光器のレーザー光を受光することによる誤作動も生じる。このような不具合を改善し、効率的に均平作業を実現するのがGPSレベラーである。

レーザーレベラーとGPSレベラーの比較

レーザーレベラーとGPSレベラーのシステムイメージを**図2**に示す。レーザーレベラー、GPSレベラーともに、運土用の整地板（均平板）、砕土・膨軟化を図るスプリングタイン、砕土・鎮圧を図るスパイラルローラで構成され、作業機械そのものは同一であるが、均平作業時の整地板作業高を制御する仕組みが異なる。

従来のレーザーシステムでは作業する圃場の周囲にレーザー発光器を設置し、レベラーマスト部にレーザー受光器を設置して、コントローラーを介して作業高さを制御する。一方、GPSレベラーの作業高さの制御は、レベラーマスト部に設置するGNSSアンテナとトラクタキャビン内に設置するGNSS受信機の測位データを基に、専用ソフトウエアで処理した信号でコントローラーを制御する。

表1　レベラーの制御方式による比較

比較項目	制御方式	
	レーザー	RTK-GNSS
作業前後圃場測量（高低差・区画）	測量→図面作成	計測後即時処理（図化）
運土計画表	測量→図表作成	計測後即時処理（作表）
作業範囲	半径300m	基地局から半径5km※
夜間作業	△	○ 作業位置モニター表示、警報音で圃場外周接近を把握可能
レーザーの干渉障害	あり	なし

※VRS方式：補正信号受信エリアであれば制約なし

表2　ＲＴＫ－ＧＮＳＳ利用による効果

①均平（または緩傾斜化）作業の省力化・コスト低減と均平精度向上を実現
⇒圃場標高測量、運土計画・運土実施の省力化
②空間情報、作業状況情報の管理
⇒圃場均平度の経年的な変化を把握
⇒作業時間などの均平作業履歴の管理が可能
③RTK-GNSSによる圃場高低計測により、均平度評価のための測量作業削減率85%[1)]
④圃場均平作業の進ちょく状況をノートPCモニター面で把握し作業重複を回避でき、作業時間削減率32%[1)]

圃場均平作業前後の圃場測量の容易さなどについて、レベラーの制御方式がレーザーとRTK-GNSSとで比較（**表1**）し、**表2**にRTK-GNSS利用による効果を示す。レベラーの制御方式がRTK-GNSSの場合には周辺圃場に設置されたレーザー発光器からのレーザー光による干渉の心配がなく、発光器からの距離の制約も解消される。また圃場高低マップ作成のための測量労力は軽減され、専用ソフトウエアの使用により計測直後にマップ化が可能となる。さらに運土計画に関わる切り盛り表（切り深さ、盛り土高）が、圃場高低マップと連動して作成され、運土量も計

算される。圃場均平作業中には、ノートPCモニターの高低マップ上に作業位置が表示されるため、作業位置が高位部なのか低位部なのか、設定高さになったのかを確認することができるので、作業箇所の重複が回避でき、レーザー制御に比べ作業時間が削減される。

GPSレベラーのシステム構成

GPSレベラーのシステム構成を**図3**に示す。ここではRTK-GNSSの補正信号を送信するための基地局を設置した場合とし、圃場均平作業を実施するトラクタを移動局とする。移動局側はGNSS受信機（ガイダンスシステムを利用）とアンテナ、GPSレベラーソフトウエアがインストールされたノートPC、補正信号を受信する無線機、レベラーの上下動を制御するためのコントローラー、電源装置で構成される。なお補正信号の受信方法がVRS方式*1の場合は、基地局の設置が不要となるが、パケット通信、補正信号取得、接続機器、アプリケーションなどの費用が別途必要になる。

*1:VRS方式は、仮想基準点方式と呼ばれ、国土地理院が設置した複数の電子基準点の観測データから、作業現場の近傍に仮想の基準点を生成する。そのためRTK-GNSS受信機１台（移動局）のみで、高精度な測位が可能である。測位地点の位置情報をデータセンターにパケット通信で送信し、データセンターではこの位置情報から「仮想基準点」を設置し、補正信号を配信する。

GPSレベラーソフトウエアの特徴

RTK-GNSSによる圃場均平計測の利点

均平作業の実施前に圃場の不陸状況を把握するには、これまでは水準測量によることが一般的であった。レーザーレベルとデジタルスタッフを用いた計測時間は１ha当たり２人で45分[1]程度とされている。計測後はパソコンにデータを入力して、圃場内の平均標高、高低差を計算する必要があり、高低差のマップ化、切り盛り土量の算出には、さらに時間を要することになる。実際に均平作業を実施する農家自身が水準測量を実施し、なおかつ計測データを処理することは困難であり、この測量作業は省略されることが多い。そのため圃場の均平作業は農家の勘と感覚に頼らざるを得ず、均平精度が達成されるまでに多くの労力と時間を要することになる。

一方、RTK-GNSSの利用による圃場均平計測では、区画面積1.9haの水田圃場の車両計測（フルクローラトラクタ）結果を例にすると、所要時間は圃場外周計測が５分、均平計測（計測ライン間隔≒10m）が23分であった（**図4**）。また走行軌跡は**図5**の通りで、データの記録点数は4,025点であった。なお水稲収穫後の多水分状態の圃場であったため、10m間隔で設定した計測ライン付近で走行可能な箇所を計測した。この方法では２ha程度の圃場の均平計測を30分程度で終えることができ、計測終了後に数分で均平計測マップが作成でき、切り盛り土量の計算結果も示される。

圃場平均標高との高低差を表す均平計測マップを**図6**に示す。ソフトウエアでは、計測後に測位データ処理し、高低差を色分けして示すことができる。平均標高との高低差から計算される均平作業の運土量（切り盛り土量）は、165m^3となった（**図7**）。

このように、圃場内の高低差をマップ化し運土量を試算することで、高位部と低位部が把握でき、運土作業位置・方向と作業量を事前にイメージできる。そのため圃場均平作業時にむだな動きを省き、効率的な作業が可能となるため、特に大区画圃場では有効な手法である。また圃場内を５m、10mなどの設定した間隔で方眼を区切り（設定した間隔のメッシュデータを計算）、具体的な高低差を示した一覧表（切り盛り表）も同時に作成できるので、より具体的な切り深さ、盛り土高

第2部 応用編

図3　ＧＰＳレベラーのシステム構成

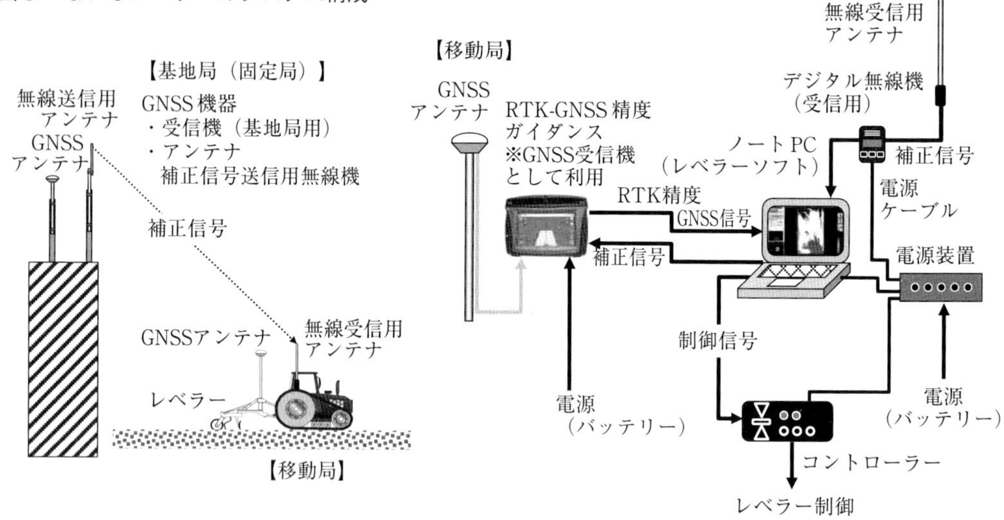

図4　計測・作業データの管理画面

外周	開始	2012/10/07 10:23
	終了	2012/10/07 10:28
	作業	00:05:05
	備考	面積: 18,868m2（1.89 ha）
高低	開始	2012/10/07 10:29
	終了	2012/10/07 10:51
	作業	00:22:46
	備考	データ点数: 4025 計測均平率: 74.2%

図5　計測圃場の区画とデータの記録地点

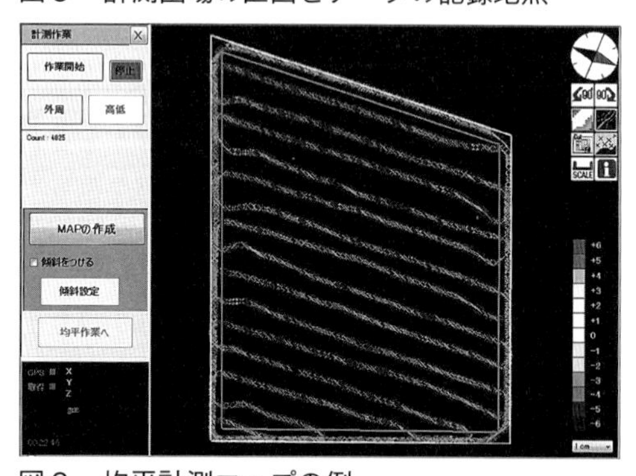

図6　均平計測マップの例

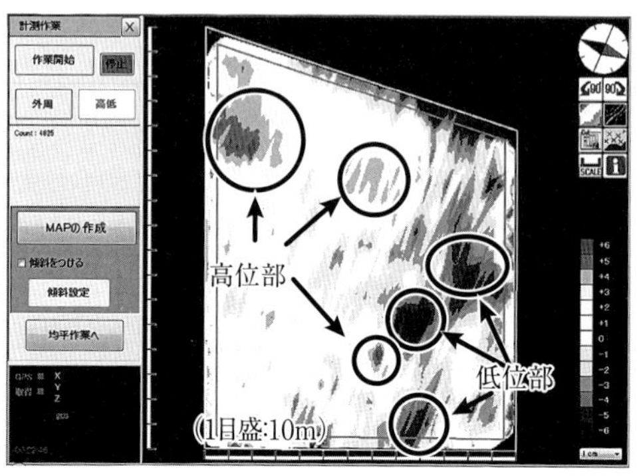

図7　計測結果の表示画面

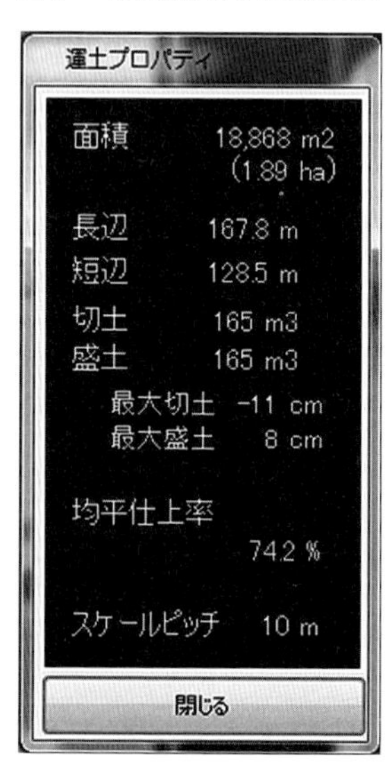

図8　切り盛り表の表示例（10m×10mメッシュデータ）とヒストグラム

切り盛り表

方位	113度	標高	34.8m
傾斜	X　0.00%	Y	0.00%
メッシュ	10m	高さ単位	1cm

m	0	10	20	30	40	50	60	70	80	90	100	110	120 m
160	3	3	1	-2	-3								
150	1	3	2	1	0	-1	-3	-6					
140	4	3	3	0	1	1	0	-1	-2	-7	-8		
130	4	4	3	2	2	1	1	1	1	-1	-3	-4	-5
120	2	3	3	0	0	2	4	2	3	-1	-1	-2	1
110	2	1	2	0	0	3	3	3	2	-2	-3	-3	-1
100	2	1	3	1	0	1	1	3	-2	-1	-2	0	-1
90	2	2	2	-1	0	-1	-2	0	-3	-2	-4	-3	-1
80	1	1	0	0	0	0	2	-1	-2	0	-4	-4	0
70	1	-1	2	0	-1	0	-2	-2	-2	-3	-6	-5	0
60	0	0	4	2	0	-1	0	-4	-7	-3	-2	-2	1
50	2	1	2	2	1	2	2	-3	-6	-1	0	-2	-2
40	1	1	-1	2	1	0	2	2	-2	-2	1	0	-1
30	0	2	0	0	2	1	0	0	-2	-1	0	-3	-1
20	1	1	0	-2	-1	0	-2	-2	-5	-1	-1	-3	3
10	1	3	2	-1	-6	0	-1	-2	-4	-1	0	2	-3
0	2	0	0	-3	-6	-7	-8	-6	-4	-1	1	1	0

切土	165m³
盛土	165m³

切り盛り表のデータから
ヒストグラム（度数分布グラフ）を作成

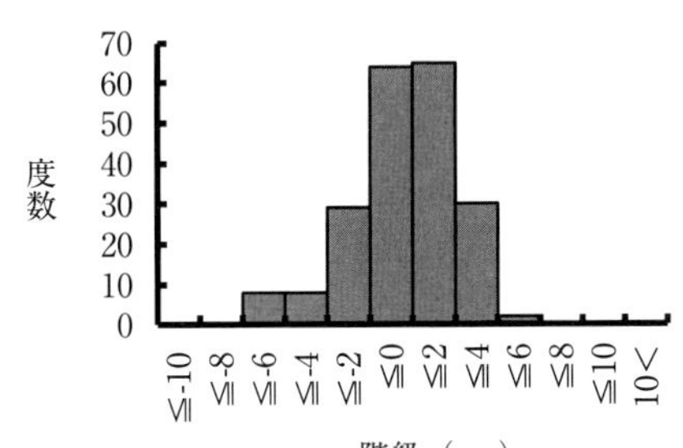

を作業実施前に把握することが容易である（**図8**）。さらに表計算ソフトでのデータ利用が可能であり、計測結果の履歴管理をはじめ、圃場均平度の計算、ヒストグラム（度数分布グラフ）の作成に活用できる。

傾斜均平化のシミュレーション

GPSレベラーのソフトウエアでは、圃場均平計測後に、均平作業時に2方向で緩傾斜を設定した場合の高低マップを作成し、運土量を算出でき、レベラーの制御も可能である（**図9**）。転作圃場、畑地で地表排水を促進するための緩傾斜を確保する際に有効な機能である。

高低計測時などの条件設定

GPSレベラーのソフトウエアでは高低計測時に車両移動の上下動などの誤差を軽減するために、平面的な移動範囲量（距離）と標高測位データの平均回数を指定できる。

例えば、**図10**の設定では、圃場均平計測時の移動0.5mごとに前後5回分（距離・回数とも任意で設定可能）の標高データの平均値を記録することになる。GNSSの測位データは10Hz（1秒で10回）で取得することができるので、走行速度が時速10kmでは測位データ5回分の移動範囲は1.11mとなり、この区間の平均標高データが記録される。よって計測精度を向上させるには、走行速度を速めない方が良いことになる。

また夜間作業時に安全性を確保するために、圃場外周に接近した場合に、警告音を鳴らす設定が可能である。**図10**では、圃場外周から5m内側に接近した際に2秒間警告音が鳴る設定である。圃場外の逸脱、畦畔（けいはん）への乗り上げ抑制に有効な機能である。

図９　傾斜（勾配）設定画面と勾配設定後の高低マップ

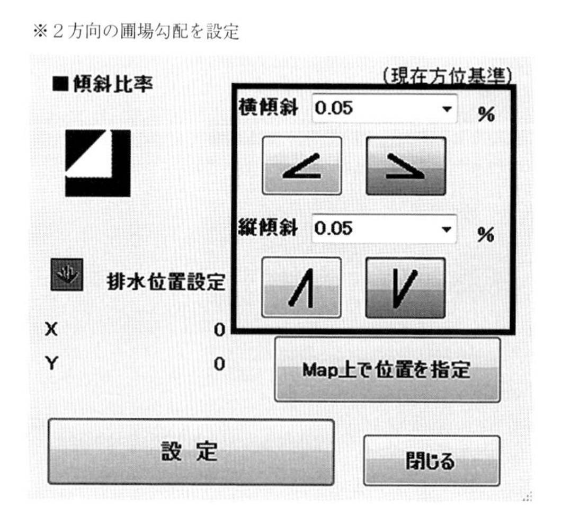

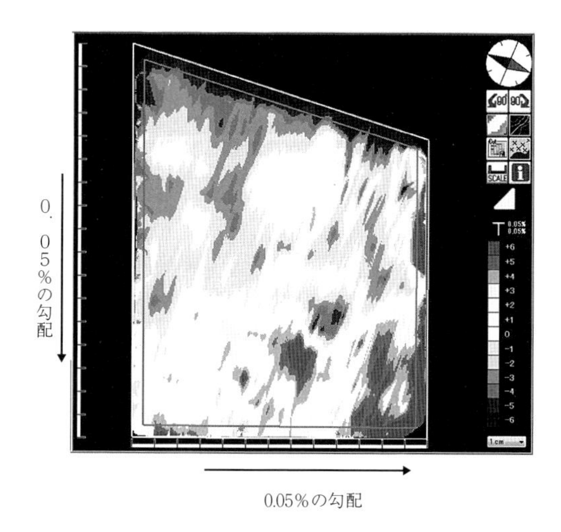

図10　測位条件・警報音などの設定画面

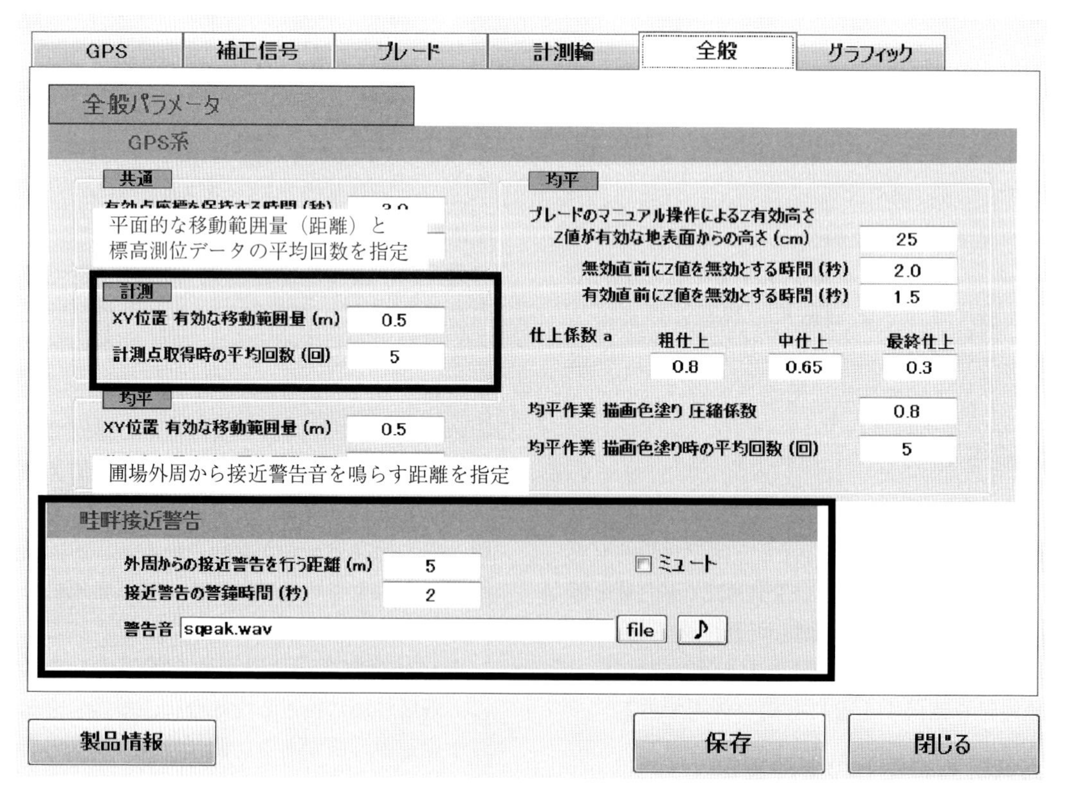

写真　ＧＰＳレベラーによる均平作業

図11　計測結果の表示画面

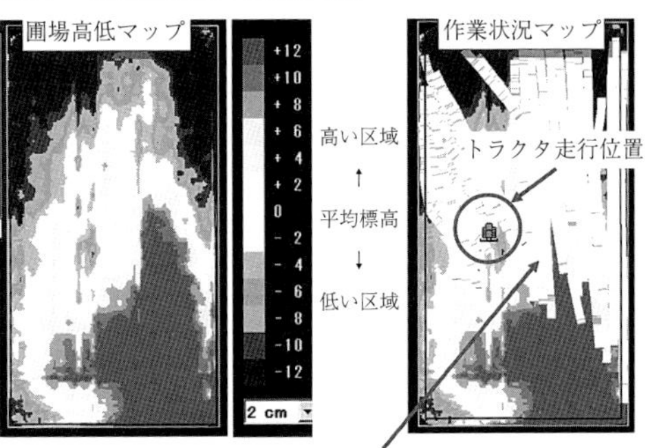

※白い部分は、均平作業終了エリア。
画面で作業位置、作業状況の確認がリアルタイムで可能

均平作業

均平作業ではまず、ノートPCモニタ上の均平計測マップ（圃場高低マップ）とトラクタ位置の表示を見ながら、平均標高地点（マップの白い地点）まで移動し、レベラーの整地板を下降させ、基準高さ（仕上げ高）を設定する。仕上げモードが「荒」「中」「最終」の３段階で、「最終」モードに向け、整地板の上下動の幅が小さくなるので、「荒」→「中」→「最終」の順で、マップの高位部から低位部に向かい走行しながら、低位部へと運土し均平作業を進める（**写真**）。

基準高さ（仕上げ高）に達すると、マップ上では白く塗りつぶされていく（**図11**参照）ので、作業の進捗（しんちょく）がリアルタイムで確認でき、均平作業の効率化が図られる。

GPSレベラーシステムの利用により、農家が日ごろの営農の中で感じている圃場の不陸状況を具体的な数値と図化により的確に表現でき、ノートPCモニターに表示しながら圃場均平作業が可能となる。そのため作業効率の向上に加え、進ちょく状況をモニターで確認しながらの作業となるため、同一箇所を何度も走行することが回避でき、トラクタの踏圧の影響も軽減できる。また、従来の水準測量に比べ迅速に圃場均平度が計測でき、かつ取得できるデータ数も飛躍的に増加し、GIS（地理情報システム）での利用など、取得データの活用範囲も拡大する。

現在、北海道の水田地帯では、水田１区画が１haを超え、２、３ha程度を標準区画として整備を進めている地域もある。圃場の大区画化整備において、さらなる作業性の向上や均一な作物の生育を確保できる営農のためには、均平度維持の重要性が高まっており、GPSレベラーシステムの普及による均平計測作業と均平化作業の高精度化、省力化が望まれる。

（**南部　雄二**）

【引用文献】

1）藤森新作ほか（2008年）「RTK-GPS測位技術による圃場の整地均平化システムの開発」、2008年度農業農村工学会大会講演会講演要旨集、576～577㌻

第2部 応用編

GPSガイダンスシステム・オートステアリングシステム

GPSを農業機械に搭載して車両の進行方向を誘導・制御する技術である「GPSガイダンスシステム・オートステアリングシステム」は、欧米を中心に普及が進んでいる。この技術は作業時の掛け合わせの幅を最小にすることにより、農薬、肥料、燃料などの資材費削減ができることから、コスト削減の有効なツールとして積極的な投資が行われている。

日本においても、近年急速に普及が進んでいる同システムの概要を紹介する。

GPSガイダンスシステムの機器構成

GPSガイダンスシステムはトラクタにGPS受信機と表示用ディスプレーを搭載し、農作業機械の作業幅に合わせて作業経路を誘導するシステムである（**写真1**）。GPSアンテナはトラクタのキャビン上に搭載され、表示用コンソールはキャビン内の見やすい場所に設置される（**写真2**）。正確に誘導するためには、GPSアンテナの設置位置やけん引する作業機械の形状などの初期設定を行う必要がある（**図1**）。

GPSガイダンスシステムの作業手順

圃場の中の走行したい始点にトラクタを誘導し、コンソール上の設定ボタンを押すとAという地点が登録される。続いて終点地点までトラクタを走行させ再度設定ボタンを押すとBという地点が登録され、自動的に2点を結ぶ直線が生成される。これで走行する基準となる直線「A-Bライン」が生成される（**図2**）。トラクタをA-Bラインに沿って走行させると、ラインとのずれ量がディスプレー上に表示されるので、表示ずれ量を見ながらハンドルを操作する。

設定された作業機の幅に合わせて、A-Bラインの平行線が生成される。この平行線はトラクタの位置に合わせて自動的に生成されるので、現状自分がどの位置にいて、最初に生

写真1　GPSガイダンスシステム

写真2　表示用コンソール取り付けイメージ

図1　初期設定画面例

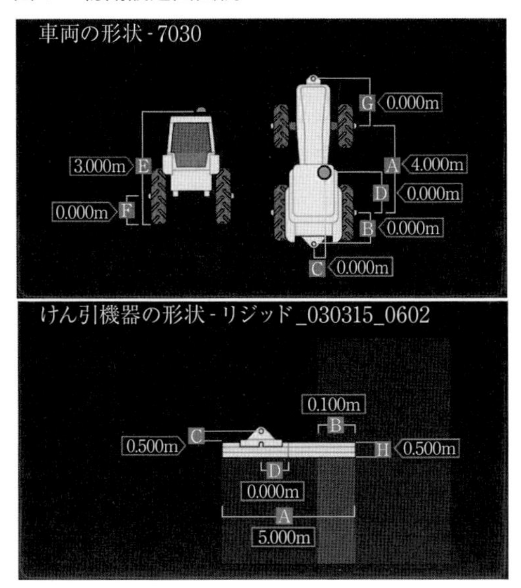

成したA-Bラインから、何本目の所を作業しようと思っているのかが一目で分かる（**図3**）。またガイダンスを行う際にボタンを押すと、指定された作業機の幅に合わせて走行した部分を塗りつぶすマッピング機能がある（**図4**）。この機能を使用すれば、途中で作業を中断しても、中断した場所から作業を再開することが可能になるとともに、変形圃場におけるトラクタの走行ルートを検討することも可能となる。この塗りつぶされた情報はUSBメモリによりPDFもしくはシェープ※1形式にて出力され、パソコン上での確認や印刷ができる。

※1：図形情報と属性情報を持った地図データファイル。GIS（地理情報システム）で一般的に使用されているデータ形式

図2　A-Bラインイメージ

図3　平行ラインのイメージ

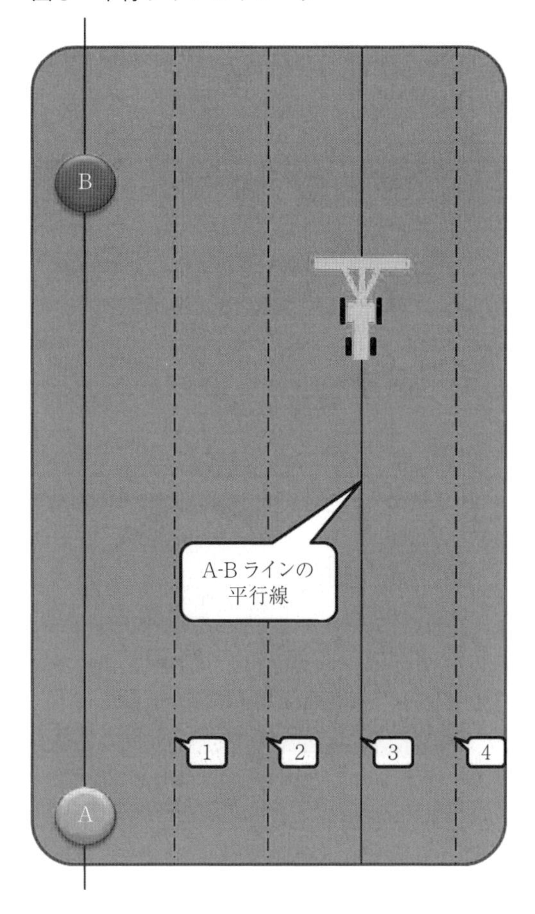

図4　マッピング機能

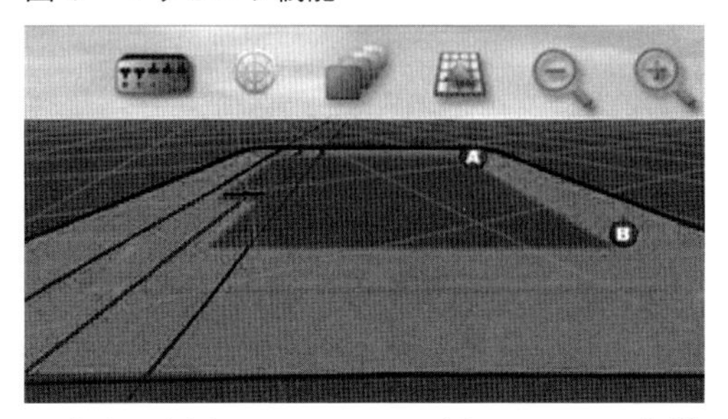

また、近年ではISOBUS(トラクタや作業機間の共通化された通信インターフェイス)に対応したバーチャルターミナル（VT）の機能を有するコンソールが、ガイダンスシステムやオートステアリングシステムでも採用され始めている。

GPSオートステアリングシステム

GPSガイダンスシステムでは表示機を見ながらオペレーターがハンドルを操作するが、GPSオートステアリングシステムはガイダンスで設定したラインからの離れ量を計算し、その差分を戻すようにハンドルを自動で回転させるシステムである。オペレーターはハンドル操作に集中することなく、けん引している作業機械のコントロールに集中することができる。

オートステアリングシステムの一般的な機器構成は、車両の位置を計測するGPSと姿勢を計測するIMU(Inertial Measurement Unit)、そしてハンドルを制御するモーターで構成されている。トプコンのオートステアリングシステム「System150」（**写真3**）が使用するGPSアンテナ AGI-4には電子コンパスとIMUが内蔵されている。一つのユニット内で位置と方向および姿勢の計測を行うので、取り付け時の誤差を最小に抑えることができる。また他の農機へ付け替えを行う際にもアンテナ部を移動させるだけでよいので、簡便に作業を行うことができる。また、AGI-4はGPS衛星だけではなくGLONASS衛星も活用できるハイブリッド型のGNSSアンテナを採用している。詳しくは後述を参照願いたい。

写真3　オートステアリングシステム

ハンドル本体にモーターを内蔵した、電子ハンドル AES-25はダイレクトにハンドルの回転軸を制御するので、レスポンスの良い高精度な制御を行うことができる（**図5**）。

GPSによる高精度な制御

高精度にトラクタのコントロールを行うためには、まず位置の基準となるGPSの精度を上げる必要がある。一般的なカーナビで使用されているGPSは数メートルの精度なので、そのままではトラクタの制御用のセンサーとして使用することが難しい。現在一般的に使用されているGPSガイダンスシステムはD(ディファレンシャル)-GPSという手

図5　オートステアリングシステム構成イメージ

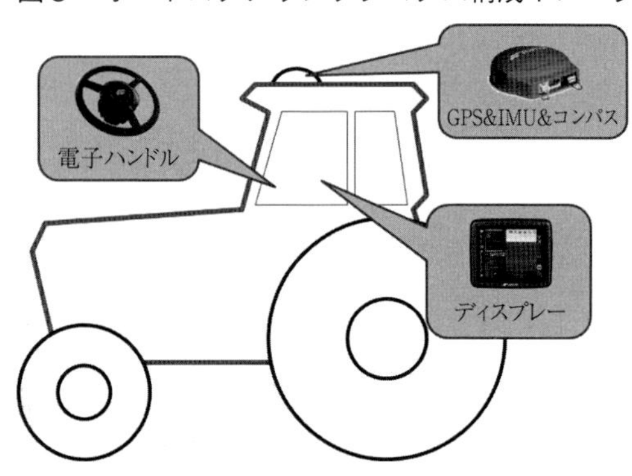

図6　ディファレンシャル測位

ディファレンシャル測位
(D-GPS)

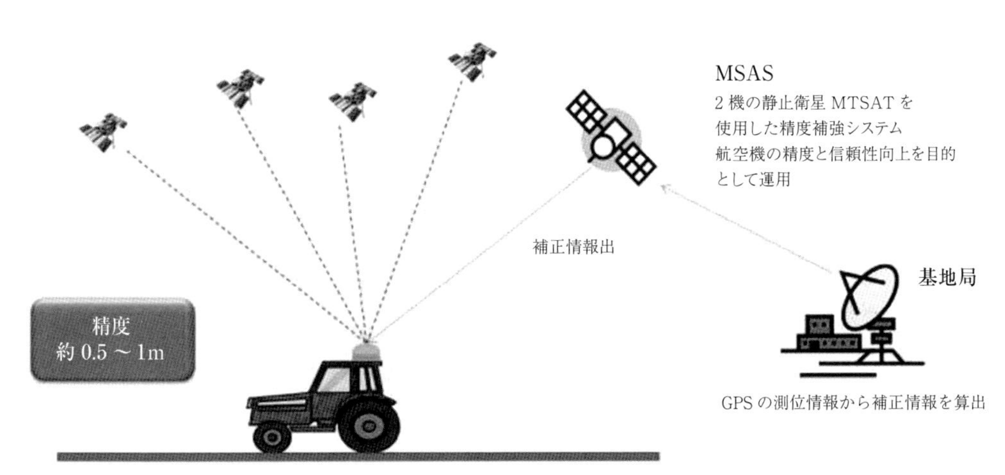

GPS の測位情報とMSASの補正情報を受信することにより数十センチメートルの測位精度を実現。
農業用ガイダンスシステムは D-GPSを一般的に使用している

長所：補正情報が無償。比較的高精度を実現できる。比較的安価（アンテナのみで十数万円）
短所：静止衛星なので、MTSATとの間に障害物があると補正情報が受信できない。
　　　補正情報がGPSしかサポートされていない（他の衛星を使用する価値が少ない）

法で数十センチメートルでの精度を保持している。D-GPSはMTSAT(Multi-Functional Transport Satellite：運輸多目的衛星）という静止衛星からの補正情報を受信することで位置精度の向上を図っている（**図6**）。

MTSATは日本の上空で2基運用されており、衛星から発信される電波に精度を補正するための情報が含まれている。しかし、静止衛星であることから、場所によってはMTSATからの補正電波が届かず、精度を確保できない場合もある。

さらにその精度を上げる方法としてRTK(リアルタイムキネマティック)-GPSという測位手法がある。この技術は測量や土木の業界でも使用されている技術でその精度は数センチメートルの精度を保っている。RTK-GPSは高精度なGPS受信機を使用するとともに、D-GPS同様に補正情報を使用することで精度を向上させている。RTKの場合、その補正情報の配信方法には主に2つの手法がある。

RTK-GNSSにおける補正情報の配信

■無線機を使用したRTK-GPS

現地の正確な座標が分かっている場所にGPSの固定局を設置し、その情報を補正情報として無線機を使用して発信する（**図7**）。トラクタ側ではこの情報を無線機で受信し、計算を行うことで数センチメートルの測位精度を実現する。固定局用GPSや無線機など初期投資は必要だがランニングコストはほぼ不要となる。

近年では無線機の代わりに携帯電話の通信網を使用して、データ配信を行うシステムも

図7　RTK-GPS測位

RTK-GNSS測位
（無線を使用したRTK-GPS）

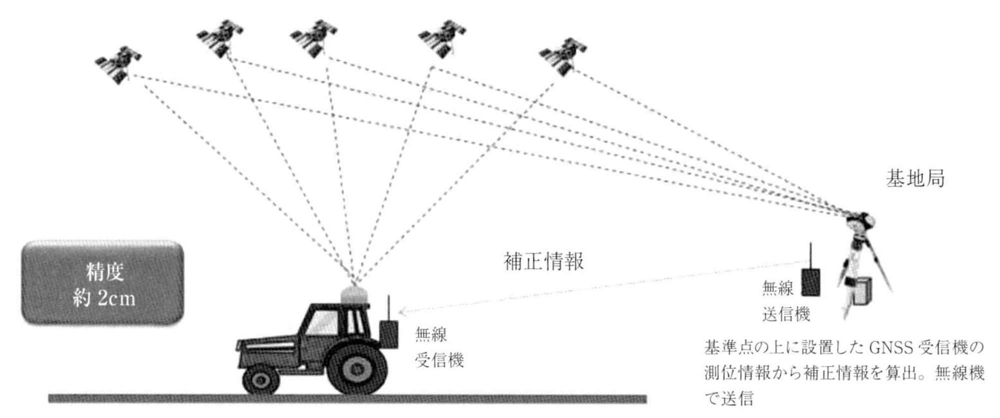

基準局のGNSS受信機で計算された補正情報をトラクタ側のGNSS受信機で受信することにより数センチメートルの測位精度を実現。建設機械用のマシンコントロールや、農業用高精度オートステアリングシステムなどで運用

長所：高精度(cm)が実現できるので、多彩なアプリケーションで使用可能。
　　　初期投資のみでランニングコストがほぼ不要
短所：基地局を自前で用意しなければいけない。無線機のエリアが限られる

運用されている。この場合は、通信費用などのランニングコストが発生する。

■ネットワーク型RTK-GPS

全国に設置されている国土地理院の電子基準点を使用して補正データの配信サービスを行っている民間のサービスがある（**図8**）。そこから携帯電話の通信網を通じて補正情報を購入し、RTKを行う手法。一般的にVRS（Virtual Reference Station）と呼ばれることが多い。自身でGPSの固定局を設置する必要はないので初期コストはあまり掛からないが、使用に関してはランニングコスト（データ使用料、通信費など）が必要となってくる。また、サービスの範囲も、携帯電話の通信網のエリアに限られる。

現在ユーザーはこれらの配信方法を自身の運用体系に合わせて選択し活用しているが、将来に向け日本では新しい測位衛星インフラが準備されつつある。それが準天頂衛星システムである。

■準天頂衛星システム（QZSS：Quasi-Zenith Satellite System）

日本では独自の測位衛星の打ち上げを計画しており、現在1機が試験運用されている。この測位衛星は日本の上空天頂付近に位置するように軌道が配置され、2018年運用をめどに追加で3機の打ち上げが予定されている。この準天頂衛星には「補強信号」といわれる精度を上げるための補正信号の配信が予定されている。この補強信号によりRTK並みの精度で測位が行われれば、ユーザーの使用環境は大きく変わってくるものと思われる。

さらにトプコン社では、準天頂衛星システムから発信されている「試験用補強信号」の

図８　VRS-RTK測位

ネットワーク型RTK-GNSS測位
(VRS RTK-GPS)

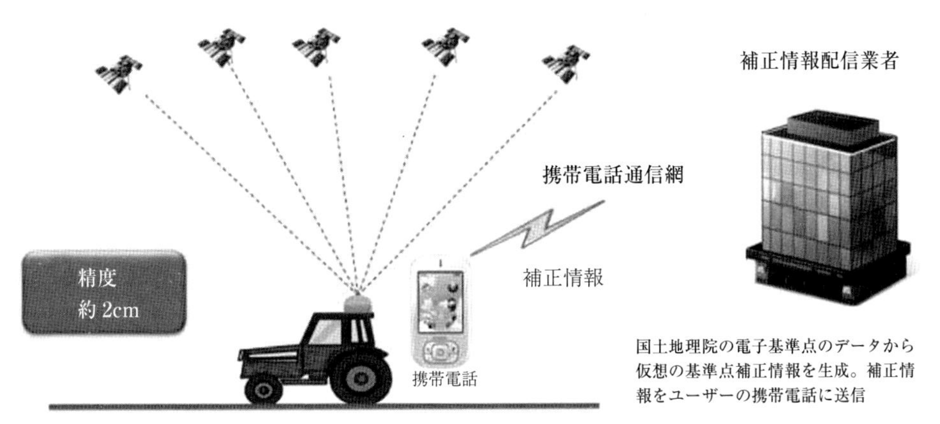

基本的な原理や精度はRTK-GPSと同一。携帯電話で受信した補正情報をトラクタ側のGPS受信機で受信することにより、数センチメートルの測位精度を実現。建設機械用のマシンコントロールや、農業用高精度オートステアリングシステムなどで運用

長所：高精度（cm）が実現できるので、多彩なアプリケーションで使用可能。
　　　基地局の設置不要
短所：携帯電話の通信網のエリアに使用が限定される。
　　　ランニングコストが必要（配信業者との契約料、携帯通信費）

農業用オートステアリングシステムへの適用実験を実施した。この実用化実験については、後で詳しく説明する。

正確な測位をより確実にする技術 マルチGNSS

測位衛星はアメリカのGPSだけではなくロシアのGLONASS、EUのGalileoなども運用されており、これらの測位衛星を総称してGNSSと呼んでいる。衛星による測位は受信する衛星の数が多いほど安定した測位が行えることから、近年ではGPSとGLONASSのハイブリッド型のマルチGNSS-RTKが主流となってきている。**図９**は2013年５月30日の帯広地区の衛星状況のグラフだが、午後１時から３時までの間GPSのみでは４衛星となりRTK測位が厳しい状態となっている。一方、GPS+GLONASSのマルチGNSSの場合、最低でも８衛星となる。マルチGNSSの場合、特に時間を意識せず作業を行うことができることから、測量、建設分野では既に一般的な技術として活用されている。農業分野においてもGNSSの比率が増加しており、今後活用の幅が広がってくるものと思われる。

オートステアリングシステムの試験、評価

トプコン社ではオートステアリングの販売に際して、各種の試験や評価を実施している。その幾つかを紹介する。

RTKによるオートステアリングシステムの精度検証

オートステアリングは、GNSSの位置情報と車体の姿勢情報の計算結果から作成された

図９　時間と衛星個数のグラフ

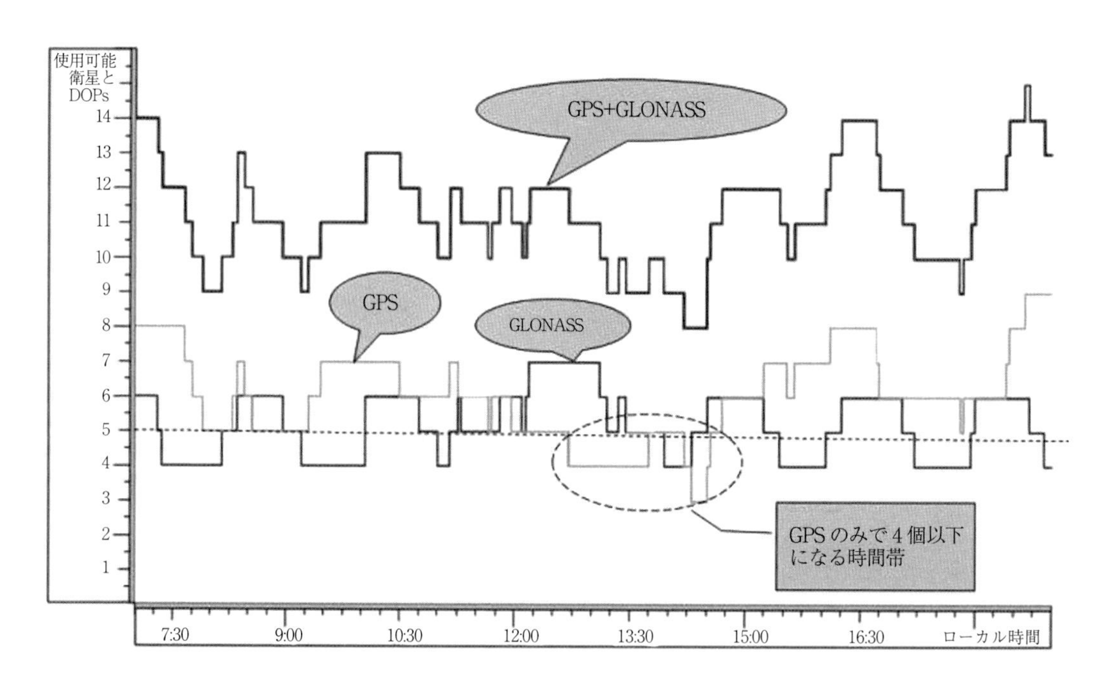

制御信号を、ハンドルに取り付けられたモーターに送ることで制御される。トプコン社では農研機構の生物系特定産業技術研究支援センター（略称：生研センター）においてオートステアリングシステムSystem150の走行精度を検証した。走行位置の基準はトラクタのけん引棒のピボット位置としている。

計測フィールド内にA点とB点を結ぶ仮想の直線経路からの横偏差を算出し、評価した。

時速1.1kmの低速域から同10.8kmの高速域における直線状の走行経路との偏差はRMS※2で26mmとなり、コンクリート舗装の上ではあるが良好な値が確認できている。また、数時間以上の時間差がある工程間においても、RMSは20mmと、数時間の経過が走行精度に与える影響は見られなかった（**写真４**）。

※2：自乗平均平方根。誤差の標準偏差を表し、位置精度を表す形式としてよく使用される値

オートステアリングの安全面に関する任意鑑定

オートステアリングシステムは、機械が自動でハンドルを操作することから、安全面での課題が気になるところである。トプコン社では生研センター「農業機械任意鑑定要領」に基づいて、自動操舵（そうだ）時の手動操舵優先機能の性能試験、農業トラクタ用自動操舵装置の操舵性能試験および装置の安全機能確認試験を委託した。これらの試験は自動操舵装置を農業用トラクタに装備、使用した際の操作性や安全性について試験、評価することを目的に実施したものである。

自動操舵時に手動で操舵を行うと、手動操舵に切り替わる機能がある。本機能は45N程

写真４　計測の状況

度の操舵力で解除されるが、この45N程度の操舵力は供試トラクタの標準ステアリングホイールによる旋回開始時の操舵力と比べて特に大きな値ではなく、その一方で手動操舵への切り替えを意識できる程度の操舵力であると評価された。

モーター内蔵のステアリングホイールと、標準ステアリングホイールの操舵性能を比較した。直線コースから旋回コースに入る旋回時の操舵力の測定結果から、供試トラクタの標準ステアリングホイールによる旋回時操舵と、同ステアリングホイールを自動操舵用のモーター内蔵ステアリングホイール（AES-25）に換装した場合の旋回時操舵では、操舵力の違いは微小である。また、操舵の結果である前輪舵角についても両者の違いは微小であり、これら２つのステアリングホイールによる操舵性能はほぼ同一であると見なすことができた。

装置の安全機能確認試験として、供試装置の安全機能のうち、ステアリングコントローラーとの接続の確立、GNSS位置の精度確保、RTK補正信号の受信、および走行速度の各状況によって、自動操舵走行ができないようになる機能について、それらの正常作動の確認試験を行った。結果、適切な操作を行わない限り勝手に自動操舵へ切り替わらないこと、自動操舵ができない状況（衛星の精度劣化、走行速度など）において、確実に機能が働かないことも確認された（**写真５**）。

またAES-25は、外部にモーター部分（回転部分）がないことからモーターに袖を引き込まれる心配がないというメリットもある。

準天頂衛星を利用したオートステアリングシステムへの適用実験

トプコン社では2010年から12年にかけて、準天頂衛星の補強信号を使った測位方法の開発と農機オートステアリングシステムへの適用実験を行った。ここでは、この実用化研究について説明する。なお、同研究は文部科学省地球観測技術等調査委託事業による業務として行ったものである。

■従来方式のRTK環境の問題点

衛星測位でセンチメートルレベルの測位精度を利用するためには、受信した衛星の信号

モーター内蔵専用
ステアリングホイール

写真５　操舵力角計取り付け状態

表　PPPによる測位座標の差

（単位：m）

	North（北）	East（東）	Up（上）
平均値	-0.058	0.000	0.032
RMS※2	0.065	0.049	0.099

から誤差要因を除去するための補正情報が不可欠である。現在利用されている高精度測位では、何らかの通信手段によって補正情報を送る方法が利用されている。実際には、携帯電話の通信網や業務用無線機が利用されている、通信や無線機購入に掛かるコストが必要となる。また無線の場合、補正情報を生成するための受信機が必要となるので、さらに設備投資が必要となる。また、地上無線は地形や建物、さらに電波の到達距離の制限があり、電波の到達圏外では使用できないという問題点もある。静止衛星を使ったディファレンシャルGPSの分野では、農機上の受信機のみで衛星から同時に補正情報を受信し、精度向上を図ることができるMSASを利用したシステムもある。この場合、上記の無線装置や補正情報生成用受信機を準備する必要がないため、低コストでの利用が可能になる。しかしながら、MSASを利用した場合、精度の向上はサブメートルレベルであり、精度的に使用範囲が限定されてしまう。

トプコン社では、同研究で農機上の受信機1台で測位を行うことが可能で、MSASよりも高精度な測位システムの開発を目標とした。

■準天頂衛星システムを利用した測位

準天頂衛星システムでは、GPS補強情報として、GPS測位の精度を向上させる情報を送信しており、この情報は大きく2つの周波数で放送されている。それらはL1SAIF信号とLEX信号と呼ばれている。このうち、L1SAIF信号は、MSASで使用されている補正情報の拡張版であり、MSASよりも信頼性や日本域の状況に特化したものであるが、主としてサブメートル精度をターゲットとした補正情報である。一方のLEX信号は、センチメートル級の精度を達成するための補正情報用テスト信号であり、複数のフォーマットで放送されている。

今回トプコン社では、上記のLEX信号の情報の中で、一般に公開されているJAXA形式の補正情報を使用し、実用化実験を行った。

測位計算にはJAXA形式であるPrecise Point Positioning(PPP)と呼ばれる測位手法を用いた。通常のGPS測位は、各衛星のタイミング信号から衛星までの距離を測定し、それを利用して地上の位置を計算する方法が使われている。この場合、タイミング信号の測定限界が3m程度の誤差があることから、求められる座標精度は10m程度となる。これに対し、タイミング信号を載せている搬送波の変化（ドップラー）は、数ミリメートルの精度で測定できることが分かっている。このデータが利用できれば、理論上、センチメートルレベルの座標精度で測位を行うことが可能である。

■PPPよる測位精度と農機オートステアへの適用

実際にPPP方式の測位計算ソフトを作成し、その精度評価を行った。場所はトプコン社屋上に設置されたGPS固定アンテナを利用した。精度評価であるため、補正情報はIGS観測点で作成されたデータを利用した。これは、LEX信号による補正情報がテスト配信であるため、精度の保証がされていないのに対し、IGSは、後日ではあるが、精度が管理された補正情報であることによる。72時間分

図10　オートステアリングシステムでの離れ量

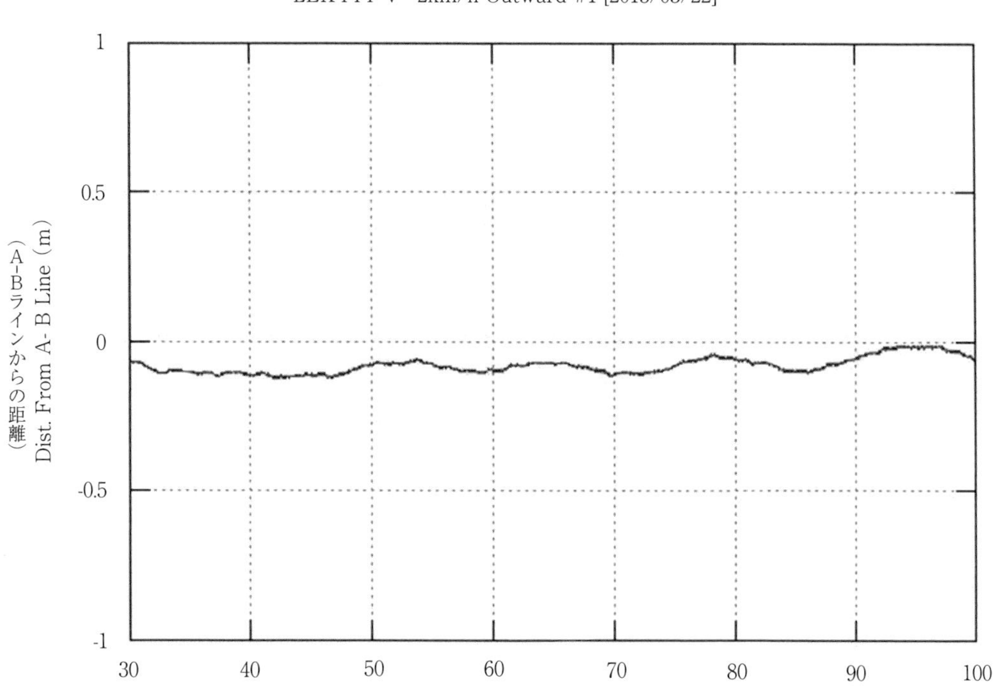

の結果から既知点に対するPPP測位座標の統計量としては、以下の通りとなった（**表**）。

高さ方向が平面方向に比べて2倍程度劣化しているが、これは、通常のGPS測位でも見られる一般的な傾向のものである。

次に前述のPPP測位ソフトにより出力された測位結果を当社のオートステアリングシステム System150に導入し、実際に農機のオートステアリングを使用した走行を実施した。その結果を**図10**に示す。平均離れ量8cm、標準偏差で3cmと、農機向け低コスト・高精度オートステアリングシステムの測位データソースとして十分に利用可能であることが判明した。

オートステアリングシステムの今後

ここ数年でGPSガイダンスだけではなく、オートステアリングシステムの普及が急速に広まっている。オートステアリングシステム本来の目的である「指定した走行路線に沿って走行する」ということ以外にも、当システムのデータの活用を行うことができる。RTKを用いたオートステアリングであれば、高精度な水平方向の位置情報だけではなく、高精度な高さデータを記録することが可能になる。例えば防除作業を行う時にオートステアリングを使用すれば、圃場の3次元データを同時に記録することができるということである。オートステアリングシステムは単なる

図11　オートステアリングで取得した圃場の標高マップ

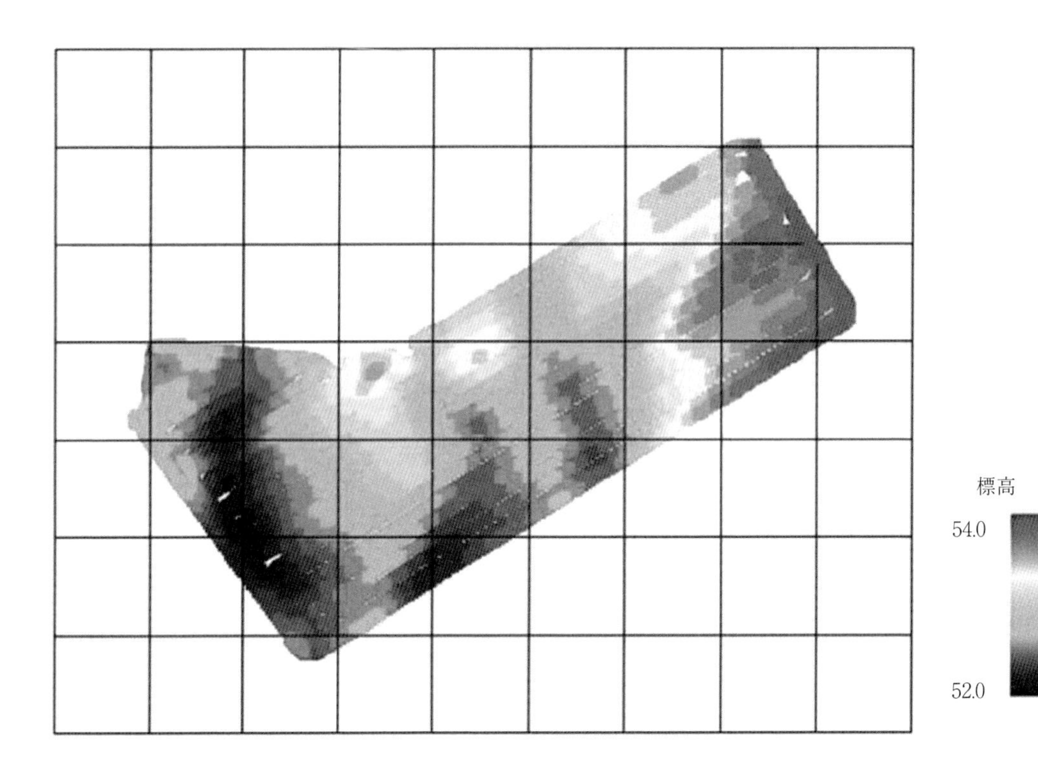

農作業のツールとしてだけではなく、圃場の標高情報を可視化（**図11**）するツールとして圃場管理の一助になり、農地整備の基礎データとしても使用できる。

またオートステアリングの技術の延長上には、現在研究が盛んに進んでいるロボットトラクタの技術がある。最近では有人トラクタとロボットトラクタの２台で作業を行う「協調作業」という実用化に近い技術の研究も進んでおり、大いに期待が持てる状況である。

高精度の位置情報を活用できる環境が整いつつあり、この技術は日本農業の発展にさまざまな形で寄与できるものと考える。

（吉田　剛）

第2部 応用編

ビークルロボット

ビークル(車両)ロボットの基本構成はハードウエアとして見ると、プラットフォームとなる車両本体、決められた経路に対して正確に走行するためのナビゲーションセンサー、走行制御や作業指示を行いユーザーインターフェースとなるメーンコントローラーで構成され、さらにはこれらが互いに情報をやりとりするための通信装置が必要となる。ソフトウエアとして見ると、作業範囲や作業経路などの作業計画マップ、ナビゲーションセンサーからの情報を作業計画マップと照らし合わせることでビークル本体への制御信号を生成するナビゲーターから構成される。さらには、ビークルロボットを安全に作業させるための安全装置も必要となる。

ハードウェア

車両本体

ビークルロボットのプラットフォームとなるのが車両本体であり、基本的には市販されているトラクタやコンバイン、田植え機などを使用する。現在市販されている農用車両は、各部センサーやアクチュエータ（駆動装置）など、その多くの構成要素を電気的に制御できるようになっている。特に近年の農用車両は海外で普及してきているISO-BUSの流れをくむように、内部の各構成機器がそれぞれ幾つかのECU(Electrical Control Unit：電子制御装置）に接続され、互いに通信することによって制御可能となっている。そのため、内部に通信バスを持つ車両の場合は、そのいずれかのECUと接続するか、もしくは内部バスと外部の構成要素を接続するためのゲートウェイとなるECUを追加することで、メーンコントローラーから車両の制御が可能となる。内部に通信バスを持たない車両の場合でも、その構成要素の多くが電気的信号によって制御されている場合には、ECUを追加して電気的信号を模擬的に入出力することで、内部バスを持つ車両と同様に制御が可能となる。

内部バスを持つビークルロボットの例として、北海道大学のロボットトラクタとロボットコンバインを**写真1、2**に示す。両者とも車両の前後進や速度、作業機の昇降やPTOのオン／オフなどが内部のECUによって制御されており、メーカーの開発したECUを介して走行制御用外部バスに接続されている。ロボットトラクタの操舵（そうだ）制御には操舵用の油圧系に電磁バルブを取り付け、ECUからの制御を可能としている。またロボット

写真1　ロボットトラクタ（北海道大学）

写真２　ロボットコンバイン（北海道大学）

コンバインには電子制御FDSトランスミッションを搭載することで、ECUを介して旋回も制御可能となっている。

内部バスを持たないビークルロボットの例として、農研機構中央農業研究センターの田植えロボットを**写真３**に、京都大学のコンバインロボットを**写真４**に示す。両者とも、プラットフォームの車両はビークルロボットとして開発されたものではないが、走行や作業に関する各種レバーや入出力信号に対して、別途開発した複数のECUを接続し、これらを介して各センサー・アクチュエータを通信バスに接続することで、メーンコントローラーから走行制御や作業を行うことを可能としている。

写真３　ロボット田植え機
（農研機構中央農業研究センター）

写真４　中型コンバインロボット（京都大学）

ナビゲーションセンサー

ロボットをあらかじめ決められた経路上で作業走行させるためには、リアルタイムにその位置と方位を知る必要がある。例えば、66cm条間の畝作物に対して40cm程度の後車輪が走行することを考えると、走行の許容誤差はプラスマイナス10cmとなる。最も走行精度を要求される中耕除草作業も考えると、測位精度はさらに高い必要がある。

しかしながら、ビークルロボットは屋外で使用されるため、土壌の状態によりタイヤの回転や速度センサーなどを用いて位置を算出することは困難である。そのため、ビークルロボットの測位センサーとしては、屋外でも安定して位置が計測可能であるGPS（Global Positioning System）、中でも精度が高いRTK-GPS（Real time kinematics-GPS）、さらにはGNSS（Global navigation satellite system）や準天頂衛星などを用いる。

RTK-GPSは、その測位原理からできるだけ車体の上部、トラクタやコンバインであれば一般的にはキャビン上部に取り付けられる。40kW（54PS）の中型トラクタのキャビン上部で2.4m、75kW（100PS）の大型トラクタであれば2.7mの高さがあり、車体が横方向に５度傾けば、それぞれ20cm、23cmの誤差となる。これを解消するためには、車体の傾斜を測り、誤差を修正する必要がある。さらに方位も計測する必要があるため、ビークルロボットには一般的にIMU（Inertial measurement unit：慣性航法装置）と呼ばれる３軸角度計測センサーが用いられる。このIMUの傾斜方向の2軸出力は重力加速度を用いた補正が行われるため、十分高精度な出力を得ることができるが、水平面での回転に対しては補正を行うことができず、十分な精度の出力を得ることができない。そのため、京都大学のロボットコンバインではGPSを2台使用した方位センサーを用い（**写真5**左）、北海道大学のロボットトラクタではGPSの出力を用いて補正するアルゴリズムの開発が行われた。さらにはトプコンからMEMS（Micro electro mechanical systems）のIMUを内蔵したGNSSも販売された（**写真5**右）。

写真5　ロボットコンバインに搭載された GPSコンパス、MEMS内蔵GNSS

メーンコントローラー

メーンコントローラーの役割は大きく分けて、ビークルロボット本体を後述する作業計画マップとナビゲーションセンサーからの情報に基づいて制御することと、マップを選択したり作業中のビークルロボットの状態を表示したりするなどのユーザーインターフェースの2つである（**図1**）。

開発段階であるビークルロボットのメーンコントローラーとしては一般的にPCが用いられる。ユーザーがPC上で動作するソフトウエアの中で、保存されている作業計画マップファイルを選択し、作業開始の指示を与えると、プログラムは各ナビゲーションセンサーから得られた情報に基づいてビークルロボットへの操舵量や前後進速度などを計算し、ビークルロボットへ制御量を送信、取り付けられた作業機械に対する動作命令などを送信する。同時にビークルロボットから受信する車両内部の情報やナビゲーションセンサーの状態、算出された制御量などビークルロボットが安定して作業しているかの情報をユーザーインターフェース上に表示する。

図1　メーンコントローラー

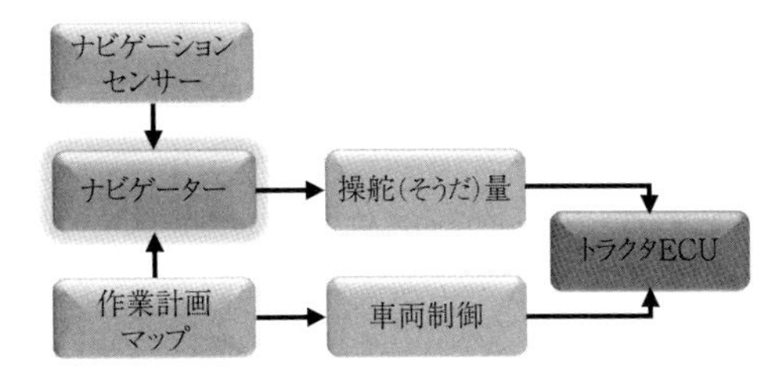

今後、実証試験や試作機が開発されるようになると、これらは専用コントローラーとユーザーインターフェース端末となっていくと予想される。**図2**は農研機構中央農業研究センターが開発したロボット田植え機のユーザーインターフェースである。

図2　ロボット田植え機のユーザーインターフェース

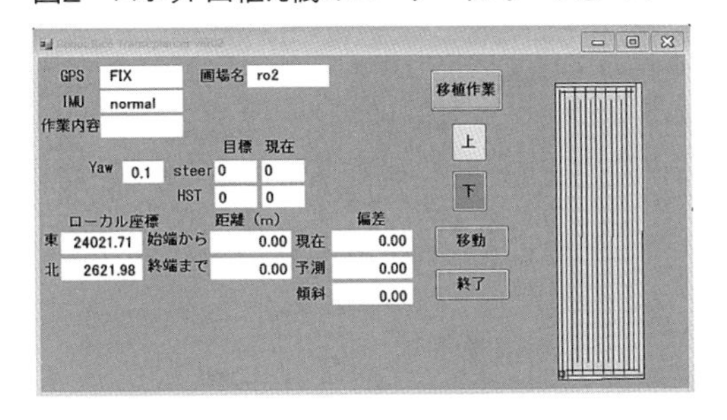

ソフトウエア

作業計画マップ

ビークルロボットを用いた作業を行うためには、その作業範囲に基づき、どのように作業走行を行うかを指示するための地図となる作業計画マップが必要となる。通常、圃場内

第2部 応用編

図3　ロボット田植え機の作業計画マップ

での作業経路は作業機の幅に重複幅を考慮した間隔の複数の平行直線となる。これに枕地部分での作業経路を組み合わせ、その間を旋回経路によってつなぐことで作業計画マップが記載される。

図3は農研機構中央農業研究センターで開発した田植えロボットの経路計画プログラムの表示である。圃場区画と作業幅、GPSアンテナと作業部との距離を入力することで自動的に経路計画マップを作成することが可能である。本州の分散した圃場の場合、小区画でいびつな形状も存在する。このような圃場に対応するため、農研機構生研センターでは、カーブのある圃場でも適応できる作業計画ソフトを開発した（**図4**）。北海道大学ではこのような曲線を有する形状のみならず、有人で播種した場合のように目標経路が直線ではない場合にも対応できるよう、作業経路を点列によって記述する手法を用いた。

このようにすることで、個々の点に目標経路を表す位置座標のみならず、ビークルロボットの作業状態や作業速度なども情報として持たせることができるため、圃場内での作業だけでなく、車庫から圃場までの農道移動も可能とした。

図4　矩形以外の変形圃場での作業経路計画（FARMS画面）

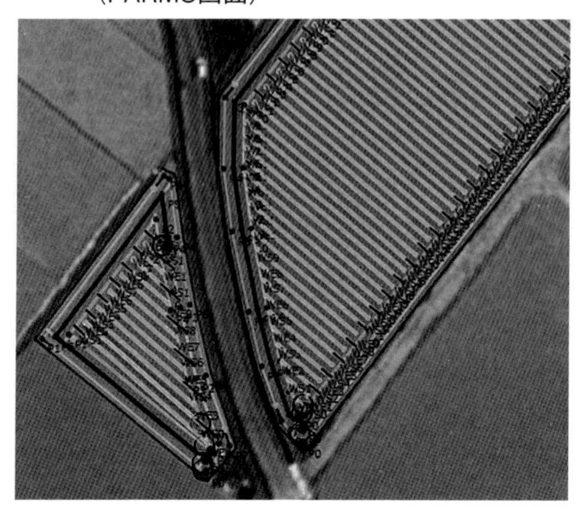

ナビゲーター

ビークルロボットに搭載したメーンコントローラーの中では、各ナビゲーションセンサーから得られた位置と方位の情報、作業計画マップから得られる目標経路情報を用いて、現在の位置からどのように走行すれば目標経路を走行することができるかという制御量を算出するのがナビゲーターの役割である。目標経路に追従するためには、現在位置から目標経路までの横方向のずれ量（横方向偏差）と目標経路との方位のずれ量（方位偏差）を減らすようにするのが一般的である。しかし、2つのずれ量をそのまま使って制御を行うと、目標経路をまたぐように蛇行走行しやすくなる。そこで自動車でドライバーが運転する時、ある程度前方を見ながら運転するのと同様に、目標経路に追従するために必要な距離（前方注視距離）を設定することで、追従性の向上を図っている（**図5**）。

図5　ロボットトラクタ・コンバインのロボットナビゲーター

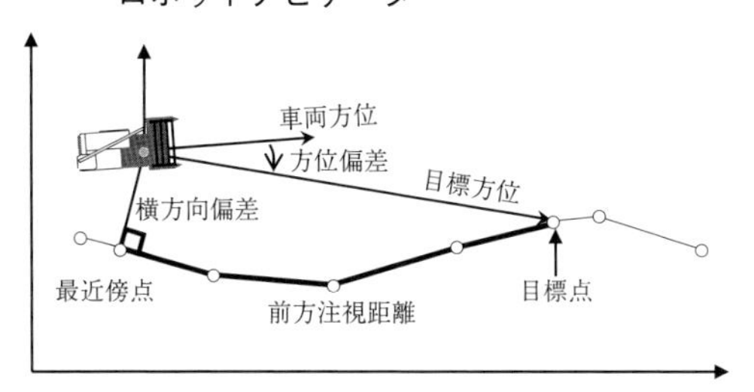

作業精度と周辺技術

作業精度

ビークルロボットの作業精度はナビゲーションセンサーの精度に大きく依存するが、前述したRTK-GPSやGNSS、IMUやGPSコンパスを用いることでおおむね5~10cm以内で作業を行うことが可能である。**図6**に、北海道大学のロボットトラクタの作業計画マップと作業結果の例を示す。4本の平行線上に並んだ点列が作業計画マップ上の目標経路を示し、各点には経路番号や作業状態などの情報が埋め込まれている。それらの点と重なるように示してある連続点が実際に作業を行った結果である。与えられた目標経路の終端まで到達すると、ロボットが次の経路に行くまでの旋回経路を自動的に生成し、適切に旋回動作を行っているのが分かる。**図7**は4本の経路のうちの1つを走行した時の横方向偏差と方位偏差の推移を示したものである。細かく蛇行しているようにも見えるが、その範囲はほぼ5cm以内、大きい部分でも8cm程度と、十分な精度であることが分かる。さらにこの精度は測位システムの性質上、目標経路が長くなっても低下することはないため、大区画化する圃場においてはさらに有効であることが分かる。

図6　ロボットトラクタの作業計画マップと走行結果の一例

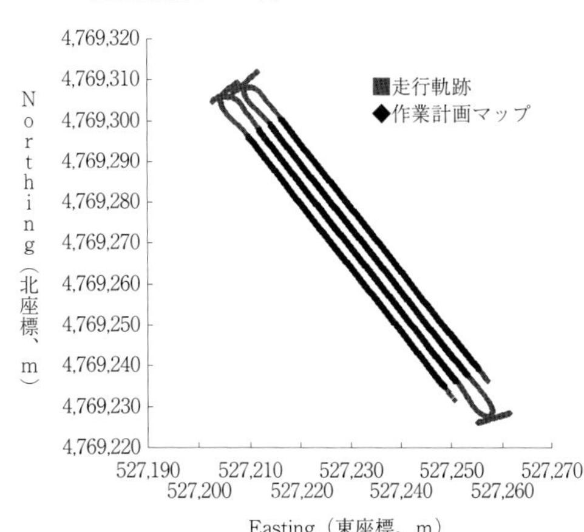

安全対策

ビークルロボットを実用化する上で、最も考慮しなくてはならない事項として安全対策がある。従来、オペレーターが運転する車両の場合は、作業を行っているオペレーターが周辺の状況を把握することができるが、ビークルロボットの場合はオペレーターが搭乗し

図7　横方向偏差と方位偏差の一例

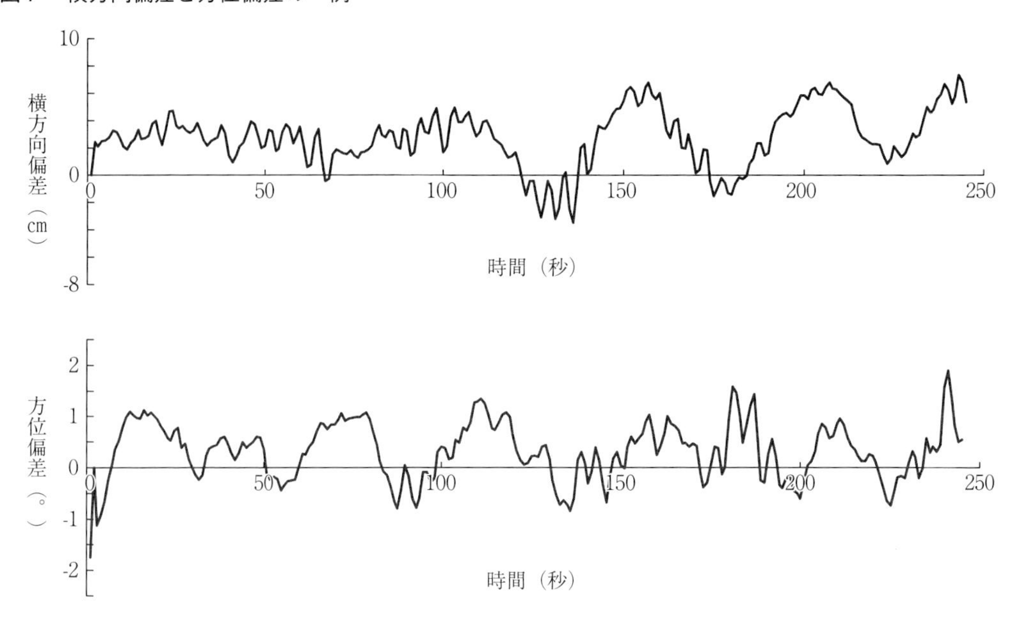

ないため、周辺状況はロボットが認識する必要がある。そこで北海道大学のロボットトラクタでは**写真6**のように前方に超音波センサーや2次元レーザースキャナ、レーダーなどを搭載することで、近距離、中距離、遠距離の障害物を検出し、安全にビークルロボットを停止するようにしている。また、これらのセンサーで検出できない障害物があった場合にはロボットトラクタ前部に取り付けたバンパー側面の圧力センサーが障害物に接触したことを検出してロボットトラクタを停止させる。さらにパンタグラフ式になったこのバンパーが押し込まれると、リンク部に取り付けた近接スイッチによってエンジンに供給される燃料を止め、確実にロボットトラクタを停止させるようにしている。

周辺認識や衝突時の安全対策だけでなく、周囲の人に対してビークルロボットが作業しているのを周知するのも安全対策の一つである。農研機構中央農業センターの大豆収穫ロボットには**写真7**のような表示灯が付けられており、ビークルロボットが作業中であることを周囲に示すだけでなく、走行に必要なナビゲーションセンサーの一つであるRTK-GPSの測位状態が悪くなった場合なども外部から確認できるようにしている。

写真6　ロボットトラクタの安全装置

写真7　ロボットコンバインに搭載された表示灯

人間との協調作業

ビークルロボットが無人で作業できるようになっても、施肥・播種作業での肥料や種子の補給、収穫作業でのタンク内収穫物の排出など人間が作業する部分は多く存在する。特に排出作業は、確実に搬送車に排出しなければ収穫物のロスにもつながるため、特に気を使うところである。しかしながら、この排出にかかるタイムロスは作業効率にも影響するため、できるだけ効率良く行いたい部分でもある。そこで中央農研センターでは、大豆の収穫用ロボットコンバインと併走する運搬車から排出用オーガをコントロールすることで、排出作業による作業中断をなくす手法を考案した（**写真8**）。搬送車を運転するオペレーターは搭載したカメラでオーガの位置を確認し、位置がずれている場合にはスマートフォンからオーガの制御が可能となっている。このように搬送車が併走することができない場合には、ロボットコンバインが自動的に搬出ポイントまで移動する方が、グレンタンクが満載になったロボットコンバインをオペレーターが移動させるよりも効率が良い。

写真８　有人運搬車と併走するロボットコンバイン

京都大学の開発したロボットコンバインは、無人で収穫作業を行うのみならず、グレンタンクが満載になると、自動的に排出位置まで移動を行い、搬送車へ排出を行った後、自動的に刈り取り位置まで移動して収穫作業を再開することが可能である（**図8**）。

ビークルロボットの作業状態を遠隔監視するためのシステムも、生研センターで開発されている（**図9**）。周辺状況を監視できるように無線接続されたビークルロボットからのカメラ映像や車両情報を画面に表示することができ、必要に応じて運転装置を用い遠隔で操縦することも可能である。本システムは切り替えることで２台のビークルロボットを同時監視することも可能となっており、１人のオペレーターが複数のビークルロボットを同

図８　ロボットコンバインの自動排出と作業の再開

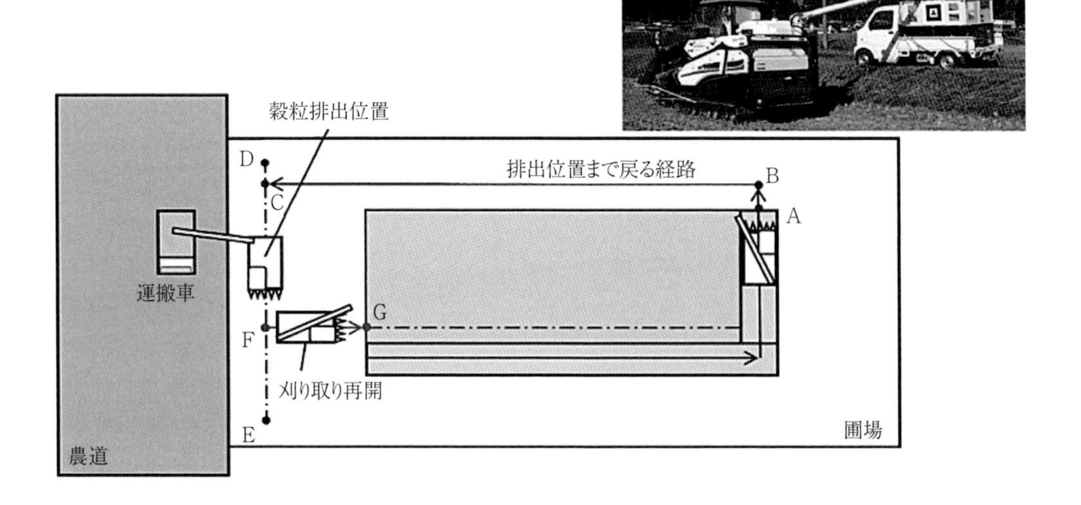

図９　遠隔監視・操作装置

時運用することも考えている。

このように、ビークルロボットを単独で使用するだけでも、熟練オペレーターに匹敵する作業精度でほぼ年間全ての作業を行うことができるが、複数のビークルロボットを１人のオペレーターが同時運用したり、有人車両とビークルロボットを協調させて運用したりすることで、さらに作業効率を向上させることも可能となる。**写真９**は有人と無人の協調作業システムの例である。先行するビークルロボットの前後左右に取り付けたカメラの画像が追従する有人車両のモニターに表示され周辺の安全性確保を行うことができるようになっている。同時にビークルロボットの動作情報も有人車両でモニターすることができるだけでなく、必要に応じてビークルロボットの走行速度の変更や一時停止なども行うことが可能となっている。

ここで紹介したビークルロボットは全て農林水産省委託プロジェクト研究である「国産農産物の革新的低コスト実現プロジェクト－稲麦大豆作等土地利用型農業における自動農作業体系化技術の開発」の研究開発成果である。本プロジェクトにおいて多くのビークルロボットが開発され、実証試験が行われた。この実証試験結果に基づき、今後は実際の作業現場においてビークルロボットが作業を行っている姿を、見ることができるようになるであろう。　　　　　　　　**（石井　一暢）**

写真９　有人・無人協調作業システム

第2部 応用編

畦畔除草ロボット

開発の背景

日本の農業就労者の平均年齢は徐々に上昇しており、特に中山間地での老齢化が著しい。中山間地で農業就労者がリタイヤする大きな要因として、急傾斜地の畦畔(けいはん)管理ができなくなることが挙げられる。そこで急傾斜地の畦畔の除草を安全かつ軽労化できれば、より長く就労することができる。

現状の急傾斜地における除草作業は刈り払い機によって行われることが多く、傾斜40度を超えるのり面にも対応できる。しかし転倒・転落の危険性が伴い、特に高齢者にとっては厳しい作業であり、耕作放棄地発生の一因ともなっている。刈り払い機での作業中の事故も多く、農作業中の事故の20%程度を占める。

除草ロボットの走行部

走行部の上部をフラットにすることにより、低重心化を図るとともに、草刈り部の方式と取り付け位置の自由度を確保した設計とした。**図1**に、走行部のCAD図を示す。**表1**に、除草ロボットの仕様を示す。

図1　走行部のCAD図

除草方法

除草方式としては軽量で刈り刃の詰まりの少ないロータリー式を採用した。高速で金属刃が回転して草を細断できる方式と、ナイロンコードが回転する方式の2つが選択できる。その他の方式としてレシプロ式、ハンマーナイフ式など種々ある。ハンマーナイフ式は、他の方式に比べ同じ刈り取り幅では重量が大幅に重いため、不採用とした。

ロータリー式、レシプロ式などの市販草刈り機を用いた刈り取り性能の比較を行った。その結果、約10mを直進で刈り取った際、ロータリー式では刈り刃への刈り草の詰まり

表1　除草ロボットの仕様

項目	仕様
サイズ	D1,660mm×W1,000mm×H566mm クローラピッチ：750mm、 最低地上高：115mm
速度	410mm/秒
重量	140kg 重量バランス：前側80kg／後側60kg
走行用モータ	400W（ギア比1/50）：2個
刈り刃用モータ	ストロークモータ：40kg型×2個／400kg型×1個
バッテリー	リチウムイオンバッテリー：48V 10A×2個
ゴムクローラ	幅150mm、ピッチ70、リンク28、接地長577mm
その他	双頭式で中央の刈り残し：200mm

写真１　ロータリー式刈り刃

写真２　ナイロンコード（円盤を装着）

図２　刈り刃の調整機構

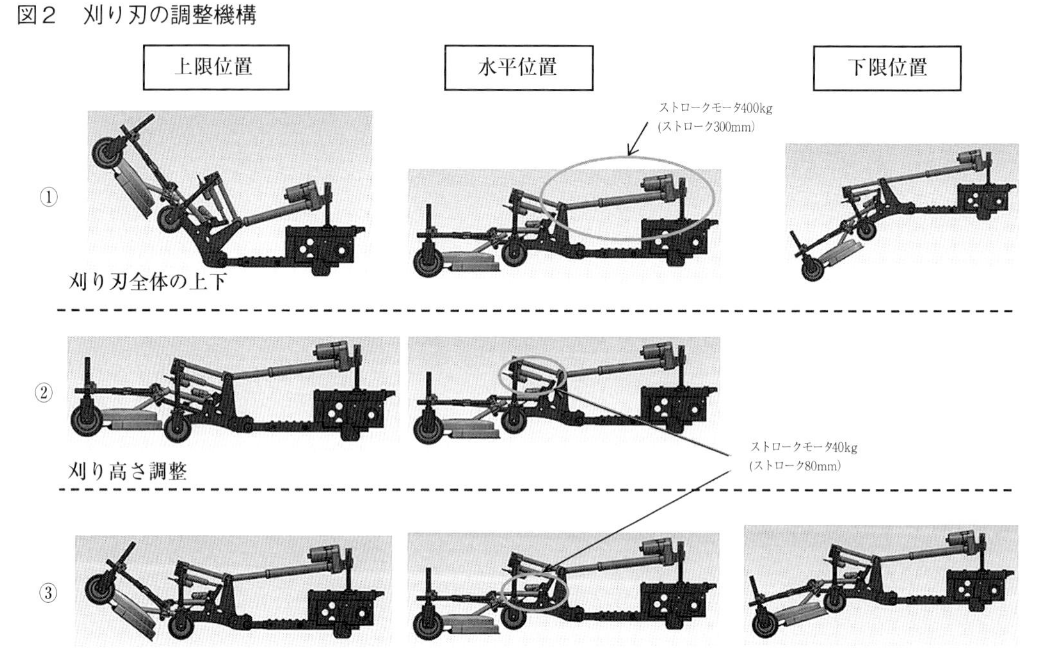

は少ないが、レシプロ式では進行が困難になる程度の詰まりが見られた。ただし刈り取り幅については、レシプロ式では刈り刃とほぼ同じ幅を刈り取り可能であったが、ロータリー式では刈り刃の径より10%程度刈り取り幅が小さくなった。またロータリー式草刈り機は刈り草の詰まりが少なく、機種によっては細断性も確保できる可能性が得られた。そのため、ロボット用の草刈り部としてはロータリー式を第一優先方式として採用した。**写真１**に、ロータリー式刈り刃を示す。

木質系の雑草のない畦畔で草を細断しなくてもよい場合は、ナイロンコードも使用できる。特に、ナイロンコードの周速の早い先端部だけを使えるようにした円盤を装着したタイプが、有効であった。**写真２**に、円盤を装着したナイロンコードの例を示す。

刈り刃の調整機構を**図２**に示す。刈り刃は、畦畔の出入りやメンテナンスのために、大きく上下に動かすことができる。また刈り高さの調整や刈り刃の角度調整のため、独立に動かすことができる。

写真３　畦畔除草ロボット

写真４　43度の斜面での除草

写真５　実証試験地

図３　実証試験地の水田

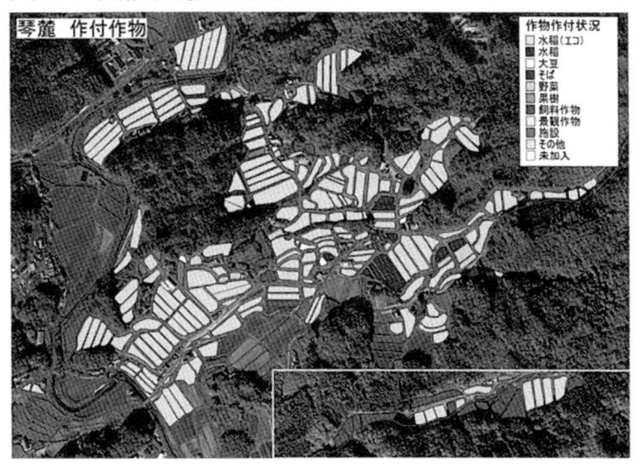

除草ロボットの性能

このロボットの走行部、刈り刃の上下・傾きは電動モーターで駆動し、草刈り部分は電池容量の関係からエンジン駆動とした。全ての動きをリモコンで操作でき、走行部２ch、刈り刃の制御に３ch、エンジンの発停、回転数制御に４ch、合計９ch使用している。

走行方式はクローラで、その場での旋回もできる。ロボットの大きさは前後が1,660mm、幅が1,000mm、高さが566mm、重量が140kgで、軽四輪トラックの荷台に歩み板で上り下りできる。最大速度は毎秒410mm、最大平均傾斜角度は40度、瞬時ならば45度まで対応できる。

駆動用の電池は等高線方向に除草作業した場合、斜度によっても異なるが４時間程度使用でき、簡単に交換もできるため長時間の作業ができる。

写真３に畦畔除草ロボットを、**写真４**に急傾斜地での除草作業の様子を示す。

実証試験

島根県の中山間地（飯石郡飯南町の琴麓集落、26戸、耕地面積30ha、畦畔面積約４ha：道路、河川ののり面を含まない）で除草ロボットによる実証試験を行い、刈り払い機での作業との比較を行った。**写真５**に、実証試験地である中山間地の風景を、**図３**に、実証試験地の水田の分布を示す。

刈り払い機の場合、この地区での委託経費から換算すると、刈り払い機で長時間作業し、集草しない場合で１a当たり1.0時間であった。一方、ロボットで除草した場合、長期間にわたるデータでないため公平な比較ではないものの、１a当たり0.4時間と2.5倍の作業能率であった。畦畔間の移動時間などを含めても、1.5〜２倍程度の作業能率が期待できる。

一方、40度以上の畦畔では、機体が横滑り

表2　小型除草ロボット導入前提条件

	小型除草ロボット	刈り払い機
除草回数	4回/年	4回/年
作業時間 +休憩時間*	45分+15分	1.5時間+0.5時間
作業能率	0.40時間/a	1.00時間/a**
経費	2,000円/時間***	1,250円/時間****

*給油時間を含む　**長時間作業時の数値
***燃料費（169円/時間）+消耗品費など（331円/時間）+人件費（1,500円/時間）
****人件費（草刈り機と燃料費込み）=実証地における単価

し、作業能率が著しく低下する。ロボットが困難な所は刈り払い機での作業を行うのがより効率的である。

ロボット量産時の想定価格で経費を算出し、刈り払い機の場合との比較を**表2**に示す。除草ロボットの方が刈り払い機より時間当たりの経費は高いが作業能率は高いため、一定以上の畦畔があれば経済的に成立する。

除草ロボットの経済性

経済性を評価するため、畦畔面積を横軸、年間除草費用を縦軸にし、刈り払い機による場合と、ロボットによる場合の経費を比較し、ロボットの方が有利になる畦畔面積を求めた。ロボット価格は200万円（償却年数5年）とし、年間保守経費は含めずに試算した。

図4に、畦畔面積と年間除草費用の関係を示す。その結果、ロボットが対応可能な面積率が60%程度でも、除草対象畦畔の広さが約365a以上あればロボットの方が有利になることが分かった。

小型除草ロボットで全ての畦畔が除草できた場合（ロボット対応面積率100%）において、従来（刈り払い機で100%=ロボット対応面積率0%）より、経済的に優位になる畦畔面積は220aと推定された。しかし、実証試験

図4　畦畔面積と年間除草費用の関係

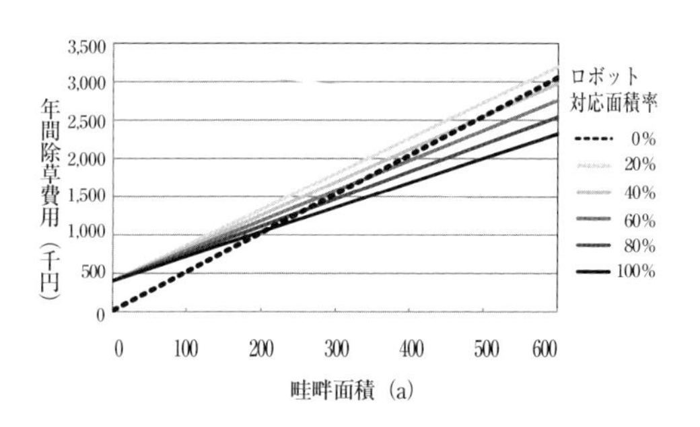

ではロボット対応面積率が60%程度の場合もあり、この場合の刈り払い機より優位になる畦畔面積は365aであった。

除草ロボットの利用技術

異なる優占種による畦畔のり面において、小型除草ロボットで使用する草刈り部の刈り取り精度、所要動力などの作業性を解析し、ロボットの効率的利用に適した植生を明らかにした。

さらに、所要動力が小さく作業能率向上につながると見られる草高が低いシバ植生に誘導する植生転換技術を開発した。**写真6**は、植生転換試験の施工状況である。

除草ロボットは、刈り払い機よりはかなり高価な物となる。また、集落で共同使用することが想定される。これらのロボットが定着し、普及するにはロボットの効率的な運用が必要である。

そのためGIS(地理情報システム）における農道、畦畔、圃場の形状・面積、のり面の傾斜度、農作業および畦畔除草履歴、気象などの情報を基に、多様な条件やパラメーターとなる作業計画モデルを開発した。さらに、容易に作業時間を計算できるアプリも開発した。**図5**に、スマホアプリの例を示す。

写真６　植生転換試験

今後の検討課題

実証試験を通して得られた知見から、今後以下の点を改良しなければならない。

中央部の刈り残しの解消

現状は、中央部に刈り残しがあるため、復路でその部分を除草しなければならず、条件によっても異なるが、能率は人手の1.5～2.0倍程度にとどまっている。エンジンを１つにし、２つの刈り刃をギアで結合することにより、２つの刈り刃の干渉を防ぎ、中央部の刈り残しを解消することにより、大幅に能率を向上させることができる。

非常停止の二重化・転倒検出の追加

安全性向上のために、非常停止の二重化と転倒検出の追加は、必要である。

刈り払い機の燃料タンクの増量

現状は、30分程度しか燃料がもたない。ロボットを使った除草作業は軽作業であり、１時間以上の連続作業も十分可能であり、燃料タンクの増量により作業能率を改善できる。

図５　スマホアプリ

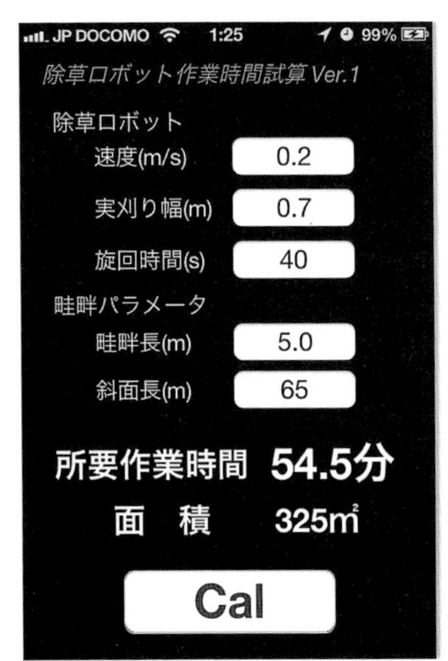

清掃の容易さ、耐水性の向上

現状は、小雨程度では問題ないものの、高圧洗浄に耐えるだけの防水性がない。また、クローラ周囲に刈った草が詰まりやすい。作業後の洗浄の利便性を考えると、清掃容易な構造にし、高圧洗浄に耐え得る防水性を持たせることが必要である。

以上の改良を行い、コストも大幅に下げ、除草作業を外部に委託する場合よりも本ロボットを利用する方が有利となるようにしていきたい。　　　　（中土　宜明）

いちご収穫ロボット

わが国におけるいちごの作付面積は5,600ha、生産量は16万5,600tであり、栃木県が最も多く、福岡県と熊本県がこれに続く（2013年農水省野菜生産出荷統計）。いちごは果菜類の中でトマトやきゅうりと並ぶ主要な作物となっているが、特徴的なのはその労働時間である。育苗、定植、管理、収穫、調製、出荷などの合計労働時間は全国平均で10a当たり2,100時間程度にもなるというデータがある（**表**）。機械化体系が確立されている米生産などと比較して、実に70倍以上の労働時間である。そして収穫作業（いちごの促成栽培においては12月ごろから翌年の５月ごろまで長期にわたる）、管理作業、出荷作業などがそれぞれ全体労働時間の約４分の１ずつを占めており（**表**）、機械化が進んでいないこれら作業の省力化が強く望まれてきた。

わが国ではこのような背景の下、いちご収穫作業の自動化を目的とした研究が数々行われてきた。そして農研機構生研センターでも収穫作業に着目し、その軽労化を目的として民間企業と共同でいちご収穫ロボットの開発に取り組んできた。ここでは開発期間内で姿を変えてきたロボットの変遷とその概要について紹介したい。

移動型いちご収穫ロボット

ロボットのコンセプト

本開発では人の腰の高さほどにいちごの実がなるように栽培した高設栽培における収穫作業の省力化を目的とした。ロボットに求められる要件については、①収穫した果実の搬送ができること②夜間作業で画像処理などにより果実の着色度合いを判定し選択収穫ができること③果実が傷まないようにハンドリングし摘み取りができること④収穫適期果実のうち60%以上を収穫できること（他果実や葉との重なりが大きいものなどは収穫対象外とし、翌朝、人による収穫作業を行う）などが挙げられる。

表　いちごの作業別労働時間

	労働時間（時/10a）	全体に占める割合
育苗	211	10%
耕うん・基肥	39	2%
播種・定植	88	4%
追肥	13	1%
除草・防除	75	4%
かん排水・保温換気	63	3%
管理	514	25%
収穫	491	23%
調製	26	1%
出荷	545	26%
管理・間接労働	26	1%
全体	2,092	-

（2007年、農水省品目別経営統計）

果実の搬送

いちご収穫ロボットに収穫適期の果実を選択収穫させ、収穫物を搬送させるために畝間（作業通路）をロボットが自走する方式をとった。当初は**写真１**のように、畝間に２本のレールを敷設し、その上をロボットが走行

写真１　移動型いちご収穫ロボット（レール方式）

写真２　移動型いちご収穫ロボット（プラットフォーム方式）

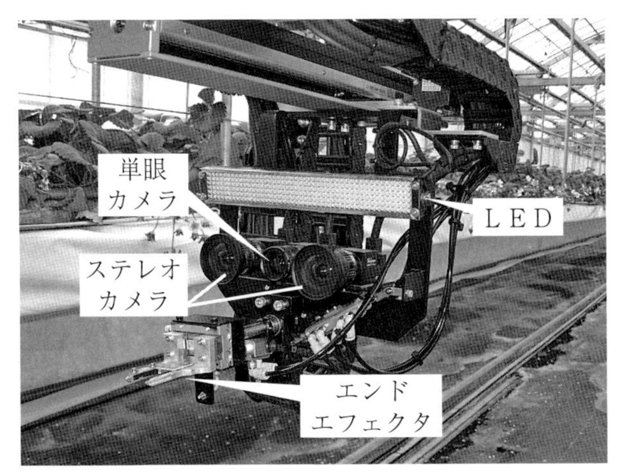

写真３　エンドエフェクタとカメラ

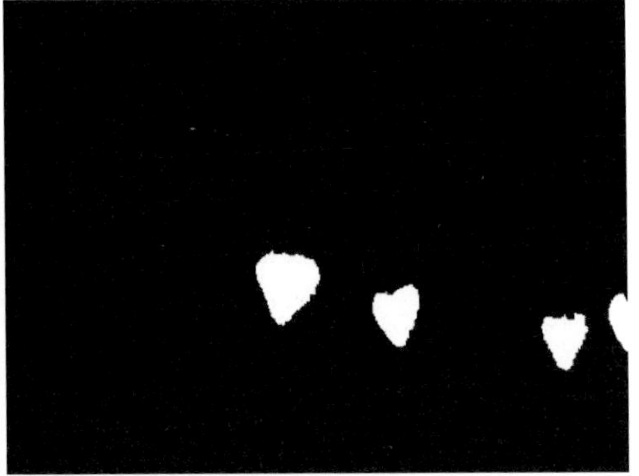

写真４　ステレオカメラによる赤熟果実認識

するシンプルな方式であったが、畝移りが困難であるなどの問題があった。その後、栽培ベッド架台をハウス天井からつり下げる方式の高設栽培を対象に、栽培ベッド下の空間を利用してプラットフォームをX-Yプロッターのように縦横に動作させる方式となった（**写真２**）。このプラットフォーム上にロボットを載せることで、畝間の往復運動やハウス端での畝移りや収穫トレイの交換動作などを行う。

図1　着色度判定方法と着色度の例（あまおとめ）

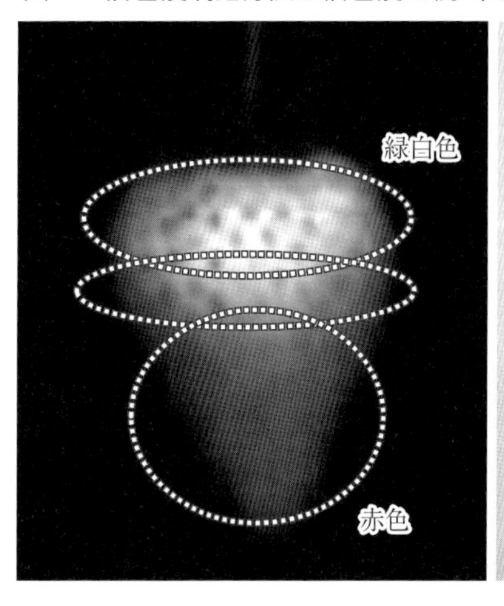

着色度合いの判定

赤熟果実や未熟果実が混在し一斉収穫ができないいちごに対し、収穫適期の果実のみをロボットで収穫させるためには、着色度合いの判定機能が必要となる。本システムでは以下①～⑤の流れで前述の判定を行っている。①畝間移動中にLEDライトを栽培ベッド方向に一定間隔で照射しながら、ステレオカメラ（**写真3**）で赤熟果実を探索（画像処理）②対象果実を認識（**写真4**）すると移動をいったん停止し果実の3次元位置を計算③対象果実に接近し再びLED照射④単眼カメラ（**写真3**）による近接画像より対象果実の赤色部面積とそれ以外の部分の面積（緑白色部および境界部）（**図1**左）から着色度（**図1**右に一例）を計算⑤着色度が設定した値（例えば80%）より大きいかどうかを判定－といった流れである。

ただし着果状態によっては（赤熟果実同士あるいは赤熟果実と未熟果実が重なっている場合など）、未熟果実の誤収穫や赤熟果実の損傷が懸念される。本システムでは、そういった場面では重なり判定を行った上でその結果により採果動作を回避し、そもそも葉の裏などに隠れていてカメラで認識できなかった果実とともに作業者が翌朝に別途収穫するという体系を想定している。

図2　エンドエフェクタ

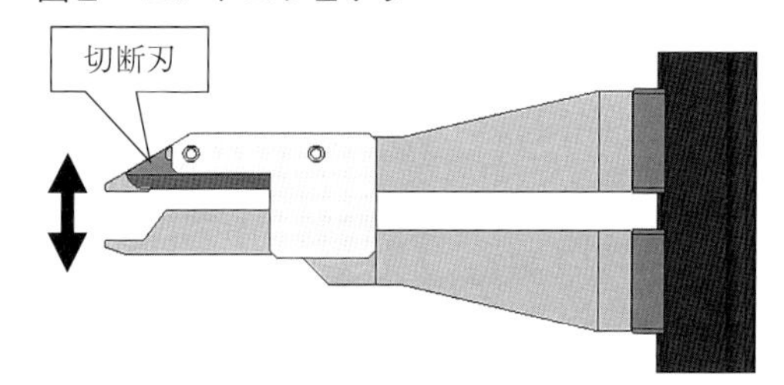

ハンドリング（採果動作）

いちごは、表面が特に傷付きやすく取り扱いには慎重さが求められるため、本ロボットでは果実表面に触れないように果柄部分を検出・切断して収穫するという方法を採用している。**図2**の矢印の方向に開閉する2本の爪などからなるエンドエフェクタには、果柄を切断する切断刃が備えられている。2本の爪が閉まると切断刃により果柄が切断されるが、凹型形状の爪（**図2**上側）にはスポンジが貼り付けられており、凸型形状の爪（**図2**下側）とかみ合うことで果柄を切断と同時に把持して、果実が落下しない構造となっている。

図3は単眼カメラで撮影した近接画像から、果柄位置の検出と果柄の傾き計算を行った一例である（画像は後述する定置型いちご

図３　着色度判定と果柄検出結果例

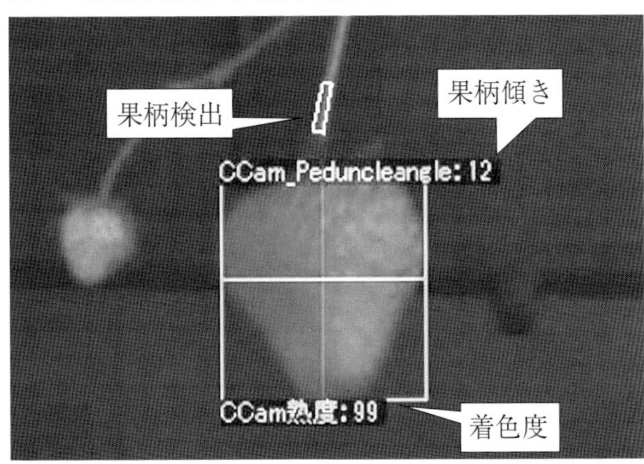

図４　循環式いちご移動栽培装置

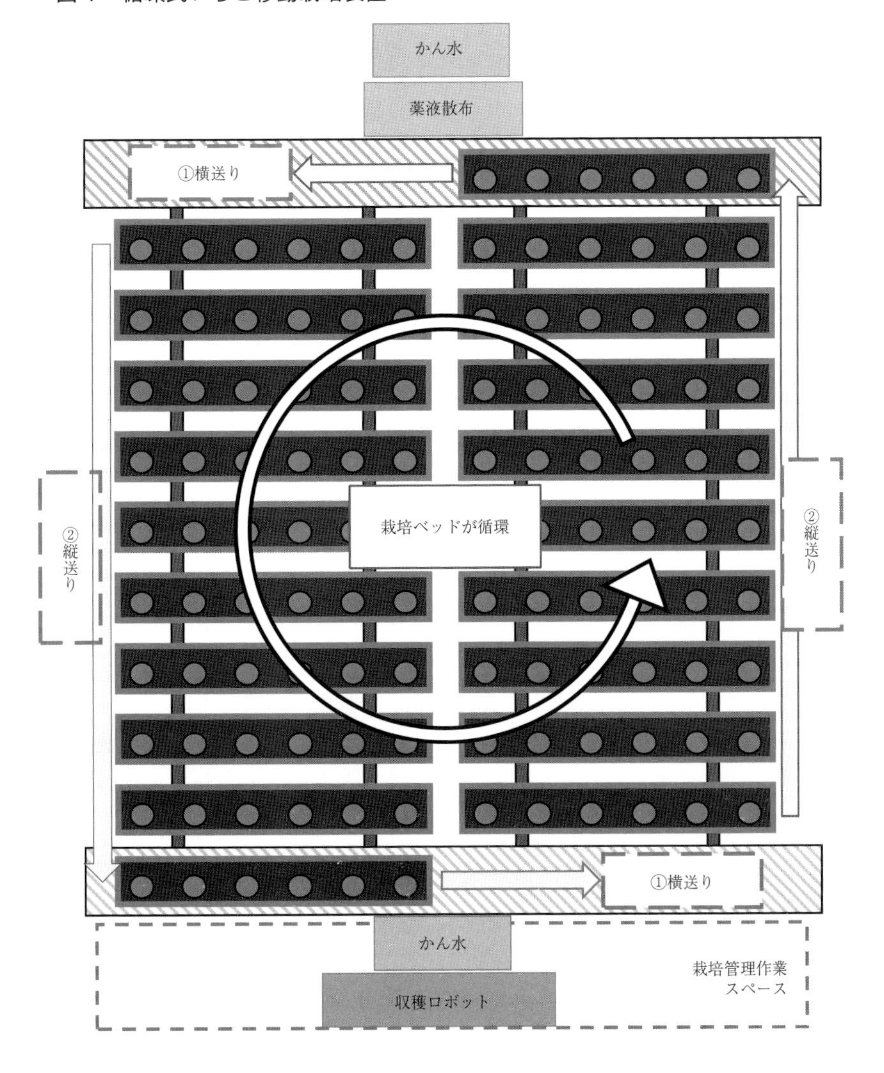

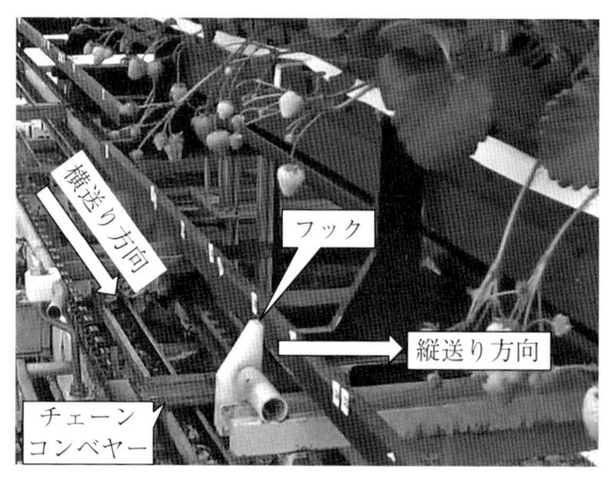

写真5　縦送りおよび横送りユニット

写真6　かん水装置および防除装置

収穫ロボットのもの。画像下部には着色度判定結果も表示されている）。こうして得られた果柄の３次元位置にエンドエフェクタを移動させて採果動作と収穫トレイへの収容を行う。この時、果柄の傾きが設定値（例えば鉛直方向に対して±20度）より大きい場合に、爪を左右に一定角度だけ傾けて（通常の水平状態を含む３段階）果柄を挟み込むということを行っている。

システムの大きな転換

以上のように、ステレオカメラにより得られた画像内に採果対象が複数あれば前述の「着色度合いの判定」の③～⑤と、収穫可能と判定した果実の採果動作を繰り返し行い、対象がなくなるとロボット自体が畝間移動および赤熟果実の探索を再開するというシステムであるが、周辺の光環境の変化が少なく、稼働時間も安定した画像処理結果が得られる夜間に限られるなどの課題があった。

そこで、いちご収穫ロボットを定置型とし、簡便な遮光幕を設けることによる稼働時間拡大（明るい時間帯の作業）や機構の単純化（装置の小型化や電源供給の簡便化など）を図ることにした。これはいちご収穫ロボットではなくいちご栽培ベッドの方が移動するという循環式いちご移動栽培装置と連動させたシステムであり、開発における大きな転換となった。

循環式いちご移動栽培装置と定置型いちご収穫ロボットの連動

循環式いちご移動栽培装置

図４は生研センターがいちご収穫ロボットと並行して開発を進めてきた循環式いちご移動栽培装置の平面概略図である。これは栽培ベッドを循環させることにより、作業通路を省略して密植栽培を可能にしたシステムである。栽培ベッドを循環させるため、本装置には栽培ベッドを移送するための２種類のユニットがある。１つは横送り装置であり、可変速機能の付いたチェーンコンベヤーが２カ所にある（**図４**斜線部分）。このコンベヤー上の栽培ベッドは**図４**上側では左方向に、同下側では右方向にコンベヤー端まで送られる。なお、２カ所における異なる方向への横送りは同時に行われる。もう１つは縦送り装置であり、ラチェット式の縦送り桿（かん）２本である。**写真５**のようなフックで全体の半数の栽培ベッド（**図４**の例では10個）を、**図４**右側では上方向に同左側では下方向に一気に縦送りする。このように横送りと縦送りを繰り返すことで栽培ベッドの循環が可能となる。

また、**写真６**のようなかん水ノズルや薬液散布ノズル（ゲート型防除装置）をそれぞれ**図４**のように横送りコンベヤーの中央付近に配置することで、各栽培ベッドに対する自動

写真７　無人薬液散布作業

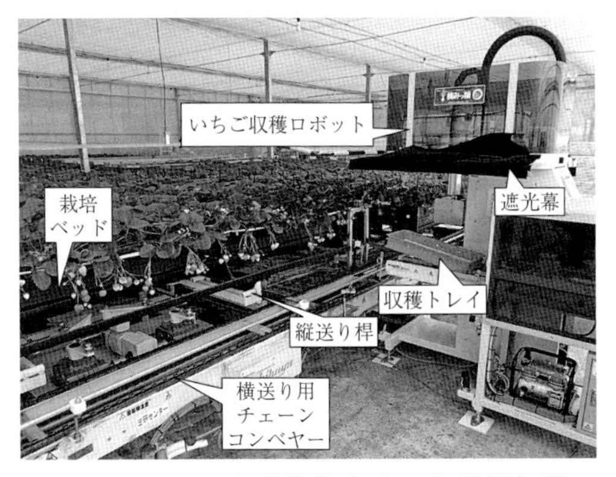

写真８　循環式移動栽培装置と定置型収穫ロボット

かん水や無人薬液散布作業を行うことができる。散布ノズルは作物の上方や横、斜め下など任意の位置に複数設置できる。特にカッパやゴーグル、マスクなどを装着して作業通路を移動しながらの慣行栽培における薬液散布作業は重労働であると考えられるが、これを無人で行うことができるようになる（**写真７**）ため、労働負担や健康に与える影響の軽減が期待できる。

また、**図４**下側のようにコンベヤー付近に人が作業するスペースを設ければ、栽培スペースと分離できることによる作業環境改善の可能性や、定植・管理・収穫作業を行う場合の苗や資材、作物などの運搬や作業者の移動時間を短縮できる可能性が考えられる。そして、このような移動栽培装置の同スペース中央付近に定置型いちご収穫ロボットを配置

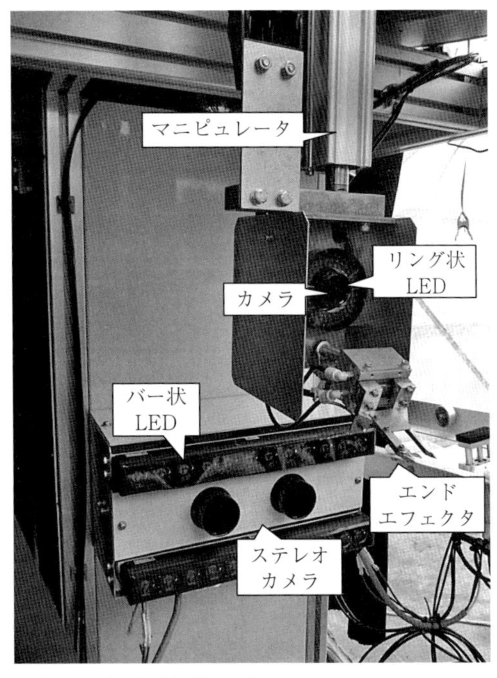

写真９　定置型収穫ロボット

してさらなる軽労化を図ろうというのが本連動システムの狙いである。

定置型いちご収穫ロボット

循環式いちご移動栽培装置と定置型いちご収穫ロボットとを組み合わせた場合、栽培ベッドが横送りされる時に全ての株が収穫ロボットのエンドエフェクタが届くエリアへと入って行く。いちご収穫ロボットを定置型とすることにより、簡便な遮光幕などを狭い範囲に設けることで収穫対象物周辺における安定した光環境が得られ、明るい時間帯の作業も可能となった（**写真８**、宮城県山元町先端プロ実証施設）。

定置型いちご収穫ロボットは、３自由度の円筒座標型マニピュレータを備えており（**写真９**）、これによりエンドエフェクタを所定の位置まで動かしたり、収穫した果実を収穫トレイに収容したりすることができる。移動型収穫ロボットとの違いは、栽培ベッドの横移送中に赤熟果実の探索および横移送のいっ

たん停止を行うことやステレオカメラをエンドエフェクタから独立させて固定したことであり（**写真9**）、これによりエンドエフェクタの採果動作直後にステレオカメラによる次の対象果実探索が可能となった。なお単眼カメラをリング状のLEDで囲むなどの変更も行われた。

循環式移動栽培装置と定置型収穫ロボットの連動試験

いちご品種「あまおとめ」を供試して、移動栽培装置と定置型収穫ロボットを連動させて行った収穫試験（2012～13年、愛媛県松山市）の例では、画像処理した株数は夜間運転時で毎時350株、昼間運転時で毎時280株であった。収穫割合は夜間運転時で59％（収穫対象除外36％、採果ミス５％）、昼間運転時で63％（同31％および７％）となり、収穫可能と判定した果実のうち昼夜問わず９割以上の果実を収穫することができた。

定置型収穫ロボットの市販化と今後

定置型いちご収穫ロボットは2014年度より、シブヤ精機㈱から市販化されている。本体価格は500万円（税抜き）、長時間自動運転する場合に必要となる収穫トレイの自動交換装置はオプション扱いとなる（循環式移動栽培装置については施設規模によって異なるため要問い合わせ）。

今後は、循環式移動栽培装置と定置型収穫ロボットの連動システムおよびそれと協働作業する人とが役割分担して、収穫や管理などの各種作業をより一層効率的に行えるような作業体系について検討していく必要がある。

（手島　司）

【参考文献】

１）吉田啓孝ら（2008年）「イチゴの高密植栽培のための移動栽培装置の開発」農業機械学会誌、70（４）、98～106㌻
２）重松健太ら（2009年）「イチゴ促成栽培における収穫ロボットの周年利用に関する研究」農業機械学会誌、71（６）、106～114㌻
３）齋藤貞文ら（2012年）「イチゴ高密植移動栽培における作業性の調査と適正規模の導出」農業機械学会誌、74（６）、457～464㌻
４）林茂彦ら（2013年）「未熟果実認識によるイチゴ収穫ロボットの衝突回避制御」植物環境工学会誌、25（１）、29～37㌻
５）手島司（2014年）「定置型いちご収穫ロボット」ニューカントリー、723号、52～53㌻

第2部 応用編

軟弱野菜収穫ロボット

ほうれんそうなどの軟弱野菜の場合、人手による収穫・調整が主流だが、それらの作業時間は生産に係る全作業時間の80%以上を占めているため、収穫の自動化は、生産性向上、労力の低減化に直接的に寄与する。そのため、既に商品化された自動収穫装置が開発されているものの[1)〜4)]、必ずしも広く普及しているとはいえない。その理由として、ほうれんそうなどでは人手による収穫においても葉や茎を傷めやすいなどその取り扱いに注意を要し、把持や挟み込みを伴う機械による収穫では十分な成功率を上げることが難しい点がある。それに加え、品種や土壌条件にある程度強い制約を課さなければ機械収穫が実現できないなどの点が挙げられる。一方、筆者の研究グループではこれまでの制約条件を緩和した自動収穫装置を開発中である[5)〜7)]。

そこでは、把持や挟み込みを伴わずに野菜を収穫することができ、結果として野菜を傷つけずに機械収穫できる点において従前の自動収穫技術とは大きく異なっている。さらに、品種に制約がなく、土壌に多少の小石などが含まれる場合でも適用できることから、従前の自動収穫装置に比較して適用範囲が広いことが特長である。2014年度に実施した圃場実験では、ハウス栽培であることなど幾つかの条件が整っている状況での収穫成功率はほぼ100%を実現している。これらの性能を実現する基本技術は、土の挙動解析とフィードバック制御による正確な軌道追従制御の実現である。本稿では、開発した自動収穫装置の概要、および自動収穫を実現する要素技術と圃場実験の結果について紹介する。

写真１　ほうれんそう圃場

自動収穫装置の仕様設定

対象とするほうれんそう圃場は**写真１**に示すものであり、ほぼ平たんな土壌のハウスである。ハウスの上部は雨よけを備えており、土壌の水分を管理しつつ日射量を確保している。ハウス側面および出入り口は開放状態となっているため、ハウス内外で温度や湿度などの違いは少ない。現状では**写真２**のように手作業によって生食用ほうれんそうとして収穫している。収穫手順は以下である。

P１)鎌で土中の根を切る。その際、根は10㎜程度残す

P２)ほうれんそうを手でつかみ、土から持ち上げる

P３)ほうれんそうの根を５㎜程度に切りそろえる

P４)根に残った土を除去し、外葉や折れた葉を除去する

P５)コンテナに一定量格納する

写真２　ほうれんそうの収穫

P６）いっぱいになったコンテナを工場に運搬する

P７）茎の折れや葉の傷みを再確認して除去する

P８）一定量ごとにまとめてラッピングして出荷する

上記の全ての手順を実現する自動機械はコストパフォーマンスが悪いと考えられることから、収穫に係る作業のみの自動化を目指す。すなわち、P１とP２、およびP５の収穫作業について、機械化による自動収穫により実現する。一方、機械作業に不向きなP３、P４、P６～P８などの調整作業については従前通り手作業で実施することを想定した。

詳細な仕様の策定においては、初めに**写真１**の圃場を想定して仕様を決めた後、可能な範囲でその他の圃場にも適用できるように条件を緩和する方法によって検討した。対象とする圃場は７m×50mの3.5aのハウスであり、条間約150㎜で播種されている。ただし、生育後は隣接するほうれんそうの葉が絡んでいたり、意図しない位置に播種された種から生育するなどのため、ほうれんそうは必ずしも直線的に整然と生育しているわけではない。さらに、地面に凹凸があるため、播種時の種の位置に違いがあると、生育後においてもほうれんそう根元の鉛直方向位置が異なる。また、品種についても立性と非立性があり、季節などの気候条件によって生育の大きさや葉のたれ具合が異なる。加えて、圃場には緩やかな勾配がある他、多少の凹凸が存在する。

図１　土中における根切り

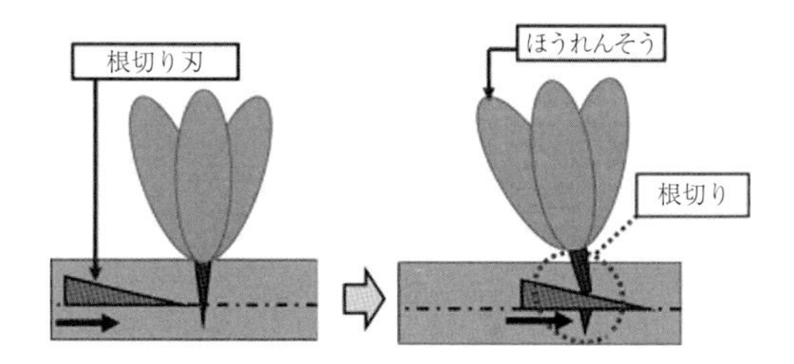

火山灰地の土壌であることから、土中には大小さまざまな大きさの石も存在し、機械装置を活用して事前に大きな石を除去した後にも20㎜程度から拳大程度の石が存在する。以上の条件に対応させる自動収穫装置の開発を目標とし、次の仕様を設定した。

S１）金属平板の刃を土中進行させ、一定幅のほうれんそうの根を一括して切断する（**図１**）

S２）５㎜以上の根を残した状態で土中において根を切る（土中における根の切断長さは目標値を30㎜とし、人手による調整後に５㎜の根の長さで切りそろえるためのマージンを残す）

S３）根切り後のほうれんそうを土から持ち上げ自動収穫する。その際、茎や葉を傷めないようにするため、把持を伴わない動作とする

S４）人手による作業と同程度以上の作業効率とする

一方、考慮すべき圃場の条件としては、以下がある。

C１）土壌に小石などがある状況でも使用可能とする

C２）条間距離などの播種条件を問わない（隣接するほうれんそうの葉の絡まりも許容する）

C３）ほうれんそうの品種を問わない

C４）ハウス栽培を前提とし、土壌条件（水分含有率など）は一定の条件を満たすよ

図2　自動収穫装置の概要

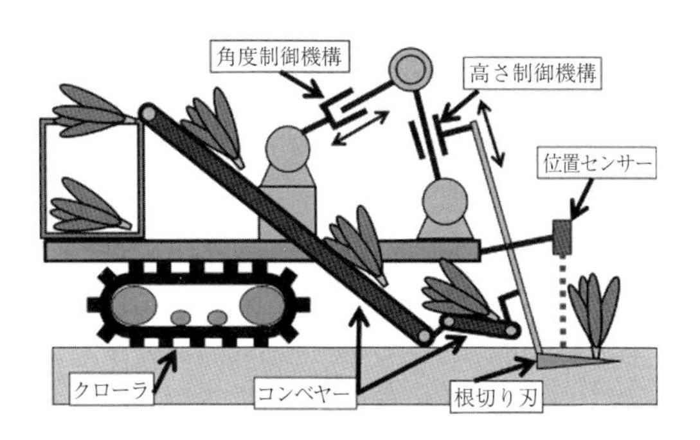

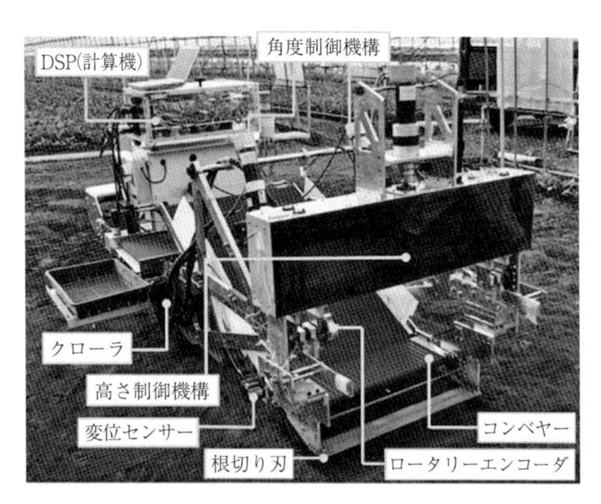

写真3　開発した自動収穫装置

うに管理されている

ただし、圃場条件は各圃場によって大きく異なっている可能性がある。そのため、これ以外の一部の細かな仕様については、圃場の状態を機械収穫に適した条件に合わせることが必要となる場合もある。現在、ほうれんそう自動収穫装置が幾つか開発されているが、前記条件に少なからぬ制約を付加している場合が多い。特に、C1～C3を許容する自動収穫装置は開発されていない。

開発中の自動収穫装置の概要

開発した自動収穫装置の概要を**図2**に示し、設計製作した装置を**写真3**に示す。一定幅のほうれんそうを一括収穫するため、750㎜の幅の金属平板の刃を用いて根切りを行う。根切り刃は地中30㎜の位置を保った状態で地中を進行させる。そのため、地表面の位置を変位センサーによって検知し、フィードバック制御を活用して根切り刃の位置を自動的に調整することで土中位置を一定に保つ。一方、一定の深さを保ったまま金属平板を地中進行させるためにはクローラによる推進力を活用する。クローラの動力を推進力とすることで、土中にある小石や土の抵抗力があってもその力に打ち勝って進行させることができる。以上のように、ほうれんそうの根は金属平板である根切り刃によって押し切っている。圃場実験の結果によれば、押し切りによってもほうれんそうの根は十分な切断性能を確保できることを確認している。また、金属平板である根切り刃を一定深さで正確に土中進行させる技術は新規開発が必要であった。これについては後述する。さらに、クローラの速度を毎秒6㎝とすることで3.5aの圃場を約2時間で収穫可能とし、現状の収穫効率を確保した。なお、この収穫効率は人手による作業量の約30人分に相当する。

根切り後のほうれんそうは把持や挟み込みを伴わずに上部に搬送する。搬送にはベルトコンベヤーを活用する。これにより、収穫搬送時にほうれんそうの茎や葉を傷つけないばかりか、葉が広がる非立性の品種であっても収穫可能となる。ただし、土中に30㎜程度の根が残っているほうれんそうを把持せずに上部に持ち上げるためには、従前とは異なる新しいハンドリング技術が必要となる。これについては後述する。

前記の仕様を実現するために、**図2、写真3**の自動収穫装置は、根切り刃の角度を制御する角度制御機構、および刃の鉛直方向の位置を制御する高さ制御機構の2自由度機構によって構成されている。それぞれDCサーボモータと送りねじなどによる駆動機構で構成している。それぞれの機構はフィードバック制御によって軌道追従制御を行っている[7]。

軌道追従制御のために、変位センサーを用いて地表面位置を検出し、根切り刃の角度検出にはロータリーエンコーダを用いている。

把持、挟み込みを伴わない自動収穫技術

前述した仕様のうち、S3が最も難しい。すなわち、根切り後のほうれんそうは根の一部が地中に残っており、地上に持ち上げるためには把持や挟み込みなどによって力を作用させる必要がある。実際、既存の一般的な自動収穫装置では把持や挟み込みを伴っており、それ以外の方法は見当たらない。しかし、把持や挟み込みを伴った場合にはかなりの確率で茎や葉が傷つく。そのため、新しい考え方によるハンドリング技術が必要となる。そこで、対象物を力学的に拘束してハンドリングするのではなく、間接的なアシスト力を用いて対象物に所望の動作を実現させる考え方を採用した。例えば、根切り後のほうれんそうは地中に根が残っているために依然として直立しているが、その状態でほうれんそうの重心下部を押すと手前に倒れる。その際、倒れた位置にベルトコンベヤーなどが存在すれば地上から搬送することが可能となる。概念を**図3**に示す。これは対象物を把持するなどして能動的にハンドリングするものではなく、対象物の運動動作を受動的に活用することによって成り立つ。そこで、受動的ハンドリングと呼んでいる[10]。このシナリオは原理的には成り立つものの、その実現は必ずしも容易ではない。実際、根切り刃とベルトコンベヤーの位置関係などを適切に保ったまま、両者を正確に軌道追従制御させる必要がある。さまざまな試行錯誤の結果、受動的ハンドリングのシナリオによって自動収穫可能であることを確認しているが、その実現には根切り刃とベルトコンベヤーの相対的位置関係が重要であり、さらに根切り刃を適切な軌道に追従制御する必要があることが分かっている。この方法によれば、把持や挟み込みを伴わないために、収穫物の茎や葉を傷つけることがない。さらに、立性や非立性などの品種を問わずに収穫可能となる点において有意な方法であるといえる。

受動的ハンドリングに適した根切り刃軌道

受動的ハンドリングの考え方でほうれんそうを自動収穫するためには、根切り刃である金属平板を土中の適切な深さで進行させることが重要となる。このための一つの方法は、**図4**に示すように、根切り刃の角度を水平より下向きとした状態でクローラの推進力によって並進運動させることが考えられる。この場合、前方の土の反力が根切り刃には鉛直下向きの力として作用するため、進行に伴って刃を土中に潜らせることができる。さら

図3　受動的ハンドリングの概念

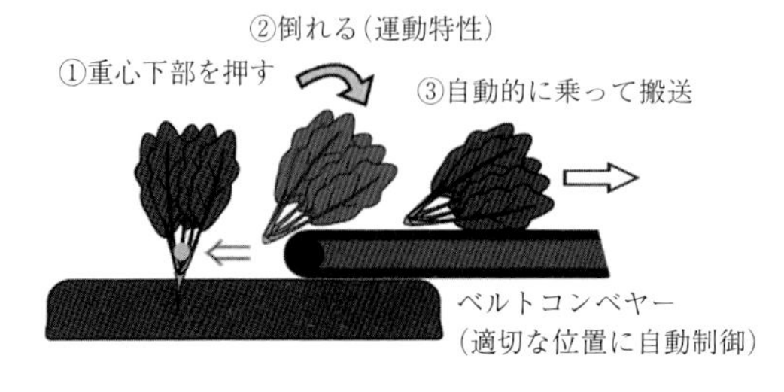

図4　並進軌道

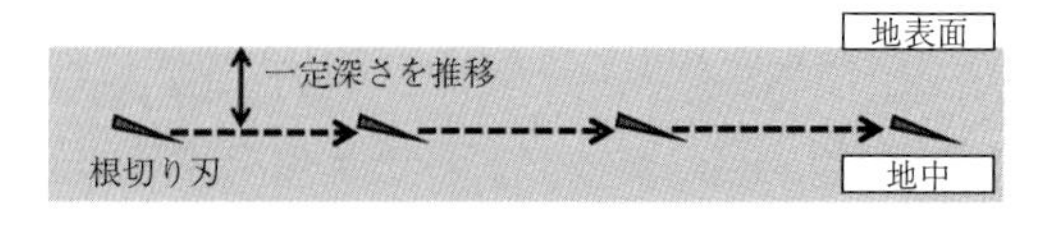

図5　円弧軌道

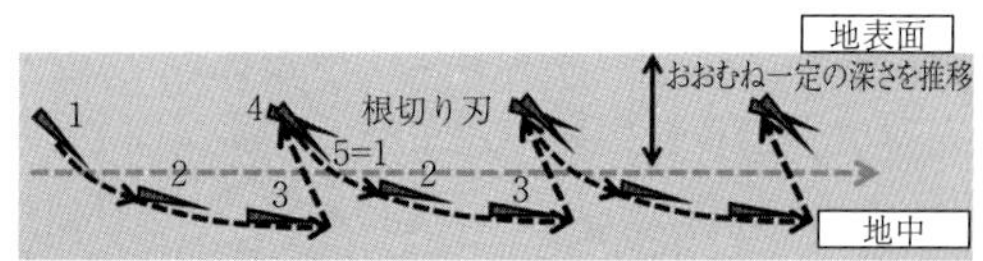

に、根切り刃下部の土から受ける上向きの反力と釣り合った状態で根切り刃はおおむね一定の深さで進行する。この動作を並進軌道と呼ぶことにする。しかし、並進軌道によれば土中への進入は認められるものの、根切り刃の移動に伴い、刃の通過体積分の土が前方に押し出される。それらの土は根切り刃の進行とともに前方に押しやられる結果、根切り刃前方の土が盛り上がる他、前方のほうれんそうに土を堆積させる事態となる。前方のほうれんそうは土に埋もれることになり、自動収穫が困難となる。そのため、前方に土を移動させず、なおかつ地中30㎜程度を維持したまま根切り刃を推移させる軌道を見いだす必要がある。その点について種々の検討を行った結果、**図5**に示す円弧状の軌道（以下、円弧軌道）を用いると、前方に移動させる土の量は非常に少なくなり、成功裏に自動収穫できることが明らかとなった[5),6)]。この軌道は、根切り刃の角度制御機構によって角度を正弦波状に動作させた状態でクローラを一定速度で推進させた複合動作によって実現できる[8),9)]。ただし、その場合には根切り刃の土中深さは一定ではないものの、その上下変動は十数ミリメートルであり、根切り刃の軌道としては許容範囲と考えている。

円弧軌道の有意性については、剛体の運動に伴う土の粒子の動作を個別要素法（DEM）によって解析し、その合理性が明確となっている[8),9)]。DEMでは、土を粒子の集まりと見立て、粒子同士がばね力や摩擦力などによって相互結合されているとして力学的な解析を行う方法である。解析結果の一例を**図6**に示す[8),9)]。左が並進軌道、右が円弧軌道である。縦のしまは土の動きが可視化されるように一定幅で色づけしたものである。図より、円弧軌道では並進軌道に比較して、根切り刃上部の土の帯の前方への傾きが少ないことが分かる。これは円弧軌道の方が表層の土を前方に送り出しにくいことを意味しており、自動収穫に有利に作用する。さらに、土の帯の幅に着目すると、円弧軌道では根切り刃上部のしまの幅が並進軌道に比較して広くなっている。これは表層の土が圧縮しにくいことを意味しており、ほうれんそうを土から持ち上げやすいことになる。

根切り刃の軌道追従制御

前述した円弧軌道で根切り刃を土中進行させるためには、フィードバック制御による根切り刃の軌道追従制御を行う必要がある。例えば、角度制御機構では、正弦波状の角度目標値に軌道追従制御させる。その際、刃が土から受ける外乱力を補償しつつ、定められた目標値への追従性を確保しなければならない。そのため、2自由度PID制御をベースとしたフィードバック制御方法を用いている[7)]。一方、高さ制御機構では、変位センサーの情報を用いて根切り刃の深さが地表面下30㎜の一定位置となるように追従制御を行っている。これにより、地面に凹凸があった場合やクローラが揺動した場合にも根切り刃を土中の所望の位置に保つことができる。さらに、フィードバック制御による位置制御は、土中の石などの影響によって軌道がずれた場合に

図6　DEMによる解析結果

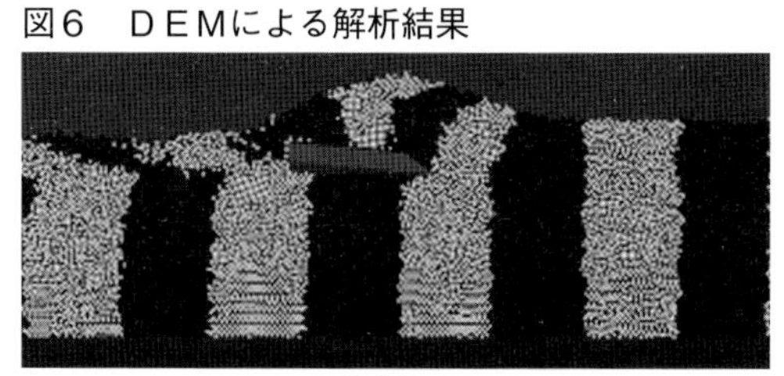

並進軌道

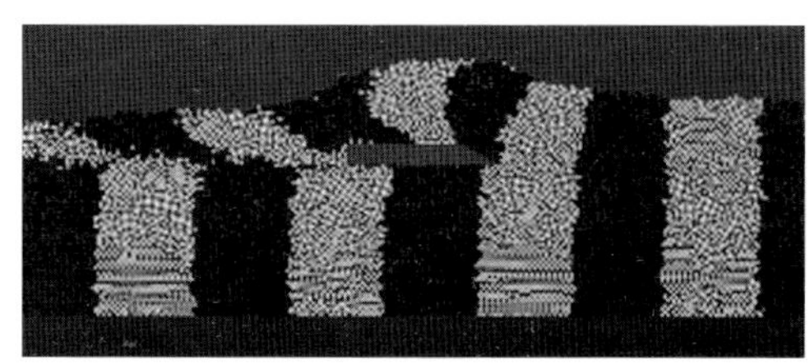

円弧軌道

写真４　自動収穫装置による圃場実験（左）と収穫されたほうれんそう

も素早く元の軌道に復帰させることができる。

圃場での実地実験結果

ほうれんそう畑にて圃場実験を行い、性能を評価した。実験は収穫機を前進させながら根切り刃を地表面から地面に潜らせ、根切り、自動収穫を行った。根切り刃の目標値深さは地表面下30㎜とした。円弧軌道は１周期2.9秒で行い、約３m収穫機を前進させて自動収穫したほうれんそうの根の長さおよび傷の有無を調べた。残った根の長さが５㎜以下の場合には商品価値を失うと判断して失敗とした。その結果、収穫総数167本に対して、成功率は100%であった[6)、7)]。また、回収後のほうれんそうにも目立った傷は見られなかった。以上より、開発した自動収穫装置の効果が確認できた。圃場実験の様子と収穫されたほうれんそうを**写真４**に示す。また、初期の収穫機動画はYouTubeで公開している[11)]。

本稿では、葉や茎を傷つけずに自動収穫するための技術開発およびほうれんそう自動収穫装置の開発例について紹介した。今後は、開発技術を基礎として実用化に向けた検討を行う予定である。本研究はJA全農長野、㈱西澤電機計器製作所に支援いただいた。記して謝意を表す。

（千田　有一）

【参考文献】

1）http://www.koyoeg.co.jp/
2）http://kawabenoken.co.jp/index.html
3）非結球葉菜収穫機、 特願平10-119807
4）吉田智一他（2000年）「ホウレンソウ収穫技術の開発（第１報）」農機誌、62（３）、149～156㌻
5）平野幸助他(2013年)「軟弱野菜自動収穫機における根切り刃の２自由度制御機構の設計と制御」第56回自動制御連合講演会
6）土屋貴司他（2014年）「軟弱野菜自動収穫機の開発と実地実験検証」ロボメック2014
7）Hatakeyama, T., et al.(2014年)：Tracking control of cutting blade of automatic spinach harvester, Proceedings of ISFA 2014
8）Fujisawa, A., et al,(2014年)Motion Analysis of the Root-Cutting Blade for an Automatic Spinach Harvester, Proceedings of the 12th International Conference on Motion and Vibration Control
9）藤澤彰宏他（投稿中)「ホウレンソウ自動収穫機における土中での根切り刃運動による土の挙動解析」日本機械学会論文誌
10）千田有一（2015年）「受動的ハンドリングに基づくホウレンソウ自動収穫装置の開発」精密工学会誌Vol.81、No.9
11）https://www.youtube.com/watch?v=jCIN2GSlW1g

第2部 応用編

アシストスーツ

日本の農業においては後継者不足から少子高齢化が急速に進み、農林水産省のデータによると2014年の農業就業人口は約227万人で、07年の約312万人と比べると27%の減少、65歳以上の高齢者の割合は64%となっている。一方農業従事者は収穫物などの重い荷物を持ち上げて運搬することから腰痛を患っている人が多く、また長時間の中腰作業も強いられる。さらに急傾斜地での栽培などでは特に歩行支援など、農作業の軽労化が望まれている。そこで高齢な農家を手助けし、力の弱い若者や女性が農業へ参入しやすくするため、ロボット技術が進んでいるわが国において、農作業を軽労化するロボットを実現することが望まれている。

このような状況の下、実用化間近なアシストスーツを開発したので紹介する。このアシストスーツは、左右股関節付近に配置した電動モータにより、**写真1～4**に示すような収穫コンテナのトラックへの積み込み時の持ち

写真1　持ち上げ作業

写真2　中腰作業

写真3　急傾斜地歩行

写真4　運搬作業

上げ作業、収穫時の中腰作業、急傾斜地での歩行、一輪車での運搬作業などをアシストする。また極端に前かがみになったり、深くしゃがみ込んだりする作業姿勢で農作業を行っても、装着者の動作を拘束しないメカニズムとなるように工夫している。

さらにスムーズなアシスト制御を実現するためには、アシストスーツが装着者と同時に動作する必要があり、このため装着者の動作意図を推定することが重要である。この動作意図推定方法として、従来用いられていた微弱でノイズに弱い筋電位信号のような生体信号は、装着が煩わしいこともあり、農業用には不向きである。電動モーター内部に取り付けた角度センサーや、靴の中敷きの裏に設置したフットスイッチ、手袋の内側に取り付けたタッチスイッチなどの信号を用いる方法を提案した。提案したアシストスーツの有効性を実験結果により確認している。

開発の経緯

筆者らは、筋力が弱い若者や女性が農業に新規参入しやすくし、筋力が弱った高齢者が少しでも長く農業を続けられるために、装着型のパワーアシストロボットであるアシストスーツを05年度から研究している。09年度には肩と肘関節をエア式ロータリアクチュエータで、股と膝関節はエアシリンダでアシストするエア式の全身フレームタイプを開発したが、このプロトタイプ機の質量は40kgであった。

10年度から14年度までは農林水産省の委託プロジェクト研究に採択され、和歌山県はじめJAグループ和歌山など多くの関係機関の協力を得て、和歌山県工業技術センターと共同で研究を進め、和歌山の県内企業で試作している。

農家からのアンケートを分析し、アシストスーツの質量は10kg以下を目標にし、軽労化

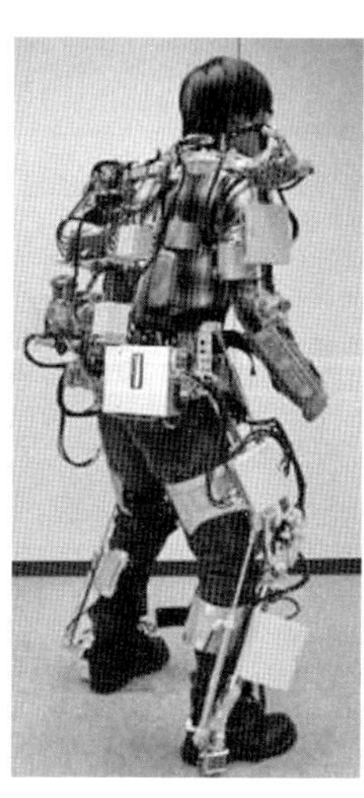
写真５　2009年度質量40kg（左）、10年度同26kg。用途は全身アシスト。肩・肘・股・膝関節の支援。空気圧式

のニーズが高い用途に絞り込んで開発している。**写真１～４**に示すような20kgの温州みかんの収穫物コンテナをトラックへ積み込むための持ち上げ作業や、れんこんの収穫における中腰作業、温州みかんの傾斜栽培地での歩行、一輪車での運搬時の歩行をアシストする用途である。

アシストスーツの質量を10kg以下に軽量化するため、比較的質量の大きいコンプレッサーを用いるエア式から、電動モーターを用いる電動式にした。また農業用に実用化するには、従来から用いられていた装着者の動作意図を推定するための筋電位センサーは、装着が煩わしいなどにより不向きである。このため筋電位センサーのような生体信号を用いずに、関節角度や力センサーなどの力学的信号から装着者の動作意図を推定するようにした。さらに質量が大きい力センサーでなく、フットスイッチを用いて動作意図推定できるようにし、このスイッチ信号を無線化して実用化を進めた。また開発当初はパソコンで制御を行っていたが、組み込みマイコンと携帯端末で制御するとともにコントロールボックスを生活防水仕様にした。なお**写真５～７**

写真６　2010年度質量14kg（左）、11年度同９.５kg。用途は上向き・歩行アシスト。肩・股関節の支援。電動式

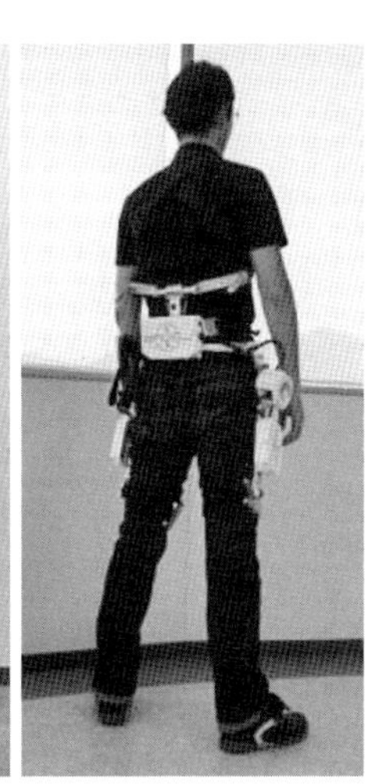

写真７　2011年度質量９.６kg（左）、12年度同７.４kg。用途は持ち上げ・歩行アシスト。腰・股関節の支援。電動式

に、アシストスーツ開発の経緯を示す。

11年度から、和歌山県内の協力農家で実証試験を実施している。14年度からは、和歌山県以外に神奈川、香川、徳島、山口、大分の全国５県で実証試験を実施し、改良を進めている。

15年度は、農林水産省の補助事業に採択され、さらに100台の大規模な導入実証試験を、青森、山形、神奈川、三重、和歌山、香川、徳島、愛媛、岡山、鳥取、山口、大分、長崎の全国13県で実施している。16年度には実用化し、普及し始めていく予定である。

従来のアシストスーツ

アシストスーツは、近年では1960年代にアメリカ・GE社によって行われた全身フレームタイプの油圧式で、質量が680kgあったHardimanの研究プロジェクトはじめ多くの大学や機関で研究されている。

最近の国内研究では、筑波大学のHALは股関節と膝関節を支援する下肢フレームタイプの電動式で自立歩行支援用途に開発されている[1)]。筋肉を動かそうとした時に脳から神経を通じて筋肉に流れる微弱な筋電位信号を用いて筋肉が出そうとするトルクを推定する方式や、筋電位信号をトリガ信号にしてアシスト動作を行う方式を開発し、実用化の先駆けとなった。

東京理科大学のマッスルスーツは、工場用や介護用に空気圧で伸縮するゴム人工筋肉を用いて腰関節をアシストし､手元スイッチなどによりアシスト動作を行う研究をしている[2)]。

北海道大学のスマートスーツ・ライトは、弾性材を補助力源としたパッシブで軽量なスーツである。

東京農工大学では、農業用に肘と肩関節をON/OFFで固定支持でき、ばねで膝をアシストするスーツを研究している。

パナソニック㈱の社内ベンチャー企業であるアクティブリンク㈱のパワーローダーライトは、電動式で装着者をマスターとしてロボットをスレーブとし、マスターとスレーブ間の力センサーを用いてフィードバック制御するマスタースレーブ制御方式の研究を進めている。また、持ち上げ用に電動式で腰関節をアシストするタイプも研究している。

本田技研工業㈱は、自立歩行支援用にリズ

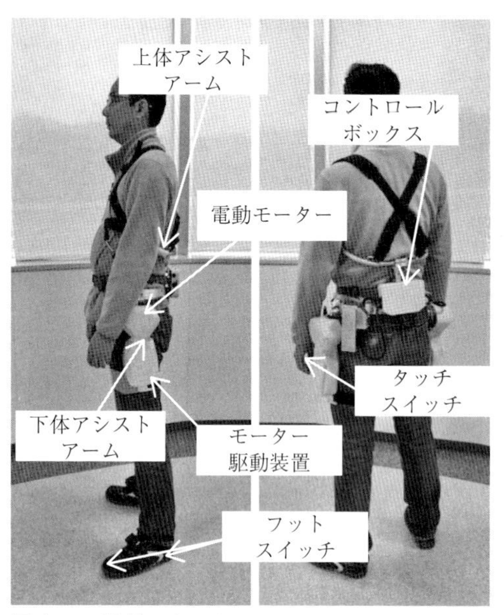

写真８　装着したアシストスーツ

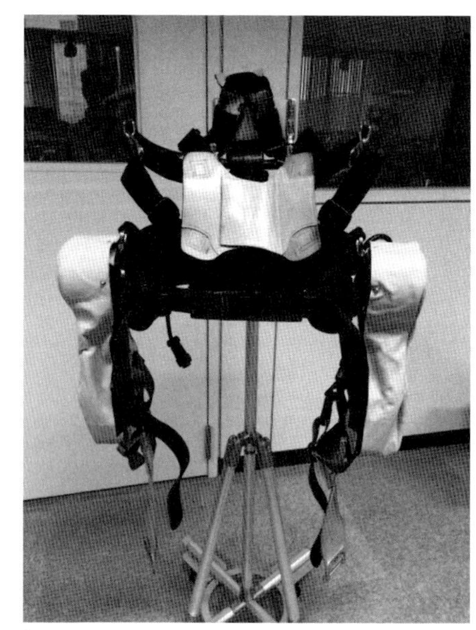
写真９　アシストスーツの外観

ム歩行アシストや工場用などに体重支持型歩行アシストの開発を進めている。

また海外では、アメリカで盛んに研究されている。軍事用や自立歩行支援用に、カリフォルニア大学やマサチューセッツ工科大学、ハーバード大学、ロッキードマーティン社などが油圧式や電動式、空気圧式で研究している。

ここでは特に実用化を目指した研究に着目して列挙した。前記以外にも多くの大学や機関でアシストスーツの研究開発が進められている。

開発したアシストスーツ

筆者らは、30kgの米袋や20kgの果物の収穫コンテナなど重量物の持ち上げ作業や中腰作業、歩行や運搬作業をアシストするアシストスーツを開発している。以下に詳細を述べる。用いている電動モーターは80Wで、装着者が出せる力の範囲内に制限し、もし万一誤って装着者の意図と逆方向にアシストしても、装着者がモーターを逆回転できるようにしている。さらに転倒防止の面から膝下部をフリーに動けるようにして、安全面に配慮している。電動モーターは装着者の左右股関節付近に配置し、抗重力方向に対してアシスト動作を行い、その他の動作については受動回転軸（空回りする回転軸）を配置することで、アシストスーツを着用することにより装着者の動作が拘束されないようにしている。フレーム構成部材には、超々ジュラルミンを使用し必要な剛性を維持しながら軽量化を図った。制御手法については、装着者の股関節角度と靴底のフットスイッチや手袋のタッチスイッチの入力パターンに基づいた動作意図推定を行うことによって、装着者の動作と同時にアシストが開始される手法を用いた[3)]。

アシストスーツの構成

装着したアシストスーツを**写真８**に示す。また、アシストスーツ本体を**写真９**に示す。構成機器は、上体アシストアーム、下体アシストアーム、歩行アシスト用靴、持ち上げアシスト用手袋など。装着者とアシストスーツは、腰部や左右大腿（だいたい）部と胸部に配置されたベ

図1　パワーアシスト制御の概略

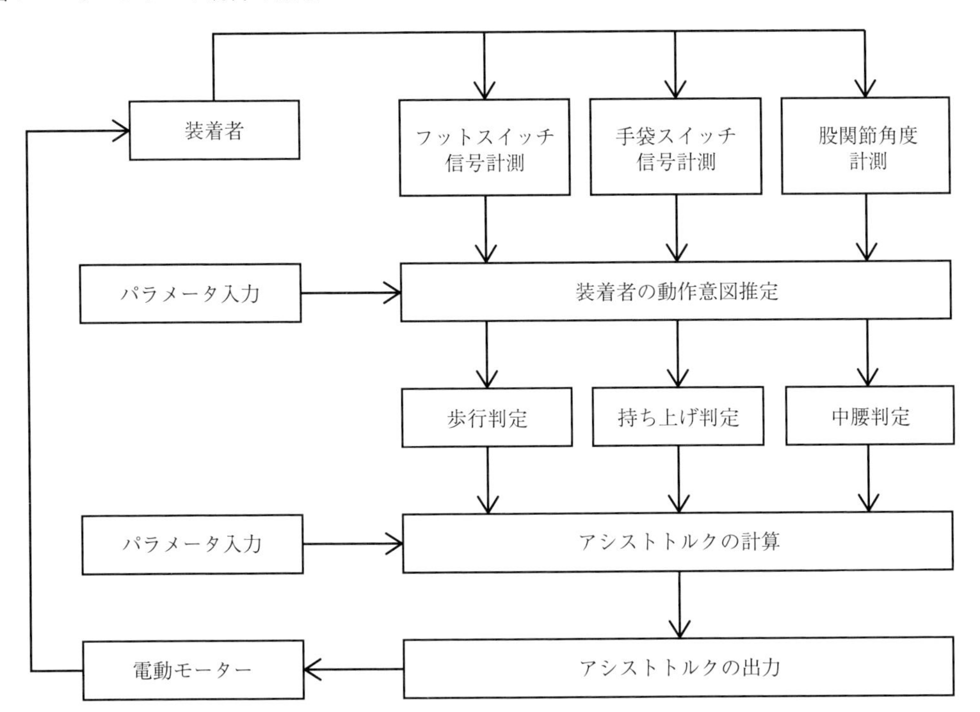

ルトで固定される。上体と下体のアームおよび腰フレームは調整機構を有し、腰フレーム幅やアーム長を装着者の体形に合わせることができる。歩行アシスト用靴は、爪先部とかかと部にフットスイッチを取り付けた中敷きを入れた靴であり、装着者はこの靴を履いて歩行動作を行うことにより、適切な歩行アシストを受けることができる。また持ち上げアシスト用手袋には、タッチスイッチが取り付けられ、装着者は荷物の持ち上げ動作を行う場合に、タッチスイッチを任意のタイミングで押すことでアシストを受けることができる。アシストスーツの総質量は7kgで、リチウムポリマー電池の使用で約2時間の稼働が可能である。屋外の使用も想定されるため、電装品は生活防水機能を有している。

制御機器は、装着者背部に配置した組み込みマイコン内蔵のコントロールボックス、左右下体アームに配置したモーター駆動装置、歩行アシスト用靴の信号送信用無線装置、持ち上げアシスト用手袋の信号送信用無線装置、およびパラメータ送信とデータ受信用の携帯端末で構成されている。組み込みマイコンには制御プログラムがインストールされており、携帯端末からパラメータを送信することによって、アシストスーツが起動する。歩行アシスト用靴のデータや持ち上げアシスト用手袋のデータは無線装置を介して組み込み、マイコンにリアルタイムに送信され、動作意図を推定してアシストに必要なトルクを算出し、モーター駆動装置から電動モーターへアシスト力を出力している。

アシスト制御

パワーアシスト制御の概略を**図1**に示す。歩行アシスト用靴の爪先部とかかと部に配置したフットスイッチで、床と足底の接離情報を検出する。また電動モーターの角度センサーで、装着者の股関節角度を計測する。プログラムを起動させた時の姿勢を原点として、股関節角度とフットスイッチ信号から装

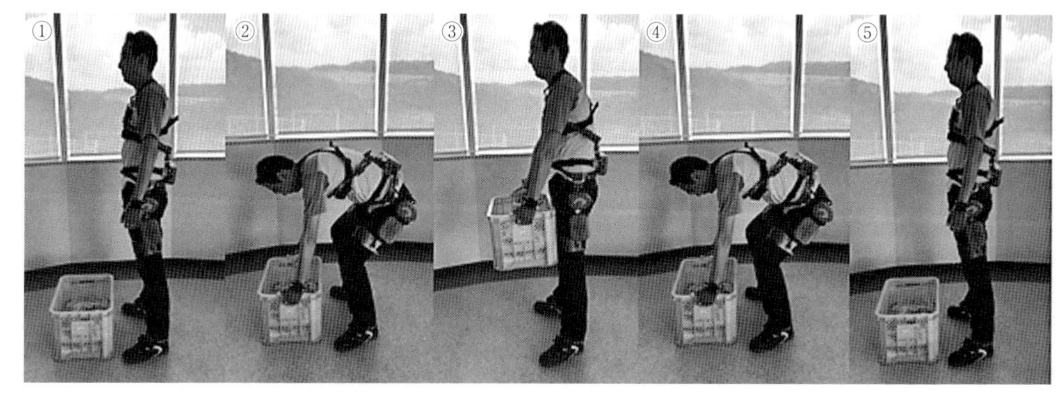

写真10　持ち上げ動作。①開始②しゃがみ込み③持ち上げ④しゃがみ込み⑤立ち上がり・終了

着者の動作意図を推定し、歩行や持ち上げ、中腰動作に必要なアシストトルクを出力する。

アシスト制御における重要な項目として、装着者の動作意図推定がある。従来研究では、装着者の筋電位信号を用いて動作意図推定を行っていた。しかし、装着が煩わしいこと以外にも、安定した計測が難しく、発汗による計測不良や計測電極が脱落するなどの問題があった。また人体の下体部は筋肉の付き方が複雑であるため、計測位置を見つけにくいことや複数の筋肉が関わる動作が多いため、正確な動作意図推定を行うには多点計測が要求される。

これらの問題は、労働現場で使用するアシストスーツで用いる動作意図推定のデバイスとして現時点では不適であると考え、生体信号を用いない動作意図推定手法を開発した。

歩行動作意図推定

人の歩行動作は、右単脚支持期（左遊脚）と両足支持期および左単脚支持期（右遊脚）を繰り返す運動である。この歩行周期の一部をもって、つまり両足支持期から単脚支持期に変化したとの情報で歩行動作意図があることは推定できる。しかし歩行動作であると判断することはできない。

そこで、フットスイッチによって計測された左右の足が交互に着地している接離情報と、電動モータの角度センサーによって計測された左右股関節角度が交互に屈曲している情報を組み合わせることによって、歩行動作を推定している。

装着者が一歩だけ踏み出したのか、歩行中であるのかの判断をするため一定時間内に接離情報と股関節角度情報のパターンの一致が連続して発生した度合いを歩行割合として0～100%間で管理し、この歩行割合に応じてアシストトルクを増減させることで、違和感の解消を行っている。

歩行のアシストトルクは、遊脚側には股関節角度に応じて足を振り上げるのに必要なトルクを出力し、支持脚側には股関節角度に応じて足を支持するのに必要なトルクを出力している。

持ち上げと中腰動作意図推定

装着者が荷物を持ち上げるか中腰動作を行うためにしゃがみ込むと、歩行時に逆位相に動作していた股関節角度が同位相の動作に変化する。この角度変化の違いを電動モーターの角度センサーで読み取り、歩行動作からの切り替えを行っている。

装着者のしゃがみ込み動作が完了した時点で、しゃがみ込み角度に応じて必要な中腰アシストトルクを出力し中腰アシストを開始す

図2　背筋の筋電位信号のアシスト有無での比較

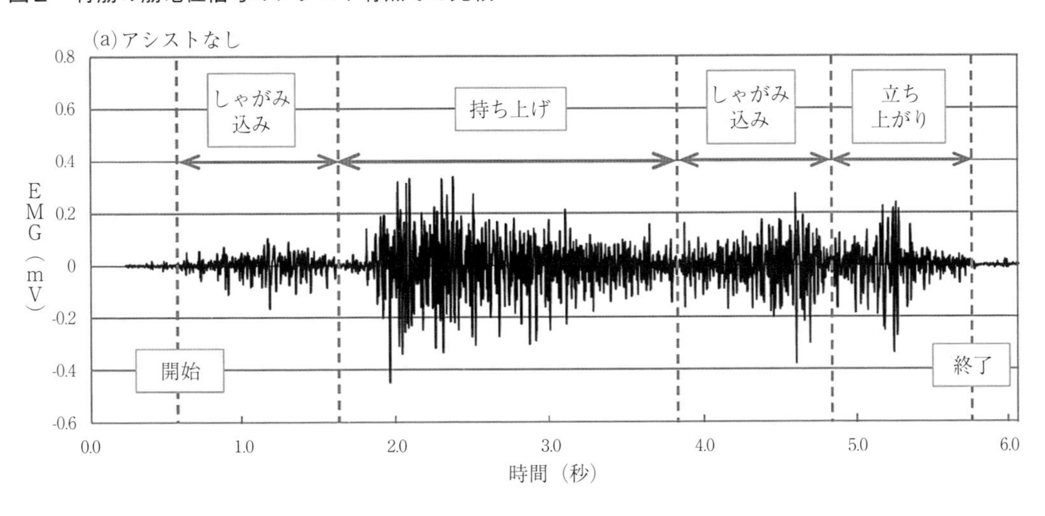

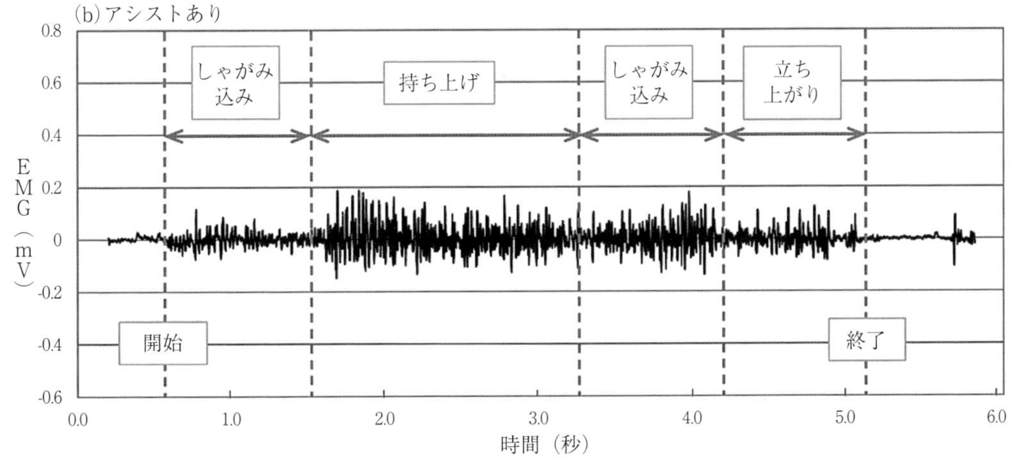

る。さらに、手袋のタッチスイッチを押すことで、持ち上げアシストトルクを出力して、持ち上げアシストを開始する。

アシストスーツの効果検証

開発したアシストスーツの有効性について、検証した。アシストスーツを装着し、アシストスーツの効果が高いと考えられる重量物持ち上げ動作を行い、装着者の筋活動がどの程度減少しているかを検証した。**写真10**に示すように、アシストスーツを装着して、10kgの米袋が2袋入ったコンテナ（総質量23kg）の持ち上げ動作を行い、アシストスーツを装着せずに同じ動作をした場合との持ち上げ動作に関与する筋肉の筋電位信号を比較し、アシスト効果を検証する。装着者には持ち上げ動作開始タイミングのみ合図を行い、以降の動作は装着者が自然な動作が行えるように、時間的制約は設けなかった。アシストスーツ未装着時の背筋の筋電位計測信号を**図2**の（a）に、アシストスーツ装着時の信号を**図2**の（b）に示す。これにより、アシストスーツ装着時は未装着時に比べて、持ち上げ動作中の筋活動が大きく減少していることが分かる。またアシストスーツ未装着時は持ち上げ動作時間が約5.2秒であるのに対し、アシストスーツ装着時は約4.5秒となり、よ

第2部 応用編

り短い時間で同じ作業が行えることが分かった。

次に、アシストスーツ未装着時の背筋と腹直筋および内側広筋の筋電位計測信号を２乗平均平方根処理し、時間積分した値を１とし、装着時のそれぞれの値を比較した結果によると、筋活動が背筋では48%、腹直筋では37%、内側広筋では９%減少していることが分かった。

また、呼気ガス分析実験を行い、算出したエネルギー消費量の効果について検証した。その結果、アシストスーツ未装着時のエネルギー消費量を１とし、装着時の値を比較した結果によると、エネルギー消費量がアシスト時で30%減少していることが分かった。

以上より開発したアシストスーツは、重量物の持ち上げ動作において筋電位の計測実験より、筋力軽減に効果があることが確認できた。また呼気ガス分析実験により、算出したエネルギー消費量を評価して、疲労度の軽減に効果があることが確認できた。

アシストスーツ開発の経緯と現状について、まとめた。今後とも実証試験を通して問題点を明らかにし、改良を繰り返して実際に使えるようにしたい。このため、低コスト化や軽量化およびコンパクト化はじめ、装着者との親和性の改善や、よりスムーズなアシスト制御を実現し実用化したいと考えている。

最後にアシストスーツが、農業者の負担を軽減し、高齢化する日本農業を支える役割を果たす日が来ることを期待している。さらに電動アシスト自転車が「高齢者の足」となって普及しているように、アシストスーツが「高齢者の腰」となり、農業から物流業や建設業などはもちろんのこと介護や日常生活においても広く普及し、日本の高齢化社会を支えるようになることを願っている。

（八木　栄一）

【参考文献】

1）山海嘉之（2011年）「ロボットスーツHALの安全技術」日本ロボット学会誌29巻９号

2）小林宏（2012年）「着るロボット　マッスルスーツ®」日本機械学会誌115巻1129号

3）八木栄一（2013年）「装着型パワーアシストロボット WAS-LiBERo®」日本機械学会誌116巻1138号

第2部 応用編

可変施肥

可変施肥とは

写真１は、北海道内における５月の畑の様子を見た衛星画像である。１筆の畑の中においても土壌がばらついているのが分かる。このような畑において一律で施肥をすると、例えば小麦では地力の高い箇所で倒伏し、地力の低い箇所では減収となる場合が多い（**写真２**）。倒伏した箇所では結果として無駄な肥料をまいたことになるとともに、収量や品質も低下する。倒伏のないてん菜などでは、最大収量を得るため畑のどの箇所でも肥料の不足がないように地力の低い箇所に合わせて施肥量を決める傾向にある。このため、地力の高い箇所では作物が吸収できないほどの過剰な施肥がなされたり、糖分が低下する場合がある。可変施肥は、収量や品質の平準化や施肥量の適正化を図るため、土壌や生育のばらつきに対応した施肥をする技術である。

可変施肥は、トラクタオペレーターが経験と勘に基づき手動で施肥機の開度を開閉したり、速度を増減することにより単位面積当たりの施肥量を変えることも該当するが、ここでは土壌や作物条件に応じて自動で施肥量をコントロールすることを、可変施肥とする。

センサーベースの可変施肥

可変施肥では、作物生育や土壌の化学性を測定・判断し、施肥量を決定する必要がある。センサーベースの可変施肥とは、作物生育や土壌の測定をセンサーで行い、同時に施肥量を算出して施肥機を制御する施肥方法である。このため、センサーの精度や安定性が求められ、連続的に比較的精度良く測定可能な生育センサーが先行して複数機種実用化されている。

生育センサーベース

写真３の左は海外で最初に市販化されたセ

写真１　上空から見た畑の様子。北海道内の５月の衛星画像（Google Earthより）

写真２　上空から見た小麦の様子。北海道内の７月の衛星画像（Google Earthより）。白い部分が倒伏箇所

写真３　YARA社のN-sensor。受動型（左）と能動型（右）

写真４　トプコン社のCropSpec

写真５　トリンブル社のGreenSeeker

ンサーベース可変施肥のための生育センサーで、作物が反射した太陽光を測定して作物生育を診断し、施肥量を算出する。太陽光に依存した受動型センサーであるため、日射環境により値が変動する。これを解決するために自らが光を照射し、その反射光を測定する能動型のセンサーが開発された（**写真３**右）。しかし、これらのセンサーは海外では700台程度導入されているが、国内では試験的に持ち込まれたのみである。**写真４**は、国内で初めて市販化された可変施肥のための生育センサーである。レーザーを光源とする能動型であるため、日射変動の影響を受けない。トラクタ搭載型の生育センサーは**写真３**、**４**に示す機種のみで、あとは**写真５**に示すようなスプレーヤのブームあるいは専用のフレームに設置して使用するタイプである。

トラクタ搭載型の生育センサーを使用したセンサーベース可変施肥では、センサーがある程度の視野を持つため、ブロードキャスタなどの散布幅の大きい施肥機が利用される。このため、数メートル程度の狭い範囲で生じる生育むらには対応できない。また、**図１**に示すように生育センサーは、作物の窒素吸収量（作物が保有している地上部の窒素量）と相関が高いため、窒素成分の追肥で利用される。

図２に国産システムのCropSpecの出力値と窒素施肥量の関係を示す。センサーベース可変施肥ではあるセンサーの値（基準値）に対してどれだけの施肥量を施すかをあらかじめ設定する必要がある。この設定をすると、追肥時に自動的に生育の基準値に対してどの程度生育が良いか悪いかを判断して施肥量を加減する。センサー出力値と施肥量の関係式は、**図１**に示した窒素吸収量との関係を基本に生育時期ごとの施肥効率などから求められる。CropSpecでは、北海道の小麦に適した施肥量算出式が組み込まれており、止葉抽出期前までの時期では、センサー値と小麦窒

図１　生育センサーの出力値と小麦の窒素吸収量の関係

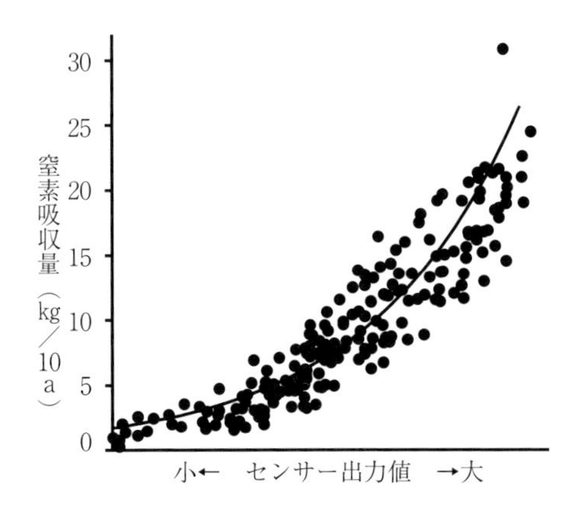

素吸収量の関係と時期ごとの施肥効率から施肥量を算出する。止葉抽出期以降では、センサー値と小麦窒素吸収量の関係から子実タンパクの差分を推定し、これに単位窒素追肥当たりの子実タンパク上昇程度から施肥量を算出する。すなわち、センサー値からこのまま追肥をしなかった場合、子実タンパクが基準点に比較して１％低くなると推定された箇所では、子実タンパクが１％上昇するのに必要な施肥量が上乗せされる仕組みである。小麦以外の作物に対しては、追肥場面が限定されるため、センサー値と施肥量の関係式を固有の算出式として組み込んでおらず、センサー値と施肥量の関係式の傾きを任意に設定することにより可変施肥が可能である。

土壌センサーベース

土壌成分を測定するセンサーは、国内においても開発されているが、リアルタイムで測定結果に基づき施肥をする技術は畑地用では研究段階である。**図３**はアメリカで研究されている一例で、土壌中の化学成分を光学センサーあるいは電極センサーにより測定して後方の施肥機で施肥する方法である。生育センサーと異なり、センサーが測定する範囲が狭いため、作条用の施肥機が主に検討されている。

図４は、国内で開発された土壌センサーベースの可変施肥機である。土壌成分の測定は水分や石れきなどの影響で誤差が大きくなるが、水田では比較的安定した測定が可能である。本機は田植え機の前輪に電極センサーを設置して電気伝導度を、超音波センサーにより作土深を測定して、土壌の肥よく度を計測する仕組みである。この結果に基づき後方の側条用施肥機の繰り出し量を制御する。全国で実証試験が行われており、2015年の市販

図２　CropSpecの出力値と施肥量の関係（左：小麦、右：その他作物）

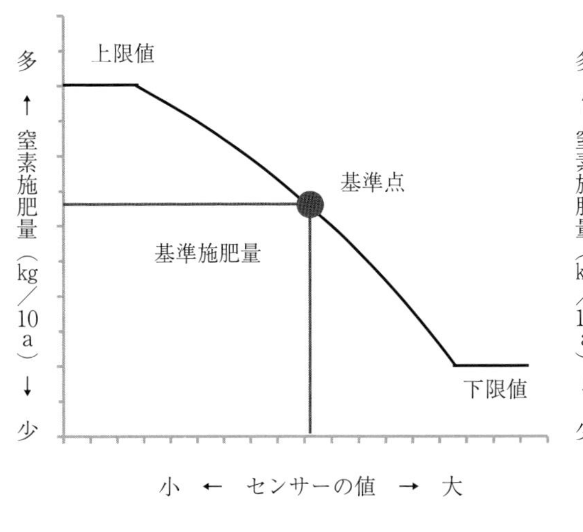

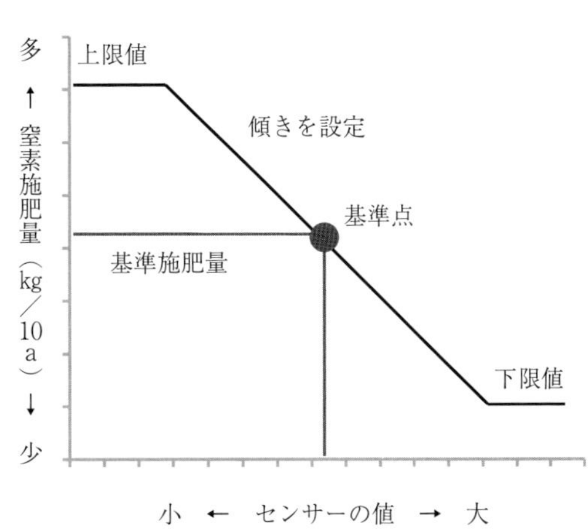

図3　土壌センサーによるセンサーベース可変施肥

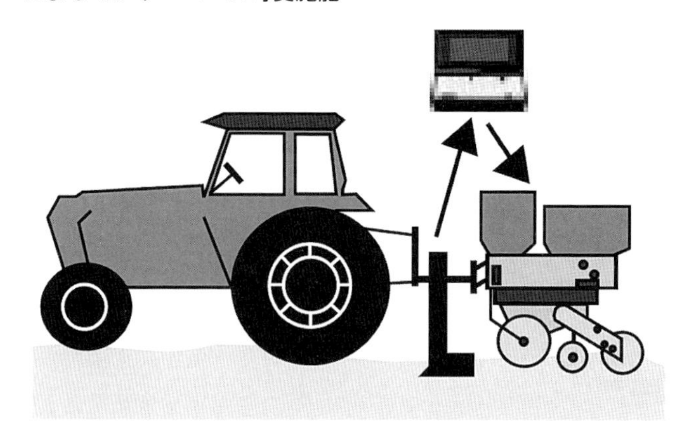

図4　土壌センサーによる可変施肥が可能な田植え機

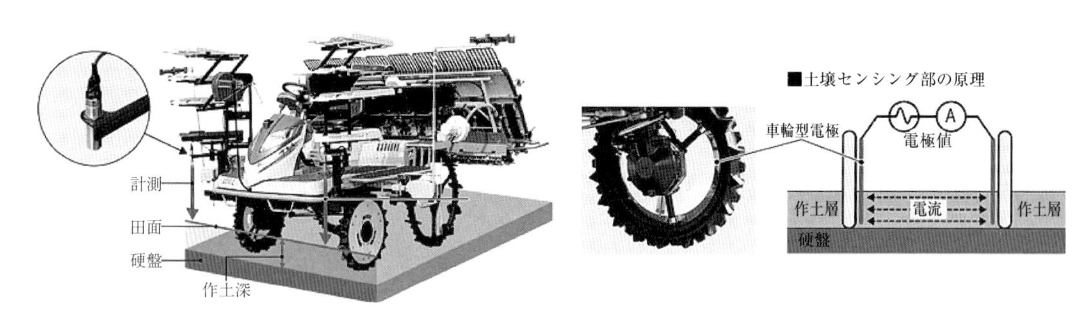

（井関農機のホームページより）

図5　マップベース可変施肥のプロセス

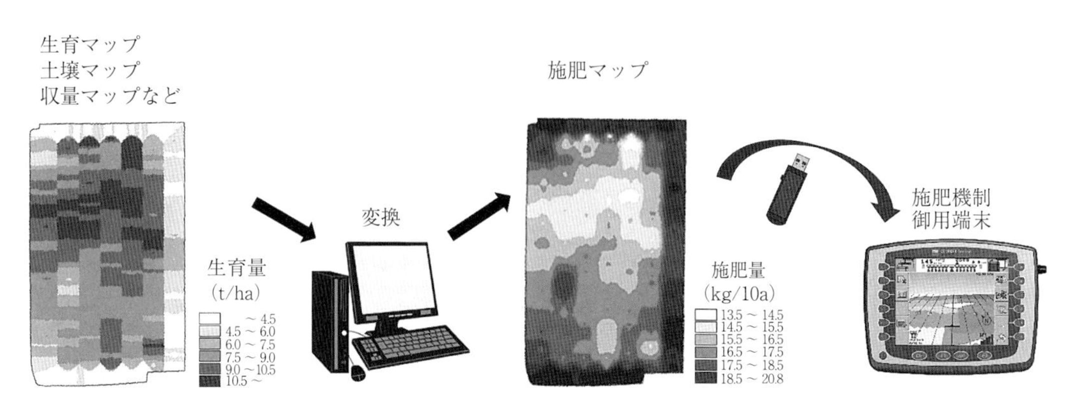

が予定されている。なお、詳細は第２部「土壌センサー・生育センサー」で解説されている。

マップベースの可変施肥

図５にマップベース可変施肥のプロセスを示す。マップベースの可変施肥はあらかじめ作成した施肥マップに基づき施肥する方式である。施肥マップを作成する基となる情報は人工衛星、ヘリコプターやドローンなどの空撮情報から得られた土壌マップや生育マップ、コンバインに取り付けられた収量センサーによる収量マップなどである。マップベースの施肥時は、トラクタに取り付けたGPSで施肥機が施肥マップ上のどの位置にいるかを認識し、コントローラーがマップで示された施肥量になるように施肥機を制御する。センサーベースではセンサーから出力される値に対してダイレクトで施肥機が制御されるため、必ずしもGPSが必要ないのに対し、マップベースでは土壌や生育、収量などのセンサー情報を位置情報と結び付ける必要があるため、施肥マップの基となる情報取得時にGPSが必要となる。また、施肥時においても位置を認識する必要があるため、GPSが必須である。

マップベース可変施肥では、土壌マップや生育マップ、収量マップなどのマップ情報から施肥マップへ変換するプロセスが重要である。**図６**は国内で実用化されたシステムで、ラジコンヘリコプターによるリモートセンシングを活用して施肥マップを作成する方式である。リモートセンシングにより土壌表層の腐植含有量を推定し、腐植の多い箇所から少ない箇所を含んだ複数点の土壌分析結果と照らし合わせて土壌の窒素成分マップを作成する。窒素成分マップを、**表１**に例示した各作物、各地域において参考とされている施肥ガイドなどの資料に基づき、施肥マップに変換する。実証事例などの詳細は第３部「低層リモートセンシングの活用」で紹介されている。このように土壌分析と組み合わせることにより、窒素だけでなく、診断基準のあるリン酸、カリなどの成分においても可変施肥が可能である。

アメリカなどでは、衛星リモートセンシングによる生育マップやコンバイン収量計により作成した収量マップを利用したマップベース可変施肥が行われている。この方式では、複数年の収量マップなどから、地力（収量ポテンシャル）を数段階に分類し、この分類に応じて土壌分析を実施して施肥マップを作成する。しかし、生育の良い箇所（収量ポテンシャルが高い箇所）に減肥する考え方と、増肥する考え方があり、アメリカやオーストラリアなどの乾燥地帯では収量ポテンシャルの高い箇所へ増肥する方法がとられている。一方、ヨーロッパやアジアでは収量ポテンシャルの高い箇所よりも低い箇所へ増肥する方法がとられている。このように可変施肥は土壌だけでなく水環境にも影響されるため、地域の特性に応じた施肥マップ作成手法が開発されている。

使用される施肥機

可変施肥では、センサーベース、マップベース共に施肥量を自動的に変えることができる施肥機が必要である。例えば、多くの作物栽培で利用される作条用の施肥機（施肥播種機を含む）は、施肥シャッターの開度と接地輪の回転数の関係で施肥量が決まる方式であり、ライムソワーやブロードキャスタは施肥シャッターの開度と作業速度の関係で施肥量が決まる方式である。いずれも施肥シャッターの開度はあらかじめレバーなどで機械的に設定する方式である。このような方式の施肥機では可変施肥は困難で、施肥シャッターの開度が電動モータあるいは電動シリンダに

図６　ヘリコプターによる空撮情報を活用したマップベース可変施肥システム

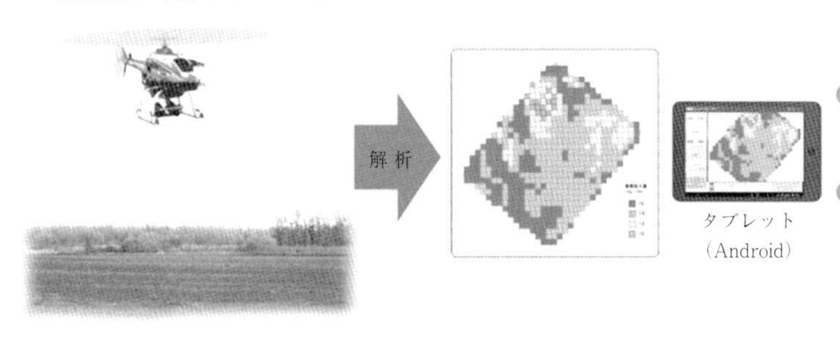

(㈱ズコーシャのパンフレットより)

表１　土壌分析値に基づく施肥対応ーてん菜の事例ー（「北海道施肥ガイド」より）

熱水抽出性窒素（mg/100g）	1	2	3	4	5	6	7	8	9<
窒素施肥量（kg/10a）	24		20		16		12		8

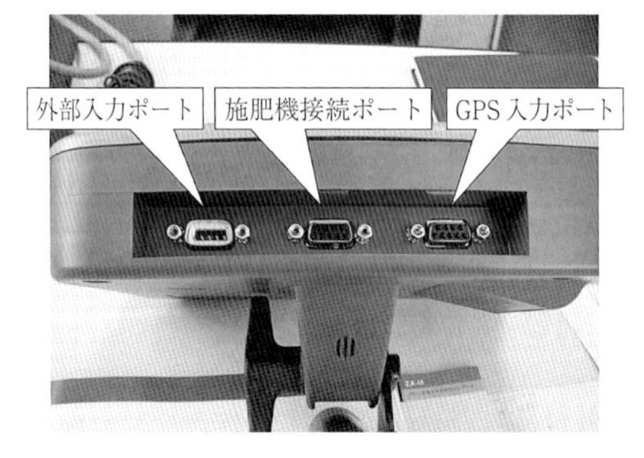

写真６　可変施肥に対応した施肥機の操作端末

写真７　生育センサーの操作端末と施肥機の操作端末

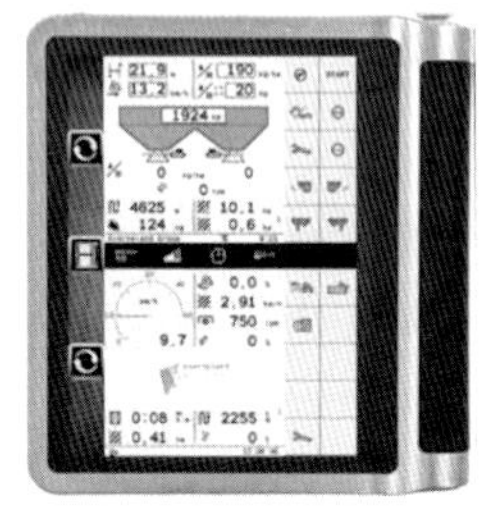
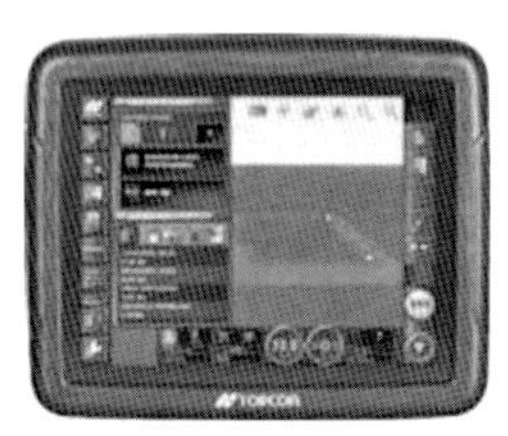

写真８　センサーベース、マップベースの可変施肥や
施肥機の操作が可能な端末

表２　可変施肥による小麦の増収効果

年次	品種	定量区収量(kg/10a)	可変区収量の定量区比	子実タンパク含有率（%）			
				平均値		最大値-最小値	
				定量	可変	定量	可変
2003	ホクシン	604	101	10.8	10.4	2.5	1.5
2004	ホクシン	665	105	11.3	11.5	1.1	0.6
2005	ホクシン	538	111	12.0	11.8	2.1	1.3
2010	ホクシン	299	109	13.4	13.5	3.5	1.8
2010	きたほなみ	267	101	13.0	12.9	3.5	2.6
2010	きたほなみ	227	110	11.9	12.7	3.0	0.6
2011	きたほなみ	487	102	11.3	11.5	2.0	0.4
2011	きたほなみ	517	102	11.5	11.1	3.1	1.8
2011	きたほなみ	621	102	11.0	11.2	1.3	0.4
平均		572	103.7	11.3	11.2	2.0	1.0

＊2010年は高温により著しく低収であったため、平均の計算から除外した

より制御可能な機構となっている施肥機が可変施肥に利用可能である。

可変施肥に対応した施肥機は、外部からの情報により施肥シャッターを制御することができるため、速度の変化にも対応することが可能である。言い換えると、速度連動対応の施肥機は機構上、可変施肥にも対応することができる。ただし、**写真６**に示すように施肥機の操作端末に外部信号の入力ポートがなければ、すぐに利用することはできない。可変施肥では通常、**写真７**に示すように生育センサーなどの操作端末（マップベースも含む）と施肥機の操作端末が別であり、導入する場合は両端末共に接続が可能なことを確認する。

なお、近年では、トラクタと作業機間の制御や機器構成を簡素化するために、共通化された規格（ISOBUS）に対応した作業機が市販されている。このような作業機に対応した端末では、１台で施肥機の操作やセンサー類の操作（可変施肥）、自動操舵（そうだ）などが可能である（**写真８**）。

作物生産に対する効果

表２に、北海道内で行われた生育センサーを活用した、秋まき小麦に対する可変追肥の実証試験結果を示す。収量は、コンバインで収穫し、トラックスケールで測定した実規模でのデータである（面積は年次により異なり0.4～6.3ha）。10年は高温により著しく低収であったため除外して平均すると、可変追肥の増収効果は3.7%であった。可変追肥では、生育の良い箇所で自動的に施肥量が減らされるために倒伏の軽減が図られる（**図７**）。このため、特に倒伏程度が大きい年次で増収効果が期待できる。10、11年の結果のみだが、可変追肥による増収効果は粗原で約３%だったのが、2.2mmのふるい上収量（製品収量）では約６%に向上した（**図８**）。なお、市販後の実利用場面でも、製品収量で５%前後増収していることが報告されている。民間流通

図7　可変施肥による小麦の倒伏の軽減

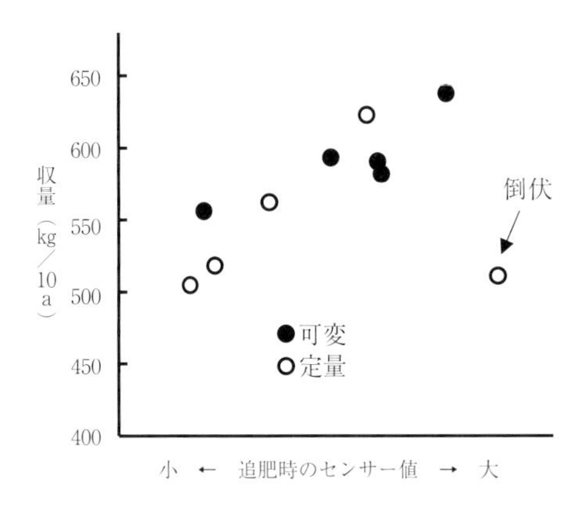

図8　可変施肥による小麦歩留まりの向上

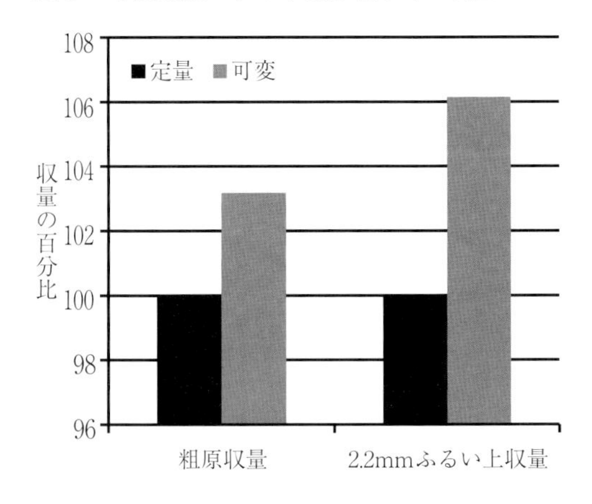

図9　可変施肥による小麦タンパクの平準化

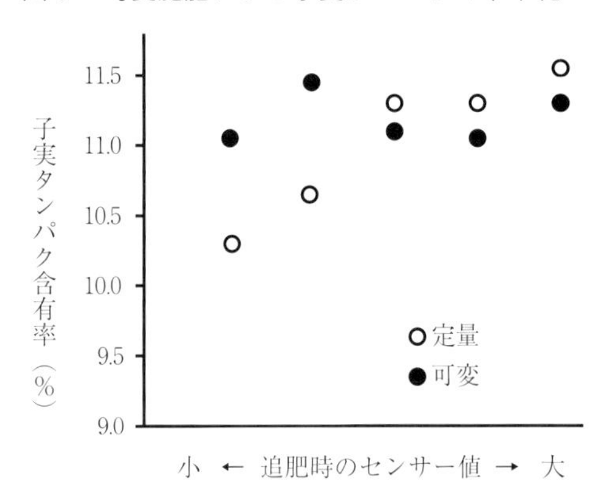

図10　作物収量と養分供給量、環境負荷の関係

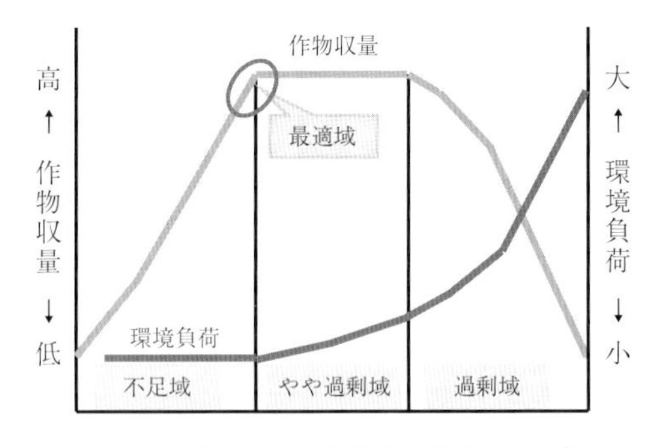

の品質評価項目となっている子実タンパクは、全ての事例で圃場内のばらつき（最大値-最小値）が軽減した。これは、**図9**に示すように、可変追肥では相対的に栄養状態の劣る箇所での増肥により子実タンパクが上昇したためである。その他、可変追肥では肥料の利用率が向上することから同じ収量レベルであれば、施肥量が削減できる。なお、第3部「生育センサーを活用した秋まき小麦の可変施肥」において導入農家の事例が紹介されている。

このような可変施肥による効果は海外でも報告されており、センサーベースは主に麦類で増収や品質の平準化が認められており、マップベースはてん菜や馬鈴しょ、とうもろこしで肥料の削減効果や品質の平準化効果が認められている。

わが国の農業は、限られた農地で最大限の収量を得るため、過剰な施肥が行われてきた。資源の節約、環境負荷低減のため施肥量の適正化が求められているが、1筆単位の施肥量の適正化だけでは部分的に施肥量の不足箇所が生じ減収となるため、適正値よりも過剰な施肥をしているのが実態である（**図10**）。可変施肥は収量や品質の安定化とともに減肥による収量減リスクを軽減し、施肥量の適正化を促進する技術として、導入が進むことが期待される。　**（原　圭祐）**

第2部 応用編

営農支援システム

生産者の高齢化などを要因とする農家人口の減少、農業生産法人の増加などから経営規模の拡大が続いており、都府県ではおおむね５ha以上、北海道においてはおおむね30ha以上を耕作する営農組織数が増加している。借地や作業受託によって耕作面積を増やしている場合や地形的に制約がある場合などでは、圃場の合筆などが自由に行えないため、小区画圃場での耕作を余儀なくされ、時には数百筆もの圃場を管理することも珍しくなく、勘や記憶に頼って最適な管理を行き渡らせることは困難となる。また、規模拡大に伴い耕作作業に従事する従業員が増加するにつれて、作業の進捗（しんちょく）確認などのための従業員間の情報共有や、作業指示を具体的に行う必要性が高まるなど、組織規模の拡大に応じた作業体系の再構築などの対策が必要とされる。さらに、消費者の安全安心意識に応えた販売戦略のために、トレーサビリティーの確保・向上が欠かせない要素となりつつある。このように、営農の現場は規模拡大による効率化と緻密な生産管理という、相反する課題を解決しつつ、農業情勢の変化に対応し続けることが求められているといえる。

この課題を解決するために、現在注目されているのが、農業におけるICT活用である。ここでは、多くの広がりを見せる農業におけるICTの活用の一形態である「営農支援システム」と呼ばれる、農業生産に関わる情報の取り扱いに特化したコンピューターシステムについて、その概要を紹介する。さらに、筆者が所属する農研機構生物系特定産業技術研究支援センター（生研センター）において開発している営農支援システムである「FARMS」の概要や、現在、一般の生産者向けに提供されている営農支援システムを、幾つか紹介する。

営農支援システムの概要

営農支援システムは、農業生産に関わる情報の取り扱いに特化したコンピューターシステムである。代表的な機能の一つに作業日誌（履歴）の記録がある。筆者は農家の出身で、子どもの頃から父母が農業を営む姿を見て育ったが、当時のわが家では過去の作業日や作業の内容が書き込まれている古いカレンダーを見て昨年までの作業日を把握し、作付面積の違いなどを考慮してその年の作業計画を立てていたことを記憶している。その後、パソコンの普及によりエクセルなどの汎用ソフトを利用した作業記録が徐々に農業現場にも浸透し、紙から電子データへの移行がある程度進んだと考えられるが、専用のソフトウエアではないため、せっかく記録された情報も、それらをリンクさせ有効的に活用されることは少なかったと考えられる。一方で、現在普及が進む最新の営農管理システムを利用すると、圃場地図の表示機能を利用し圃場を視覚的に確認しながら、日時、作業内容、作業者、肥料や農薬などの使用資材の情報を、作業対象圃場にひも付けた作業日誌を電子データとして整理、保存することが可能となる。保存した情報については、何年前の情報

図1　Ｗｅｂブラウザ上で動作する営農管理システム

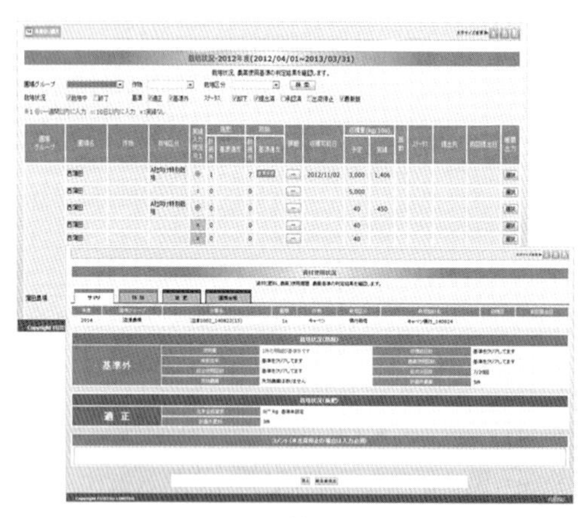

（富士通のＷｅｂサイトより）

であっても即座に取り出して参照することができ、作付けや作業の計画に活用するということも容易に行える。

さらには、圃場、作物、品種といった切り口で労働時間や生産資材コストを集計するといった機能も一般に備わっているなど、蓄えた情報を有効的に活用する工夫や仕組みが整っていることが特長である。

営農管理システムのこのような機能は、データベースにあらかじめ、圃場、資材、作物、器具機械、作業種類といった基本的なデータ（マスター）を登録しておき、それらをリンクさせた営農活動の実績をデータベースにレコードとして蓄積するとによって実現されている。近年新たに開発されたシステムでは、データベースと利用者の間に入ってデータを表示したり、利用者の入力を受け付けたりする機能が、ウェブサイトの閲覧に用いられるウェブブラウザ上で実行されることが多くなっており、更新プログラムのインストールが不要であったり、利用者の端末に情報を保管する必要がないなどの利点ももたらしている（**図1**）。また、スマートフォンといった携帯式の情報端末でも、パソコンと同じ情報にアクセス可能なシステムも多く、屋外に出て作業を行う生産者にとっては、リアルタイムにシステムの利用が可能になるとともに、GPSを利用して圃場位置の確認が行えるなど、利便性の向上が図られている（**写真1**）。

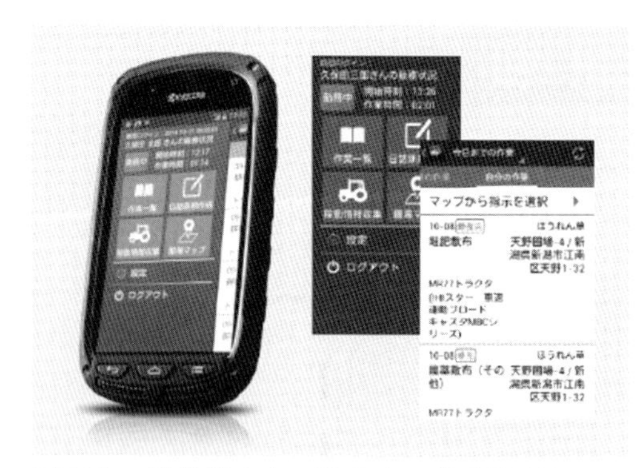

写真１　携帯端末上で動作する営農管理システム（クボタのＷｅｂサイトより）

営農管理システムで扱う基本的な情報

営農管理システムでは多種多様な情報を扱うが、大別すると生産履歴のように日々蓄積される情報と、生産履歴などの蓄積の基となる基本的な情報に分けることができる。基本的な情報は、次に挙げるようなものがある。

■農薬や肥料、その他の資材に関する情報

農薬に関しては、（独）農林水産消費安全技術センター（FAMIC）が公開する農薬登録情報を利用することができるシステムが多く、銘柄や使用基準が正しくシステムに登録され、利用者は登録済みの農薬を選択するだけで利用可能である。一方、肥料については、統一的に利用できる公開された情報源に乏しいため、各利用者が使用する肥料の銘柄や成分含有量を自ら登録して利用することが多い。農薬、肥料以外には、種苗や各種生産資材などがあり、システムによっては資材の在庫管理機能を備えることもある。

■作業者や地権者などの人に関する情報

営農組織の従業員や、農地の地権者など、人に関する情報が登録される。

■作物や品種、栽培方法に関する情報

図2　圃場データにリンクしたＧＩＳ（地図）表示の例

（ヤンマーのＷｅｂサイトより）

水稲や大豆などの各作物に対して、各作物の品種が親子関係をもって登録される。また、例えば特別栽培といった栽培方法の違いによっても分類されることがある。

■器具や機械に関する情報

作業に用いる器具・機械に関する情報を登録する。

■作業の種類に関する情報

耕うん、田植え、稲刈りといった作業の種類を登録する。

■圃場、土壌、水利に関する情報

圃場については、地名、地番、面積などの一般的な情報に加えて、グーグルマップなどの機能を利用して、座標データに基づき圃場図を地図上に表示するため、圃場の形状を示す緯度経度からなる座標データが含まれることが多い。また、圃場の土質や、水利条件、地権者や耕作者に関する情報もまとめて保存できるシステムがある。このような情報を地図に重ね合わせコンピューターシステム上で表示する機能は、一般的に、GIS（Geographic Information System）と呼ばれる。GISとデータベースの統合的な利用は、今日の営農管理システムを特徴付ける代表的な機能の一つとなっている（**図2**）。

■生育や収量、品質に関する情報

作物の生育、生産物の収量および品質は、栽培管理の影響や効果を、数値として客観的に評価するために利用される。従来、これらの数値は、生産者の勘として把握されていたが、現在では、各種センサーによって取得されることが多くなっている。

作業計画や作業履歴の登録

基本データを構築すると、それらを目的に応じて組み合わせて、実際にシステムの運用を開始することができる。例えば、作業計画や作業履歴のレコードは、圃場（作付け）を中心として、そこに作業の種類、農薬、肥料、作業者などを、ひも付けて作成される。

図3　作業の進捗状況の表示

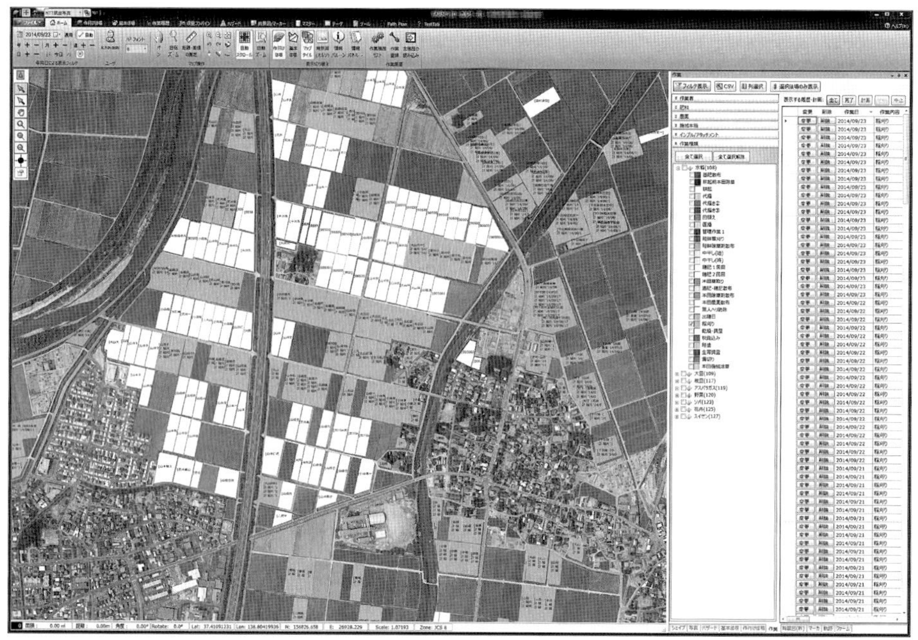

※網掛けされた圃場は収穫済み

農薬については、作物ごとの適用基準がデータベースに登録されているため、作業前に基準を確認したり、実績登録の際に基準外の使用について注意を促すなどの機能も備わっている。作業計画と作業履歴に含まれる情報はほぼ共通しているため、あらかじめ作業計画を登録しておき、実施した作業を登録する際には、「実施済み」や「完了」を意味するボタン操作だけで登録を完了するように設計されているシステムも多い。

このように、あらかじめ登録された情報を利用するという方法を採ることで、システムの利用者は、紙に手書きで記入したり、エクセルなどの汎用ソフトを利用した方法に対して、少ない労力で入力の誤りを最小限に抑えつつ作業履歴などの記録を行うことができるようになっている。

登録した情報の利用

一般的に、システムの利用は、圃場と圃場で栽培する作物や品種の登録から始まる。圃場図を含む圃場の登録は一定の労力を必要とするが、いったん圃場と作付けの登録が済むと、作物や品種ごとの面積を瞬時に把握することができ、また、地図上で圃場の分布などを視覚的に把握しながら、作付面積の調整などを行うことができる。さらに、各圃場に対する一連の作業計画を登録することによって、圃場一筆ごとに農薬や肥料といった各種資材の使用量が異なっていたとしても、使用予定数量を瞬時に把握することが可能で、それらは、作付けや作業計画の変更に、自動的に追従する。

作業履歴については、作業の完了時や1日の作業の完了時に実績を入力する習慣をつけることによって、GIS機能により作業の進捗の視覚的な把握が可能となる（**図3**）。前述したスマートフォンなどの携帯式の端末を使えば、複数の作業者で作業の進捗を相互に確認し合って、効率的に作業を進めていくようなことも可能となる。作付けの全期間を通じた記録が正確に行われれば、作業ごとに登録した労力や資材などの原価を実績として求め、実績に基づく次年度の計画として、次年度の作付けに反映するような使い方が可能になるものと思われる。また、リスク管理や生産物の付加価値向上の一環や、GAP対応のための実績管理へと、緻密に記録された情報の活用範囲は広く、今後もさらに用途が広がっていくものと思われる。

生研センターにおける開発

FARMSの概要

筆者が所属する生研センターにおいては、精密農業に関する研究を実施する過程で農業におけるICTの活用が必要であると考え、2003年に市販GISプログラムをカスタマイズした「情報センター」の開発を行い、現在は独自に開発したGIS機能を備えたFARMS（Farm Activity Record Management System）と呼ばれるシステムの開発を行っている。FARMSの開発過程で実施した実証実験の結果、手入力では入力の誤りや忘れを防ぐことができず、また、入力作業が新たな労働負担となり得ることが確認された。これを改善し、人手による入力に代わって作業履歴の蓄積を自動化する機能を実現するため、現在は機械の稼働情報の蓄積や分析に重点を置いて開発を継続している。以下では、農水省の受託プロジェクト「食糧生産地域再生のための先端技術展開事業（先端プロ）」で開発を進める機能のうち、トラクタおよびコンバインの稼働状態に関する情報を蓄積・分析する仕組みについて紹介する。

機械稼働情報の蓄積および解析機能

■トラクタの稼働状態

トラクタの稼働実態の調査・分析については、古くは1960年代の論文などが残されている。当時の機械や機材では、継続的なデータの蓄積や解析が困難だったことがしのばれる。現在では、トラクタに装備されたCANバスと呼ばれる通信ポートから稼働状態のモニタリングに必要な情報の多くを、容易に取り出すことができる。また、大容量の記録媒体や、携帯電話回線などの通信手段によって、長期間の継続的な記録も比較的容易に行うことが可能となっている。

写真２　記録装置を搭載したトラクタ

そこで、トラクタのCANバスから、燃料消費量、エンジンやPTOの回転速度、前後進レバーの位置、施肥機の施肥量などの作業機の動作状態と、GNSSから取得される座標とを合わせて毎秒１回の頻度で記録する記録装置を試作し、装置を43kW（58馬力）型のトラクタに搭載し（**写真２**）、通年の作業に供して稼働情報を蓄積した。蓄積された情報は、FARMSのGIS機能により圃場図上に作業軌跡として表示することができ、作業状態を解析したところ、圃場ごとの作業履歴を抽出するとともに、燃料消費の状態などをマップ化して表示したり、作業条件の違いが燃料消費量に与える影響などを確認することができた。また、通年分の記録を解析したところ、全走行距離（約1,630km）のうち約40%以上が圃場間の移動走行で、移動走行に全燃料消費量（約3,400ℓ）の12%、トラクタの稼働時間の約20%が費やされていることなどが明らかとなった（**図４**）。通年の記録からこれらの解析に要した時間は５分程度であり、従来の手作業による記録方法では困難で

図4　トラクタの１日の移動範囲の例

図の範囲は 4.3km × 6.0km
総走行距離31.3km（場内作業 6.9km）

あった圃場間移動などを含む機械作業の実態を稼働情報の継続的な記録から把握できる見込みが得られている。

■コンバインの稼働状態

生研センターでは、農業機械等緊急開発・実用化事業において、農機メーカーと共同で自脱型の収量コンバインの開発を行った。現在は、農機メーカーの協力を得て、衝撃式の収穫量測定センサーを備える収量コンバインにGNSS受信機を搭載し、位置情報を測定しつつ収穫作業を行い、FARMSで連続的に出力される穀物流量に基づき、圃場内の収量の不均一さを示すマップを生成する機能を開発している。

収穫量測定センサーからは、グレンタンクに投入される穀物の流量が連続的に得られるが、コンバインの構造上、刈り取りからセンサーに到達するまでに10秒程度の時間を要すること、脱穀から選別部を通過する穀物の流れが一様ではないことなどから、GNSS受信機で取得される位置情報と実際の収穫位置は単純には一致しない。

そこで、目的を合筆により造成した大区画圃場の管理の効率化に絞り、例えば10m×10m程度の比較的大きなメッシュ単位での収穫量の面的な評価を実施している。この比較的大きなメッシュ単位の収量に土壌診断の結果も加味して施肥量を決定し、可変施肥を実施したところ、収量の変動が約２ポイント低下し収穫量のばらつきが減少していること

図５ マップ化による収量分布の比較

可変施肥実施

対象圃場：面積 約 3.4 ha（長辺300m、2013年３月に10筆を合筆して造成）
※総収量については減少しているが、主に天候の影響と思われる

図6　農業生産管理SaaSシステムのイメージ

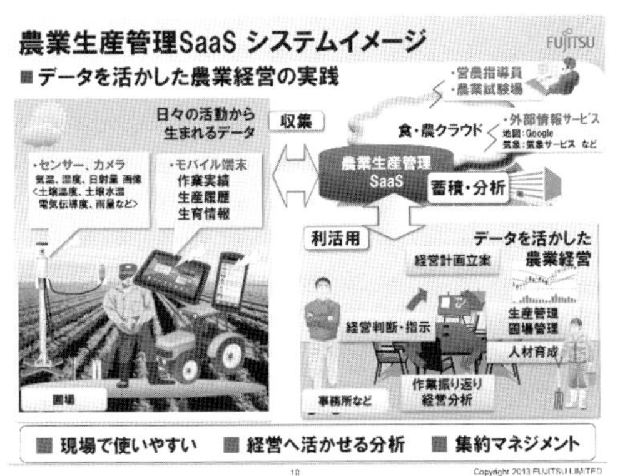

（提供：富士通）

が明らかとなるなど、可変施肥が一定の効果を上げていることが確認されている（**図5**）。

提供されている商用サービス

現在では、既に多くの企業から商用サービスが提供されている。ここでは、3社から提供されているサービスについて概要を紹介する。

富士通(株)「食・農クラウドAkisai」

富士通の農業におけるICT活用への取り組みは2008年にスタートしており、現在では「食・農クラウド Akisai(秋彩)」（**図6**）を露地、施設園芸、植物工場などさまざまな分野向けに商品展開している。露地栽培の生産管理で使用する「農業生産管理SaaS」では、経営支援ツールであることを強く意識し、圃場ごとのコスト（人件費、資材費）などを算出することに重点が置かれており、機能の特長となっている。

農業機械との直接の連携機能は持たないが、圃場に設置したセンサーやカメラ、モバイル端末などから日々生まれるデータを簡単に取得し、クラウドにより情報を見える化し、生産者の意思決定を支援することで、収量向上、作業時間の短縮などの実績を上げている。

図7　SmartAssistのシステムイメージ

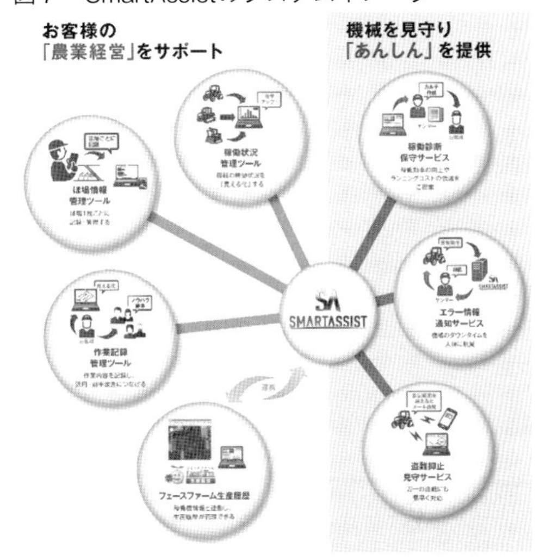

（ヤンマーのパンフレットより抜粋）

ヤンマー㈱「スマートアシスト（SmartAssist）」

ヤンマーは、農業機械と営農管理システムが連携するシステムの実用化にいち早く取り組み、SmartAssist（**図7**）のサービスを13年から開始した。SmartAssistの特徴は、GPSと通信端末を搭載した農業機械とクラウドによるM2M（人間が介在しなくても自動的に行われる機械・装置間の情報通信）で実現されていることにあり、そのメリットを生かした次の機能を提供している。

■機械の見守り

24時間体制のリモートサポートセンターを中心として、①機械の故障などをリモート検知した迅速な修理サービス②盗難抑止効果と万が一の盗難への迅速な対応③機械の稼動情報「カルテ」の提供―を行う。

■農業経営のサポート

機械にGPSを搭載したメリットを最大限に生かし、①作業記録の自動化②収量などの圃場ごとの情報の可視化③機械ごとの作業時間、燃費、エンジン負荷などの把握―を実現した。

ヤンマーのスマートアシストについては、第3部の「農家向け営農支援システムの普

図８　KSAS本格コースの仕組み

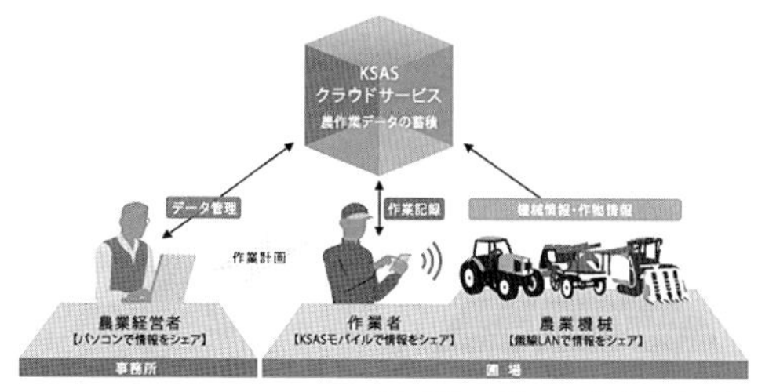

（クボタのＷｅｂサイトより）

及」で事例が詳述されているので、参照されたい。

㈱クボタ「クボタスマートアグリシステム（KSAS）」

「農業機械とICTを利用して、規模拡大する担い手農家に対して、作業・作物情報（収量、食味）の新たな分析・管理環境を提供し、『もうかる農業』の実現に貢献する新たな営農支援システム」としてクボタが14年に提供を開始したシステムが、クボタスマートアグリシステムである（**図８**）。KSASは、KSAS対応農機、KSASモバイル（スマートフォン）、KSASクラウド環境から構成され、次の機能を提供する。

■高収量・良食味米農業の実現

圃場１枚ごとの作業および収量・食味情報を、収集・記録・分析をし、科学的アプローチにより「高収量・良食味米生産」を実現。

■安心安全な農作物づくり

作業情報に基づき栽培管理や、GAPなどに対応した適切な栽培工程管理を実現し、圃場から食卓までのトレーサビリティーを明確にし、農作物の付加価値を向上させる。

■経営基盤強化

営農面において、圃場ごとのコスト分析を可能にする。また、大規模化に伴う管理上の問題を克服することで、作業効率の向上を実現する。

現在、市場には農業向けに提供されるICTを利用したサービスや製品が数多く出回っており、今後さらに普及が進むものと思われる。一方で、普及が進むにつれて問題が顕在化すると思われるのが、各製品で採用されている情報のフォーマットに互換性がないことであり、一部の先進的な生産者からは、標準化への要望が既に挙がっている。標準化されている事例として「電子メール」を例に見てみると、情報が規格化されているため、利用者は自分の好みや必要な機能に応じてメールクライアントを選択することができるし、サービスプロバイダーの垣根を超えたメールの配信が当然のように実現されている。これを営農管理システムに当てはめてみると、情報化に対応したさまざまなメーカーの農業機械を利用できるのは当然として、例えば栽培計画の最適化、作業計画の自動生成、施肥設計の最適化といった、各機能に特化したソフトウエアが実現される可能性も見えてくる。

営農に関する情報は、種類が多く複雑なため、標準化は困難な作業になることが予想されるが、国の行政や研究機関を中心としたプロジェクトで、標準化への取り組みは始まっており、筆者もこのプロジェクトに参加している。今後も、微力ながら情報の標準化と営農支援システムの普及へ貢献したいと考えている。　**（林　和信）**

第3部 事例編

(実利用場面)

第3部 事例編

ガイダンスシステム・オートステアリングシステムの活用

システムの導入状況

ガイダンスシステムは、測位情報（GPS=Global Positioning System、GLONASS = Global Navigation Satellite Systemなど）を用いて、設置されている作業機自身の位置を把握し、走行経路を可視化する機材である。また、オートステアリングシステムは、同機器から得られる位置情報を基に走行経路をオペレーターがハンドル操作を行わずとも自動的に操舵する機材である。

これらの導入については、5社（㈱クロダ農機、ジオサーフ㈱、㈱トプコン、㈱ニコン・トリンブル、㈱IHIスター）の出荷台数の調査が北海道で行われており、**図1**に示すように毎年導入数が拡大している。

本稿では、利用者の導入から利活用までを想定し、システムの導入までに必要とされる環境整備、利活用方法、課題について記載する。

利用に必要な環境

ガイダンスシステム（以下、ガイダンス）は、測位衛星からの直接受信情報と基準局からの測位補強信号を用いて、設置されている作業機自身の位置を把握する。このため、測位補強信号を利用するための環境構築が必要となる。測位補強信号の利用においては、必要とされる精度を考慮の上、環境構築することが重要である。

現在は、アメリカが打ち上げたGPSから得られる測位情報により、ガイダンス、オートステアリングを利用することが一般的である。GPSからの測位方式は複数あるが、相対測位方式と呼ばれる2台以上の受信機を用い、2点間の相対的な位置関係を求めることで精度を確保する方式を用いるのが一般的である（**図2**）。

この方式では、D-GPS（Differential GPS）、RTK-GPS（Real Time Kinematic GPS）が用

図1　ガイダンス、オートステアリング導入状況

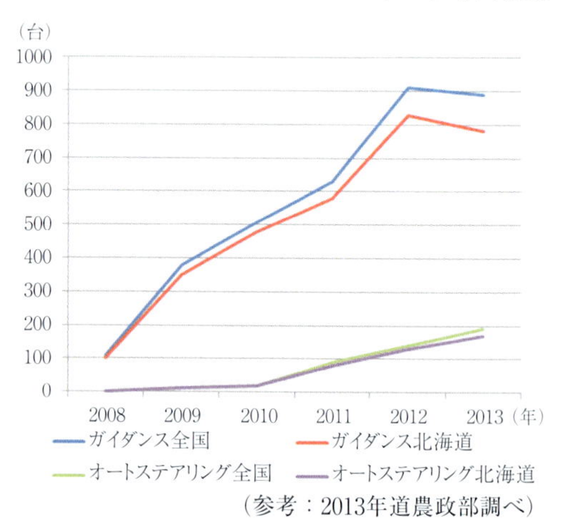

（参考：2013年道農政部調べ）

図2　測位情報の利用概念

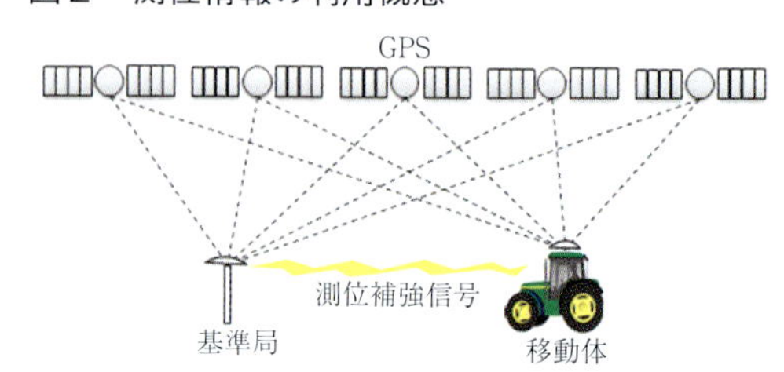

いられることが多く、前者が最大数メートルの誤差に対し、後者は数センチメートルの誤差となる。営農作業に求める精度により、いずれの方式を用いるかを決定する。

D-GPSは海上保安庁の中波ビーコンデータを用い、全国27カ所のD-GPS局から発信され、ほぼ全国をカバーしていることから、新たな環境構築を行う必要はない。

一方、RTK-GPSを利用するためには、独自の基準局を設置する、もしくは民間サービスであるVRS(Virtual Reference Station)-RTK-GPSを利用することが必要となる。

独自の基準局の利用の際には、基準局から10kmを超えた箇所では、精度を保つことができない場合があるため、利用者位置を考慮の上、設置箇所を選定する必要がある。また、基準局からの情報受信には、無線機を利用することが一般的であるが、高層建築物や防風林のそばでは受信できない場合もあるため、携帯電話通信網を利用した配信方式（ネット配信）を利用する地域もある。

VRS-RTK-GPSは、複数の電子基準点の観測データ、携帯電話通信網を利用して、利用箇所のごく近傍に基準局があるかのような状態をつくり出す技術である。しかし、年間の利用料が高額となるため、継続的に複数の利用者がいる地域では、独自の基準局を設置する事例が多い。

システムの利活用

ガイダンスを利用する効果は、重複箇所のない走行が可能となること、過去と同一経路を昼夜問わず、何度でも走行可能となることである。また、作業済み範囲をリアルタイムで可視化できることから未作業箇所を判断できる。これにオートステアリングを装備した際には、直線部分ではハンドル操作をせずに作業機器を走行させることが可能となる。

代表的な作物事例として、「水稲（移植、乾田直播）」「秋まき小麦」の作業内容を**図3**に示す。各作業が重複する時期が多々あり、長時間の作業となることに加え、天候によっては、深夜の作業も実施する必要がある。これらの解消には、各作業の効率化による作業時間の短縮が必要であり、ガイダンス、オートステアリングを用いることでこれの解決策の一助となる。また、夜間作業に至った場合にも日中と同等の精度の高い作業機走行が実現されることとなる。

以下では、ガイダンス、オートステアリングを利用した際の効果について、導入農家事例を参考に解説する。

走行に係る効果

■重複幅の減少効果

農作業機器を圃場内で走行させる場合、一般的にはマーカーやタイヤ跡を目印として、作業漏れのないように走行させることとなる。このため、重複幅が大きく取られることが多くなり、作業時間を要することとなる。

一方、ガイダンスを用いた場合には、重複幅をできるだけ少なく取ることができるよう走行経路を設定できるため、圃場内の作業時間を大きく減少させることが可能となる（**図4**）。

図３　水稲・小麦の農作業機器利用時期

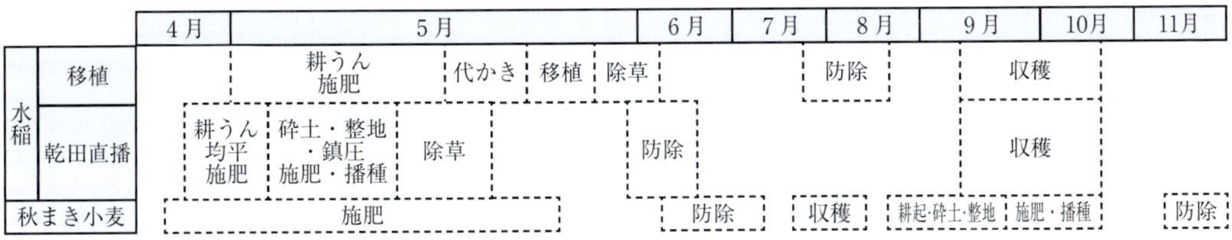

		4月	5月	6月	7月	8月	9月	10月	11月
水稲	移植		耕うん施肥／代かき／移植／除草		防除		収穫		
	乾田直播	耕うん均平施肥／砕土・整地・鎮圧施肥・播種	除草	防除			収穫		
秋まき小麦		施肥		防除	収穫	耕起·砕土·整地	施肥・播種		防除

図4　従来作業とガイダンス利用時の重複幅の減少概念

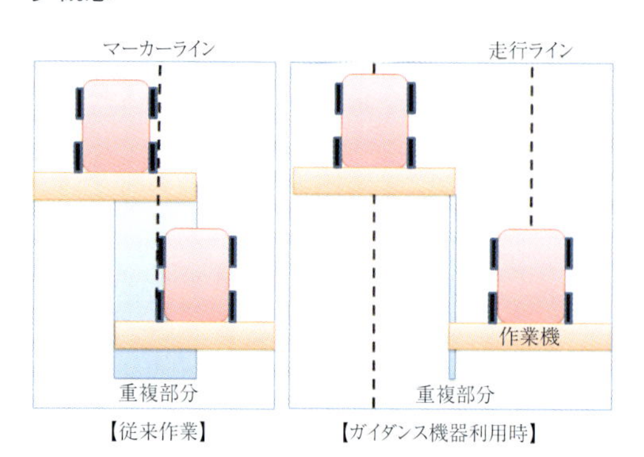

写真1　ガイダンス利用による代かき作業

ガイダンス導入農家の実例を**表1**に示す。対象場圃場は、0.5haの水田である。作業は1回かけの代かき作業で、内返しで行った(**写真1**)。

ガイダンスを用いることで、作業時間が約3分の1となり、大幅な作業時間の短縮効果を得ることが可能となった。

■運航方法の改善

耕うん・整地作業における農作業機器の一般的な運航方法と難易性を整理したのが**図5**である。図の右側になるほど、走行距離が短くなり、作業効率が高まる。さらに、枕地での切り返しが少なくなるため圃場内土壌の損壊も発生しにくくなる。その一方で、残耕が発生しやすくなり、作業の難易性が高まるとされている。

ガイダンスは、作業機の幅を設定し、重複幅を考慮した走行経路を作成することが可能となっている。そのため、難易性が高い内返し、外返し、畝おきのような方式を採用することが容易となる。

畝おき方式については、走行経路の1本抜

表1　従来作業とガイダンス利用における作業内容の比較

	従来	ガイダンス利用
作業内容	・タイヤ跡を目印とした作業 ・作業機重複幅1m40cm	・ガイダンスによる走行ラインに基づく走行作業 ・作業機器重複幅30cm
走行距離	約3,300m	約1,700m
作業時間	1時間10分	33分

図5　農作業機器運航方法と難易性

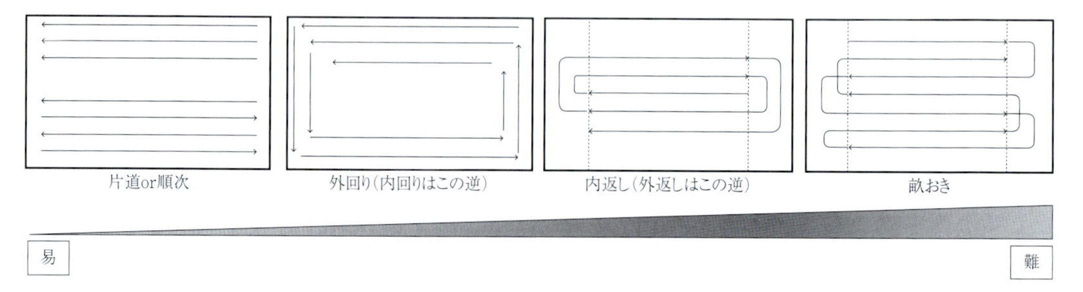

写真２　ガイダンスを用いた畝おき作業

き、２本抜きを組み合わせた作業となる。これを実際に行うためには、作業機の幅に基づく走行経路の事前計画および実際の走行時の作業完了箇所の確認が必要となる。これを目視で行い、かつ、残耕が発生しないよう作業を行うためには、高度なスキルが必要である。ガイダンスを用いることにより、計画に基づいた走行経路が提示され、さらに作業済み箇所がリアルタイムで表示されることから、このような高度な運航が可能となる。

写真２は、ガイダンスを用いて畝おき方式により作業を行っている様子である。１本抜き、２本抜きを組み合わせ、切り返しができる限り発生しないように作業を行うことができたことにより、作業時間を約２割削減することが可能となった。

■直進性の向上効果

ガイダンスとオートステアリングを併用することで、直進部分のハンドル操作を自動制御することが可能となる。これにより、オペレーターの負荷軽減に加え、畝立て、側条施肥、播種、移植などの精度向上が後作業の効率化にもつながる。

ここでは、導入農家事例として、田植え機にガイダンス、オートステアリングを搭載した事例を示す（**写真３**）。

移植時には浮き稲を防止することや田植え機に設置されるマーカーの跡が残るように水田内の水位を調整（水抜き）する必要がある。この作業については、地形や風向きの影響もあり、水位が下がるまで時間を要することもある。ガイダンス、オートステアリングを利用することにより、浮き稲が生じない程度の水位まで下がることで作業が可能となり、待ち時間の解消となった。また、オートステアリングを利用することにより、直進性が高まり、蛇行せずに移植作業が完了した（**写真４、５**）。

写真３　田植え機によるガイダンス、オートステアリング利用

■事故防止効果

降雪地帯の一部地域では、春先の融雪剤散布後に雪割り作業を行う。圃場内は降雪で境界線も見えないため、圃場外周の情報を基に走行計画を作成し、ガイダンスに走行経路を表示させて作業を行った（**写真６**）。これにより、明きょへの崩落や畦畔（けいはん）乗り上げのような事故防止につながっている。

人員の変化

ガイダンス、オートステアリングを利用することにより、走行経路が可視化されること

第3部 事例編

写真４　従来方法による移植結果

写真５　ガイダンス、オートステアリング利用による移植結果

で、防除、追肥作業時に散布の目印となる圃場へのポール設置、撤去に要する人員が不要となった。また、作業機の直進性が高まることにより、経験の浅いオペレーターも熟練者と同等の作業をこなすことが可能となる。導入農家の一部では、アルバイト作業員に作業機の運航を任せることで、繁忙期の人員不足を補うことができた事例がある。

上記に加え、直線部において、オペレーターが作業機の操作を行わなくてよいことから、水田移植作業時の人員変化も生じている。

導入農家においては、田植え機の運転専任のオペレーター、苗を保管している倉庫と圃場間を移動する補助員A、畦畔に積まれる苗の田植え機への補給および田植え機走行時の苗補給を行う補助員B、Cの４人で作業を行っていた。

ガイダンス、オートステアリングを導入することによりオペレーターが直線部で、田植え機内での苗補給が可能となった。そのため、補助員Cを削減することが可能となった（**表２**）。

写真６　ガイダンス利用による雪割り

D-GPS、RTK-GPS利用の相違

現在販売されているガイダンス、オートステアリングはD-GPS、RTK-GPSのいずれでも利用できるものとなっている。

D-GPSを利用した場合の誤差の発生事例として、防除、追肥などの際の作業模式図を

表2　従来作業とガイダンスにおける作業人員および内容の変化

人員	従来	ガイダンス、オートステアリング利用
オペレーター	田植え機運転	・田植え機運転 ・苗補給
補助員A	苗補給（倉庫～圃場）	苗補給（倉庫～圃場）
補助員B	苗補給（圃場～田植え機、同乗）	苗補給（圃場～田植え機、同乗）
補助員C	苗補給（圃場～田植え機、同乗）	削減

示す（**図6**）。このような作業では、中途で資材の追加が必要となり、圃場外へ作業機を移動した場合に作業中断地点に戻ることが必要となる。

D-GPSでは、横方向、縦方向に最大数メートルの誤差が発生することにより、正確な地点からの作業再開がかなわないことがあり、資材の重複散布やまきむらが発生することとなる。RTK-GPSを用いた場合には、大きな誤差が発生しないため、このような事象が発生しないこととなる。

システム利用における課題

ガイダンス、オートステアリングの利用において、既に導入されている地域から複数の課題が挙げられている。ここでは、そのうち、環境整備に係る課題と機材導入費用の負担軽減に向けた解決方策について記載する。

環境整備に関わる課題

独自に設置した基準局からの測位補強信号の利用には、簡易無線が用いられていることが多い。この無線送信機は5W出力のものが多く利用されており、この有効距離は遮蔽物（しゃへい）がない場合には5km程度とされている。そのため、利用箇所をカバーするように基準局数が決定される。**図7**に岩見沢市、新篠津村、当別町に設置されている基準局位置と有効範囲を示す。各地域では、ほぼ行政区域内を網羅できるよう基準局を配置している。

無線送信機の有効範囲は、平地で見通しの

図6　D-GPS利用時の誤差の概念

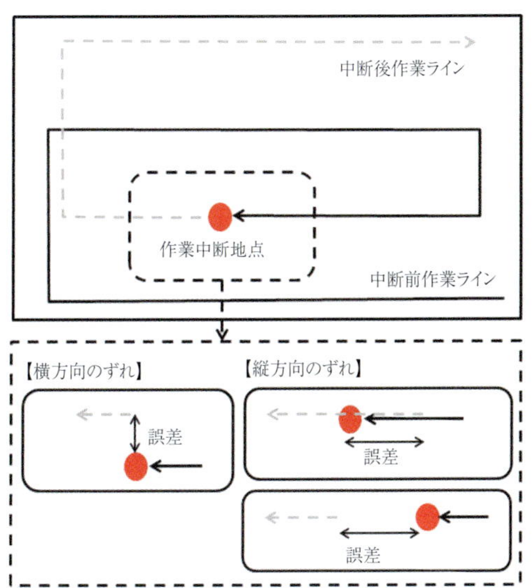

図7　岩見沢市、新篠津村、当別町の基準局位置および有効範囲

図8　基準局情報送信に係るチャンネル割り振り

チャンネル	1	2	3	4	5	6	7	8	9	10	11	12	13	14	15	16	17	18	19	20	21	22	23	24	25	26	27	28	29	30
利用箇所		×	岩見沢市①	×	×	岩見沢市②	×	×	岩見沢市③	×	×	新篠津村①	×	×		×	×	新篠津村②	×	×	当別町①	×	×	当別町②	×	×	当別町③	×		

良い場合には、5㎞も送信範囲が拡大することがある。この場合、近隣の基準局で利用しているチャンネル番号が同一の場合には、いずれか一方のみしか測位補強信号を利用することができない。

これを回避するため、多チャンネルの送信機を利用するものとし、30チャンネルの送信機利用が増えている。しかし、近隣地帯での普及が進むにつれ、基準局数の増加も見込まれることから、無線送信機で利用可能なチャンネル数の枯渇が課題となる。

30チャンネルの利用に当たっては、15チャンネルは呼び出し用となるため利用はできない。また、利用するチャンネルに隣接するものはできる限り使用しないようにするとされている。隣接する岩見沢市、新篠津村、当別町を例に取ると**図8**のように利用可能な残チャンネルがほとんどない状態となる。

農業利用のみではなく、測量業務でも移動式の基準局を無線利用するケースもあるため、チャンネル利用の改善は重要となることから、今後の基準局設置に向けて、先行して設置している地域が近傍にある場合には、チャンネル利用枠や共同利用も含めた協議を進めることが必要と考えられる。

機材導入費用の負担軽減

ガイダンス、オートステアリングの同時導入には、200万円程度の費用を要する。近年の普及に伴い販売価格も低下傾向にあるが、一農家の負担は大きなものである。農業用のガイダンス、オートステアリングは降雪期間には利用しないため、この期間に他者が利用することが可能となれば、双方が費用負担を行うことで、導入費の負担が軽減されるものとなる。

岩見沢市においては、農業用ガイダンス機材の除排雪業務への利用を検討している。これは、ガイダンスの走行経路を任意に作成可能なソフトウエアを利用して、作成された除排雪用データをガイダンスに表示させ、作業を行うことで、未除雪路線（年度末に一度だけ除排雪を行う箇所）での側溝への落下事故防止や業務効率化に利用するというものである（**図9**、**写真7**、**8**）。

実際にオペレーターが作業を行ったところ、従来は目視で道路と側溝の境界を判断しながら作業を行っていたため、作業速度が低いものであった。ガイダンスを用いて走行経路を表示することで、確認作業の頻度が下が

図9　除雪路線走行計画の画面

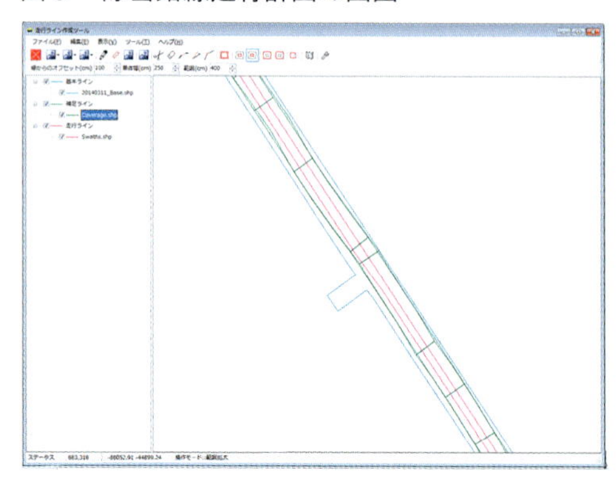

写真７　除雪作業機内設置ガイダンス

写真８　ガイダンスを用いた未除雪路線作業

り、箇所によっては従来の約半分の時間で作業を終了することができたとの効果が出ている。

このように双方の業務効率化、負担軽減に資するため、他分野との機材共同利用方策を検討することも必要である。（**小林　伸行**）

第3部 事例編

有人・無人協調作業システムの活用

農家が規模拡大を進めるに当たり、欧米の大馬力クラスのトラクタと大型作業機を導入すれば、作業能率は飛躍的に向上するが、そこには高い導入コストが発生する。これらのコストは経営を圧迫するので、農家の経営規模と釣り合わない過大な大型作業機を導入することは、かえって経営的に非合理になるのではないか、そのような疑問を私は以前から持っていた。**図1**は横軸がプラウの連数、縦軸はそれらのプラウを使用するのに必要なトラクタの実購入費を示したものである。農家は規模拡大を進めるに当たり、プラウの連数を1連から2連、3連へと増強すれば、大きくメリットを享受できるが、4連から5連へと進めると、作業能力の向上幅の割に導入費用が急騰し、費用対効果が悪化することがグラフからうかがえる。このような現象は、プラウだけでなく、整地機や防除機にも当てはまる。しかし、基本的に家族労働が中心の農業経営体では、規模拡大を進めてもほとんどの場合、限られた人員で作業をこなさなければならず、高価な大型機械の導入はやむを得ないというのが実情であろう。

図1　プラウの連数と対応トラクタ価格

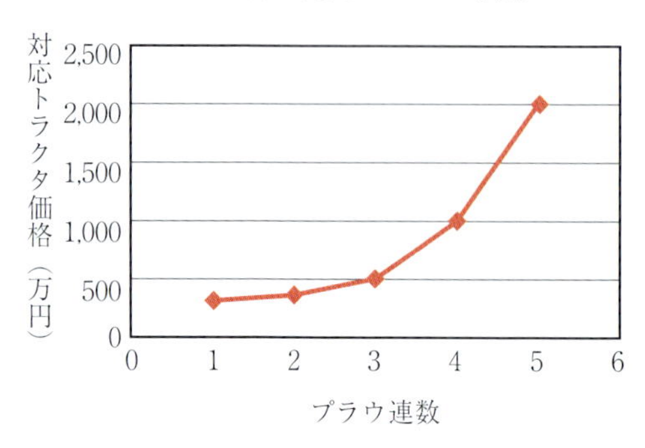

そこで、大馬力のトラクタパワーに頼らず、従来と異なるアプローチで合理化を達成し得るロボットトラクタが待望され、現在、トラクタメーカーにより急ピッチで開発が進められている背景がある。

ロボットトラクタによる作業体系

図2は私の農場で従来行っていた慣行の作業体系で、道内の畑作農家では一般的なものである。**図3**はロボットトラクタを用いた作業体系である。ロボットトラクタを用いた作業体系は、ロボットトラクタが自動運転で整地と中層土破砕（または心土破砕）、有人トラクタはそれに伴走追随して播種、その2台のトラクタで協調しながら同時作業を行う（**写真**）。慣行法は、中層土破砕作業・整地作業・播種作業のどれもが畑全面を施工する方式なので、各作業を完結させないと次の工程に移れない。一方、ロボットトラクタを用いた協調作業体系では、縦畝作業を終わらせて

写真　協調作業のトラクタ

図2　慣行作業体系

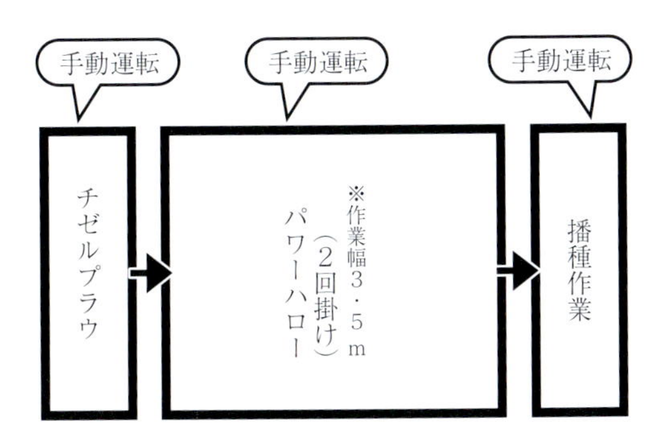

図3　ロボットトラクタを利用した作業体系

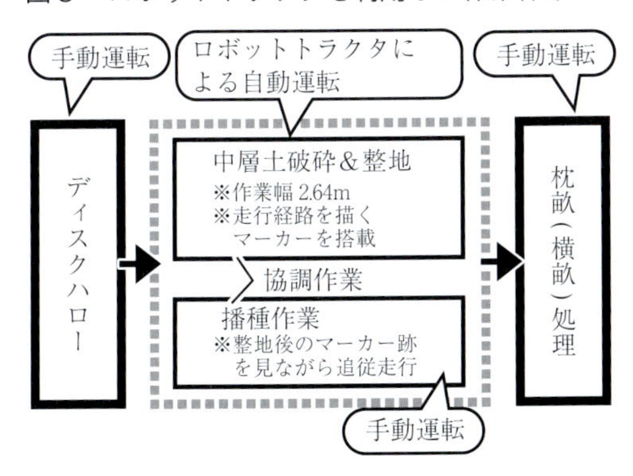

から枕畝を施工する方式で、縦畝については複数の作業を同時並行して行える特長がある。**図3**は大豆についての作業体系だが、小麦・他の豆類・スイートコーンなどについても、ほぼ同様の作業体系で行うことが可能である。

ロボットトラクタの導入効果

ロボットトラクタの導入効果について、幾つかの前提に基づき行った2通りの試算を示す。本試算は、GPSオートガイダンス搭載トラクタを用いてロボットトラクタ作業体系と同様の作業を行った実測値を基にしており、ロボットトラクタ本機の実測値ではない。また、圃場サイズ、作業の諸条件、ロボットトラクタの運用方法により、得られる試算結果は大きく異なる。

図4　作業投入時間比較（大豆播種2.5ha当たり）

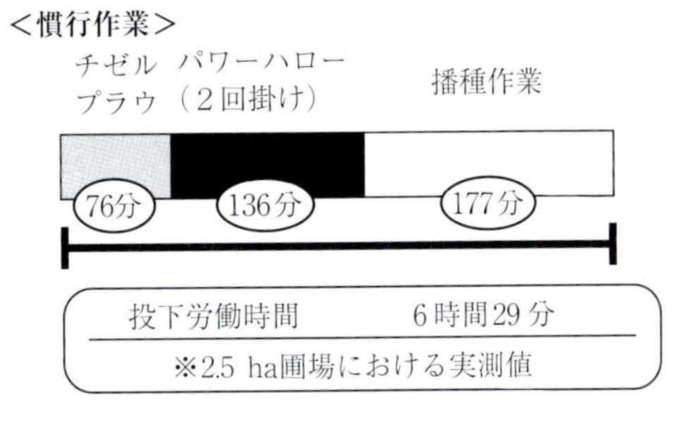

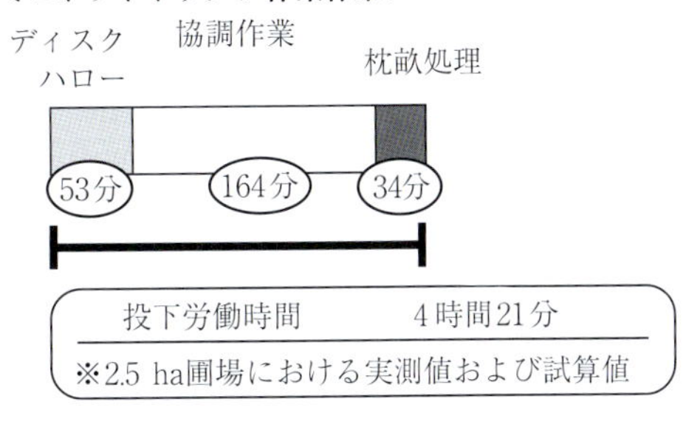

投下労働量削減効果

図4は、2.5ha区画の大豆について、慣行法とロボットトラクタを用いた場合の作業投入時間を試算したものである。ロボットトラクタの自動運転により、かなりの省力化が期待できる。

作業進行プロセスの改善

図5は、5haの圃場に大豆を播種するときの、慣行法とロボットトラクタを用いた場合の作業進行状況試算の比較である。5haの面積条件では、同時に複数の作業を行えるロボットトラクタを用いた作業体系のメリットが顕著に表れ、かなりの作業期間の短縮効果が期待できる。

ロボットトラクタ体系の他のメリット

その他、ロボットトラクタの導入により以

図５作業進行状況の比較

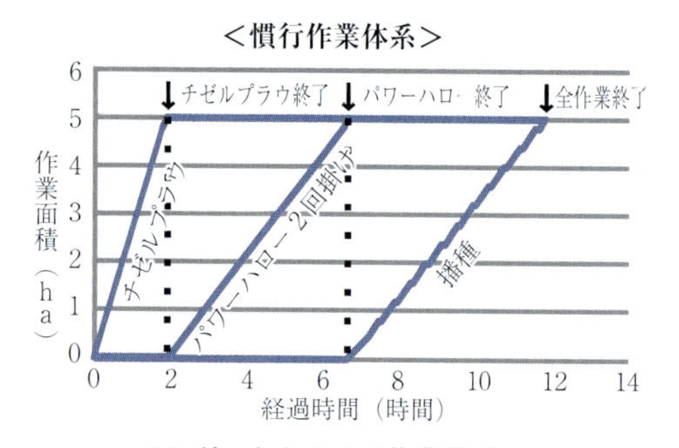

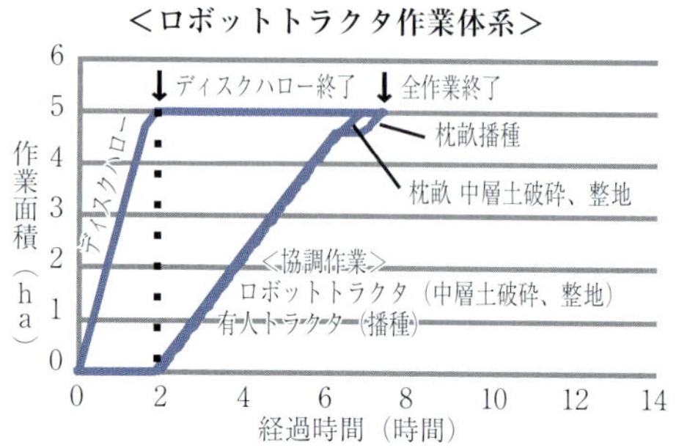

下のメリットがある。

雨天時の順応性

慣行法において、畑を整地し終えた後に播種作業を行っている最中に、天気が急変し大量の雨が降った場合、整地されて膨軟になった土が水分を多く含む状態が長く続き、播種作業の再開が遅れる場合がある。しかし、ロボットトラクタを用いた作業体系では、整地と播種を同時一貫して行うので、このような事態を回避できる。また、作業中断からの復帰もスムーズに行える。

播種作業が簡単に正確に行える

慣行法の播種作業は、農業現場において責任が重大であると同時に、作業の難易度が高く、少なくともトラクタ運転歴が３～５年ないと任せられない実情がある。技術が未熟だと不整形に播種してしまい、その後の管理作業や収穫作業に悪影響を及ぼす。

ロボットトラクタを用いた作業体系では、播種作業時に、既にロボットトラクタにより極めて正確な走行経路が圃場に描かれているので、トラクタ運転経験が浅い人であっても、簡単に正確に播種作業が行える。

播種時の土壌状態が均質化できる

畑が乾燥している土壌条件の場合でも、中層の土壌と混和して一定の水分を確保しやすい。一方、降雨直後の作業の場合でも、ロボットトラクタで整地した直後に播種するので表土に空気層が取り込まれる。以上は種子の均一な発芽につながる。また、雑草の発芽時期が短期間に集中しやすく、雑草に関わる管理作業が行いやすくなるメリットもある。

作業体系に心土破砕を積極的に取り込むことができる

ロボットトラクタの作業体系では、心土破砕機の施工が複合機で同時に行えるので、時間的制約を気にすることなく積極的に心土破砕を行うことができる。

土壌踏圧の低減

ロボットトラクタに求められる馬力数は比較的に低馬力で済み、車体重量も過大になることがないので、土壌踏圧が軽減される。

農業現場から見て、ロボットトラクタは主に２つの側面があると私は考える。一つは、高精度GPSに基づく正確なトラクタ走行の実現。もう一つは、言うまでもなく、自動運転による省力化である。ロボットトラクタの登場により、この２つの技術側面が同時に訪れ、農業の形態ががらりと変わる可能性がある。

経営者がトラクタ仕事で常に忙しいという時代は終わりを告げ、農業現場はさまざまな人員が活躍する場になるであろう。また、農業経営者に求められる資質も、運転技能や体力だけでなく、幅広い管理能力や専門技能にシフトしていくであろう。 **（三浦　尚史）**

第3部　事例編

生育センサーを活用した秋まき小麦の可変施肥

生育のばらつきに対応する

圃場内の生育のばらつきに対応して施肥ができれば、小麦の生産はより安定する。これまでの施肥技術は、土壌診断や生育診断を活用するものの、圃場一筆単位で行われるものであり、圃場内の生育のばらつきが収量や品質の相違につながることが分かっていても対応することができなかった。

こうした要望に応えて国産のレーザー式生育センサーが開発され、市販されている。北海道では、このセンサーを活用して秋まき小麦に可変施肥を行える技術が開発されている。

導入の実際

生育センサー出力値（S1値）と、止葉期の茎数・葉色値に基づく窒素吸収量の関係を明らかにし、生育センサーを活用した可変施肥技術の普及定着を図ることを目的とした実証試験事例を紹介する。

基本的な仕組み

■使用機器

使用した可変施肥システムは生育センサー（**図1-①**）、センサー値に基づき施肥量を計算する制御システム（**図1-②**）、GPS、車速

図1　可変施肥の基本的な仕組み

GPS
圃場位置情報を取得し車速の計算、生育マップの作成に使用

生育のばらつきを把握
トラクタキャビン上部に取り付ける2つの生育センサーの出力値（S1値）から小麦の窒素吸収量を推定

① 生育センサー

追肥量の計算
トラクタキャビン内にセンサーの値に基づき追肥量を計算する制御システムを設置

【センシング同時施肥】
十勝農試などが開発した処方箋に基づいて施肥量を決定

【マップ施肥】
センサー値に基づきマップを作成し施肥量を決定

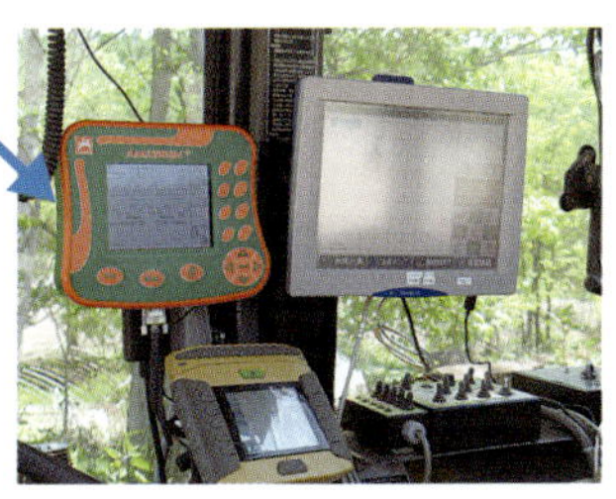
② トラクタ内の制御システム

③ 可変施肥機

可変施肥
指定された施肥量を、施肥機端末が調節し、車速連動機能を持つ施肥機で散布

図2　2つの可変施肥法

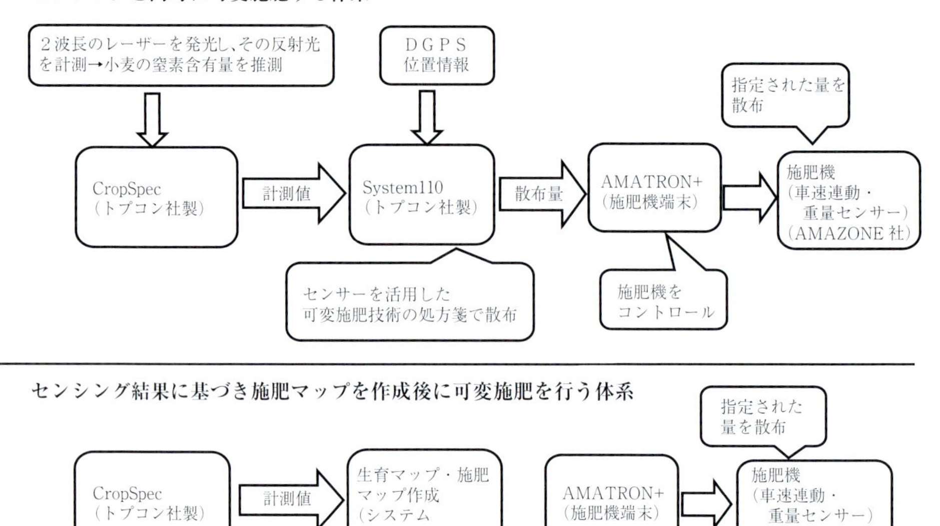

連動機能を持つ施肥機で構成されている（**図1-③**）。

■2つの可変施肥法

施肥の方法には「センシングと同時に可変施肥する体系」と「センシング結果に基づき施肥マップを作成後に可変施肥を行う体系」がある（**図1、2**）。

センサー値による生育診断

上位茎数とSPAD（葉緑素含量）値から換算する窒素吸収量とS1値の関係は、高い正相関を示すことから（**図3**）、センサー出力値から生育を診断し、秋まき小麦の生育に応じた可変施肥につなげることが可能となる。

マップ施肥―圃場の特性を反映した事例

圃場の特性を反映した施肥は、センシング作業と施肥作業の他に、施肥マップの作成に時間を要するが、れきの出現深度など生育センサー値のみでは判断できない圃場の特性を反映した施肥が可能である（以下、マップ施肥）。可変施肥システム（**写真1**）を導入した農家において、圃場の半分をそれぞれ定量区と可変区として、試験を行ったA農場の事例を紹介する。

写真1　可変施肥作業

マップ施肥の実際

施肥機を作動させないで、圃場内の防除畝を走行し生育センサーのデータを取得する（**写真２**）。次に、センサー出力値（S１値）に基づき、生育マップを作成する（**写真３**）。センサー値と上位茎数、葉色計値などを勘案して可変施肥の基準量、上限値、下限値を決定する（**写真４**）。可変施肥量を決め、施肥機に命令を送り、可変施肥作業を行う。

写真４　センサー出力値と生育データから可変施肥量を協議、決定する

写真２　生育センサーデータ取得のため防除畝を走行

写真３　センサー出力値に基づく生育マップ

図３　S１値と窒素吸収量の関係(止葉期)

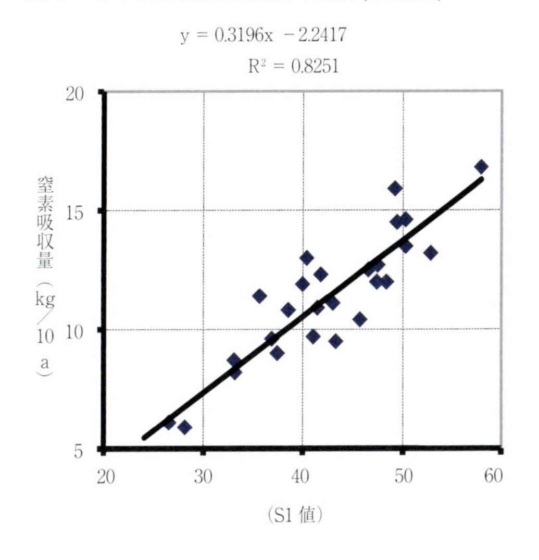

施肥量

施肥量は「可変区2.0～7.5kg/10a、定量区5.0kg/10a」「可変区0.0～6.5kg/10a、同定量区2.0kg/10a」であった。**図4**、**5**はそれぞれセンサー出力値（S１値）に基づく生育マップとセンシング結果に基づく可変施肥マップである。

製品歩留まりと製品収量の向上

可変区の製品歩留まりは、定量区と比較すると、平均で105%と５ポイント増加し、製品収量は、可変区平均で808kg/10aと定量区762kg/10aの106%であった。

製品歩留まりの変動幅は、可変区で87～95%、定量区で79～94%であり、可変区の変動幅が小さかった。子実タンパクの変動幅は可変区、定量区とも同等であった（**図6**）。止葉期以降無施肥の地点でも、製品歩留まりは定量区を上回った。

このように、止葉期以降の窒素施肥に可変施肥技術を導入することが、製品歩留まり、製品収量の向上に有効であることが確認できた。

留意点

止葉期における生育のばらつきが窒素吸収量以外によるものである場合や、可変施肥量の設定上限値を超える多収条件となった場合は、ばらつきが生じると考えられる。

肥料の低減効果

可変施肥区と定量施肥区を比較し、肥料削減効果を調査した。肥料投入量、肥料費、可変施肥を行った止葉期の肥料投入量および肥料削減効果を示す。

止葉期肥料投入量は、可変施肥圃場では、硫安で17.8kg/10a、窒素量で3.7kg/10aである。硫安の価格を47.7円/kgとすると、851円/10aとなる。

止葉期に窒素量４kg/10aの定量施肥を

図４　センサー値（S１値）に基づく生育マップ

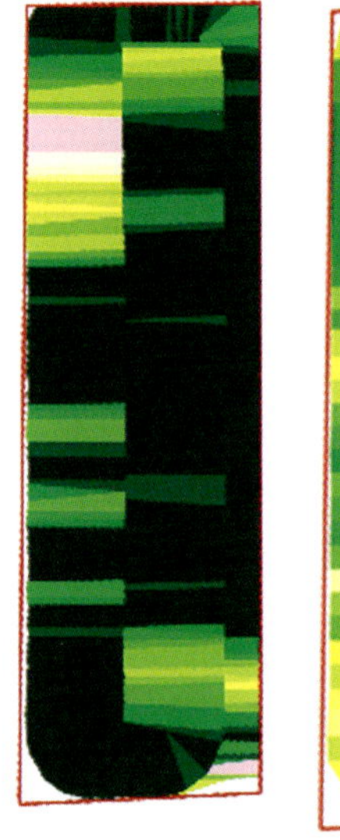

S１値に応じて2.0～7.5kg/10aの窒素可変施

図５　センシング結果に基づく可変施肥マップ（図の半分は比較のため定量区）

5.0kg/10aの窒素定量施肥

図６　子実タンパクと製品歩留まりの変動

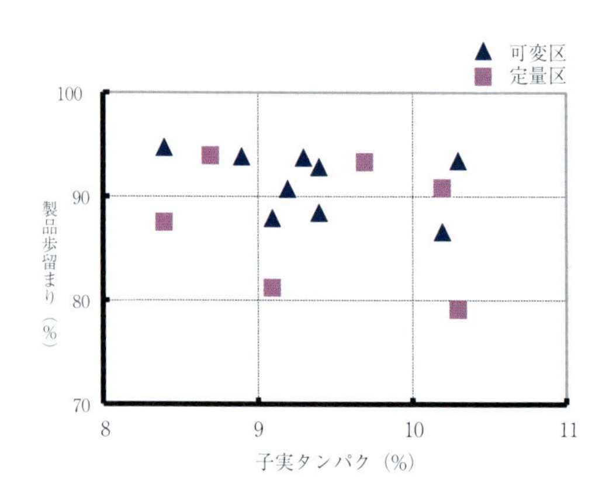

表１　肥料費低減効果

止葉期追肥	肥料費(円)	硫安投入量(kg)	窒素投入量(kg)
可変施肥	851	17.8	3.7
定量施肥	909	19.1	4.0
差	-58	-1.3	-0.3

行った場合、硫安の投入量が19.1kg/10aとなり、肥料費は909円/10aとなる。10a当たりの価格は可変施肥が58円安となる。硫安投入量では1.3kg、窒素投入量では0.3kg減じることができる（**表1**）。

増収効果5％がそのまま窒素吸収量の増加割合とすると、施肥量から吸収量を差し引いた窒素収支を改善できる可能性があり、環境面からも意義があると考えられる。

可変施肥の作業性

可変施肥は、オペレーターのみの1人作業である。作業能率は実作業時間が毎時19ha、旋回、移動を含めた総作業時間では毎時12haであった。北海道農業生産技術体系の分施1回当たりの投下労働時間、0.4時間/haと比較すると、肥料投入時間を含めた投下労働時間は、0.383時間/haであり、技術体系と比較して96％であった。センシング作業後、可変施肥作業で、圃場を重複して走ることになるが、作業時間は標準的な作業体系と変わらない結果であった。

なお、「北海道農業生産技術体系」とは、北海道および各地域における農業振興計画、営農類型、経営指標などを作成するに際し、その基礎資料となる標準的な生産技術体系として活用することを目的に作成されたものである。

センシング同時施肥―作業効率を追求する事例

センシングと同時に可変施肥する体系は、施肥作業の効率を求める場合と作業者が肥培管理技術に精通していない場合でも、ある程度の高品質安定生産に対応した施肥が可能な体系である（**写真5～7**）。B法人の導入事例を紹介する。

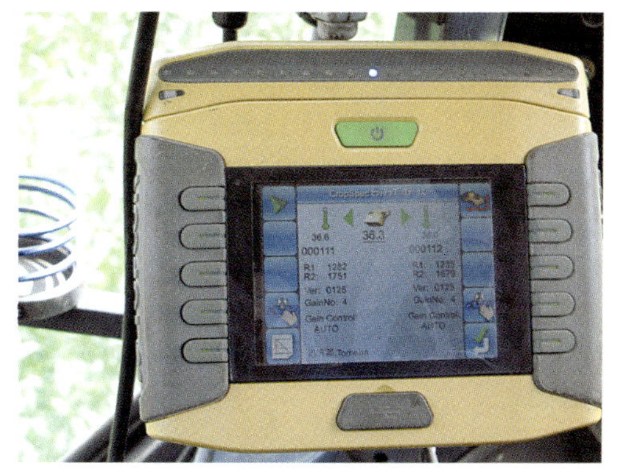

写真5　生育センサー値を表示するトプコン社の「system110」

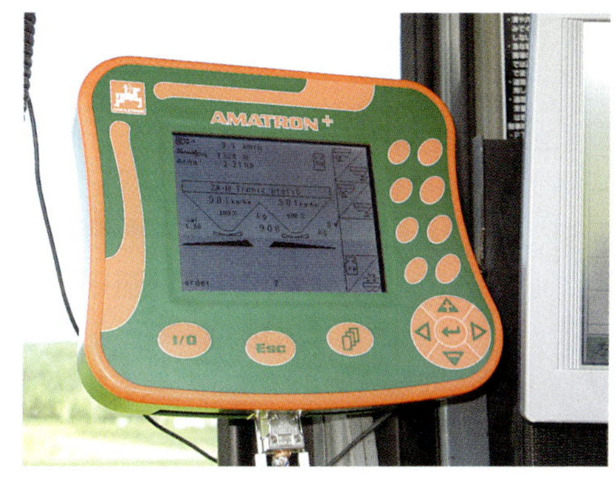

写真6　ブロードキャスタ(アマゾーネ社profis)の可変施肥量・散布幅を制御するコンピュータユニット「AMATORON+」

写真7　大規模な圃場でセンシング同時施肥

可変施肥の必要性

可変施肥の必要性は、①基肥・追肥の作業方法がブロードキャスタによる全層施肥である②圃場統合により地力にばらつきがある③圃場筆数が200筆ある④複数の社員により作業を行う⑤農業経験の浅い社員も作業を行う⑥作業指示や把握の限界がある—などが挙げられる。

可変施肥に取り組むことで、①作物の生育のばらつきをなくす②資材の適正投入による品質の向上とコスト低減③作業効率の向上や的確性の向上につなげる④求人の範囲拡大—につなげることができる。

センシング同時可変施肥による均一化

H法人では、止葉期以前にセンシングと同時に可変施肥を実施している。さらに、止葉期にセンシングと同時の可変施肥を行った。止葉期前の5月18日のセンサー値は、止葉期の6月11日には均一化されている（**図7**）。収量調査結果は、町内平均よりも製品収量で4％上回った。

センシング同時施肥の留意点

センシングデータのみで判断できない圃場の特性、生育などを反映できないので、あらかじめ圃場の状況を把握しておくことが必要である。

図7　止葉期前の可変施肥による均一化

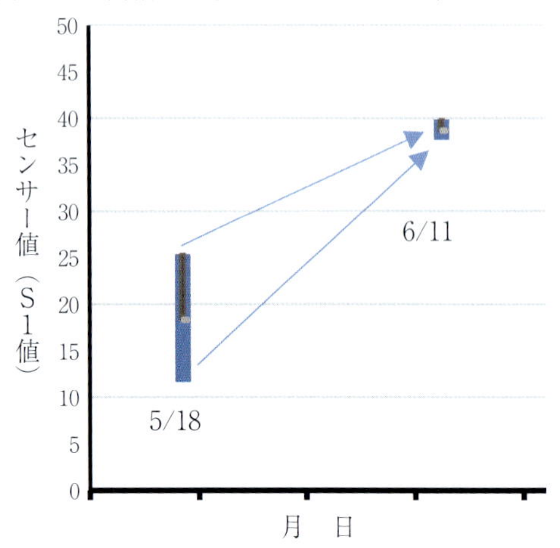

表2　2カ年の収量と製品歩留まり

	可変施肥区	定量施肥区	増収効果
粗原収量(kg/10a)	666	660	101
製品歩留まり(%)	93	89	105
製品収量(kg/10a)	623	591	105

可変施肥の導入効果

オホーツク管内の秋まき小麦栽培において、センシングと同時に可変施肥する体系とセンシングマップ作成後に可変施肥する体系のそれぞれについて、2012、13年の2カ年、現地実証を行った。その導入効果を詳述する。

収量調査結果

2カ年の平均では、粗原収量で可変施肥区が666kg/10aで、定量施肥区660kg/10aとほぼ同等であった。製品歩留まりは、可変施肥区が5ポイント上回り、製品収量も5％上回った（**表2**）。

周辺機器のみ導入時の利用下限面積は14ha

オホーツク管内の試験結果から、可変施肥の利用下限面積を試算した。収量が600kg/10aの場合は、生育センサーなど周辺機器を仮に336万円で導入しても、14haの小麦の作付けで固定費を回収することができ、同様に施肥機+センサーなどを導入した場合は、24haの作付けで固定費を回収することが可能であった。収量水準が上がれば、より少ない面積でも効果は大きくなる（**表3、図8**）。

ばらつきのマップ表示で畑の状況を客観的に捉えられる

圃場内に生育のばらつきがあることは分

表3　増収効果から試算した利用下限面積

収量水準 (kg/10a)	(俵)	増収効果（5%） (kg/10a)	増収額 (円/10a)	利用下限面積（ha） センサーのみ	施肥機＋センサー
480	8	504	3,646	17.8	30.3
540	9	567	4,101	15.8	26.9
600	10	630	4,557	14.2	24.2
660	11	693	5,013	12.9	22.0
720	12	756	5,468	11.9	20.2
780	13	819	5,924	10.9	18.6
840	14	882	6,380	10.2	17.3
900	15	945	6,835	9.5	16.2
960	16	1,008	7,291	8.9	15.1

※小麦価格根拠
1）小麦品代（きたほなみ45,065円/トンより60kg当たり2,704円）（平成27年入札価格）
2）畑作物の直接支払交付金（平成27年度）（60kg当たり6,410円－1等Aランク）
3）1俵60kg当たり　2,704円＋6,410円＝9,114円
4）製品歩留まりを換算した製品収量とし、5.0%増収するとして試算

かっていても生育をそろえることが難しかったが、生育センサーで測定することにより数字で表すことができるようになる。さらに、圃場地図を作成することで、自分の畑の状況を客観的に捉えることができる。

センシングと可変施肥を同時に行う方法は、大規模農場などにおいて、施肥作業の効率化を求められる場合や作業者が肥培管理技術に精通していない場合に効果が大きい。また、センシング作業と可変施肥作業を別々に行う方法は、経営者の判断により生育センサー値のみでは判断できない圃場の特性などを反映した施肥が可能である。

普及に重要な高精度・低価格化

センシングデータは、圃場内の生育のばらつきが窒素吸収量の差によることを示している。センシングデータに基づく土壌窒素含有量マップを作成することができれば、小麦以外の作物の施肥においても活用が可能であると考えられる。てん菜、馬鈴しょなど他作物の施肥改善に活用することが可能になれば、可変施肥システムの導入効果が高まると考えられる。

圃場のセンシングデータを活用すると、施肥設計などにも有効である。肥料の投入量などの効率化が図られると、生産性は向上する。可変施肥技術など精密農業の技術を上手

図8　収量水準と導入可能面積との関係

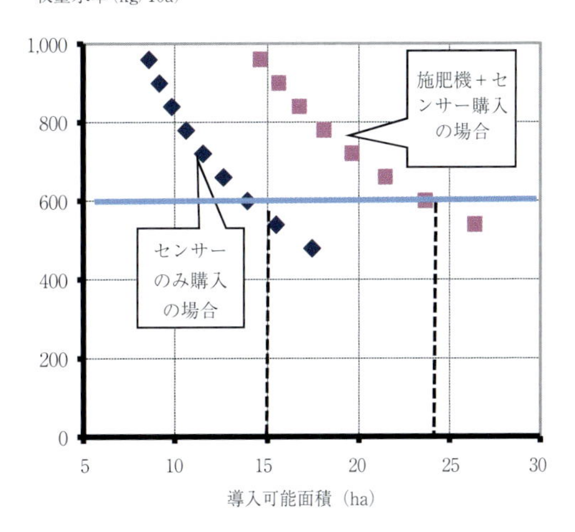

図９　複数回の可変施肥によるセンサー値のばらつきの改善

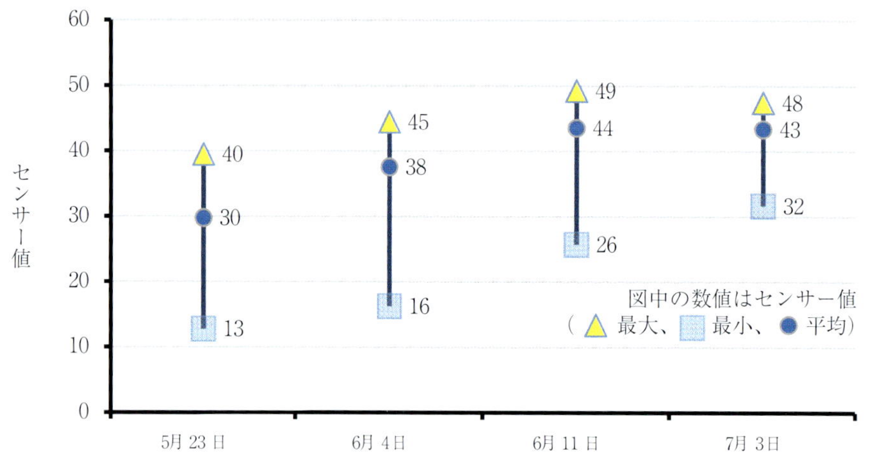

に導入することにより収益増につながる。しかし、普及には、さらなる高精度化と低価格化が望まれる。また、マップ化して可視化し、客観的事実として捉えるためには、GISとの連携についても現場のニーズに応えていく必要がある。

規模拡大が進む北海道の農業現場で、ICT活用をよりいっそう普及していくためには、今後も技術の効果・活用や費用対効果を明確にする必要がある。生産現場で容易に活用できる技術でなければならない。

生産者、機械メーカー、普及・研究機関が情報を共有しながら、技術の実用化を推進する必要がある。また、安定した運用を保障する意味で、通信環境、社会インフラの整備も同時に求められる。

センシング情報を活用し適切な場所に適切な量を施用

秋小麦（３品種）、春小麦（２品種）の追肥と時系列での生育の把握に使用し、生育量から圃場の悪い部分を把握するなど、センシング情報を活用するC法人の事例を紹介する。

小麦の追肥と生育データの調査に、レーザー式生育センサー（CropSpec）を使用した可変施肥システムを活用した。

導入経緯

生育センサーは自動操舵システムとセットで購入した。狙いは、①小麦の生育状況の経過を知る②圃場内の小麦の生育を均一化する③収量の予測、環境の把握、圃場内の場所による生育良否を従事者全員で共有する─である。

機器の設定や調整状況

機器はメーカーのサポートを受け、トラクタに設置。可変施肥システムと自動操舵システムともに使いながら慣れるためには、習熟に１年程度が必要である。

生育・品質の均一化

生育量から適量施肥が可能で、生育・品質の均一化が図られる。５月23日に可変施肥、６月11日に可変施肥した結果、７月時期には生育（S１値）の差は小さくなっていた（**図９**）。特に５月時期より生育センサーの値が低い領域でS１値の増加があり、圃場全体のばらつきが少なくなったことがマップで確認できる（**図10**）。

臨機応変な施肥対応が可能に

作物を見ながら勘で肥料をまいていた状況

図10　センシングによる圃場内のばらつきの改善

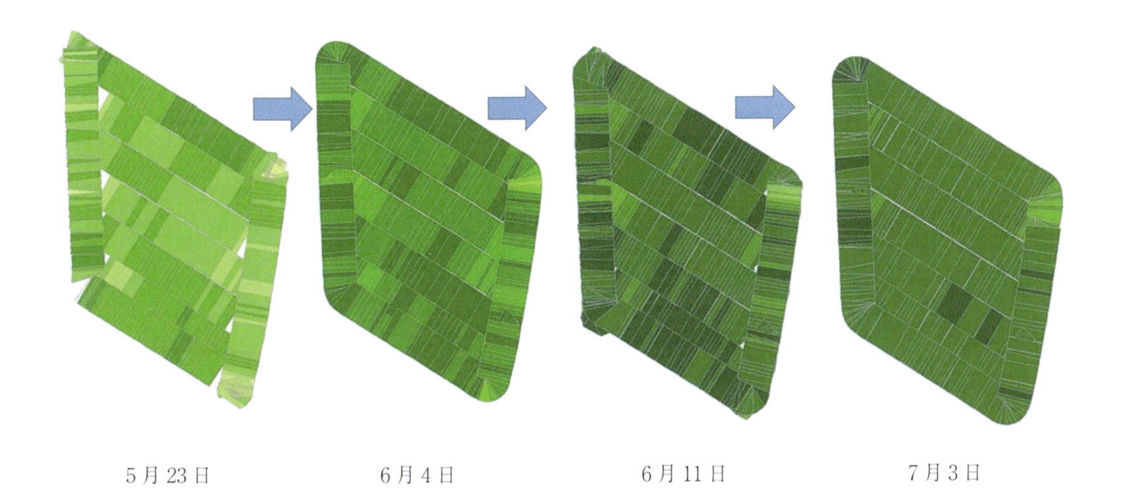

が改善され、肥料や堆肥の投入が必要な場所を細かく設定するなど、臨機応変に対応できる。肥料費については、圃場により異なり、低減と増加の両方があった。

作業者全員で情報共有

数値として残るため、全体で情報を共有しやすい。従業員を含め、人の目で見た生育量などの感覚は異なるが、マップ化し全体で共有することで、同じ認識で圃場の状態を把握することができる。

地域平均と比べ製品収量16%増

地域平均との比較では、可変施肥圃場で粗原収量が23%、製品収量で16%増加した。可変施肥でのタンパク値の圃場内間差も0.1%と小さかった。

圃場ごとの肥料費の表示を―

利用者の要望を列挙する。

・リアルタイムに、圃場ごとに投資した肥料費を作業中に見られると、削減意識が高まる。
・モニター画面を大きくしてほしい
・JA、コントラクターなどが機器を何台も所有し、地域全体で活用できるようにするためには、機器の低コスト化が望まれる。
・取得した各種データを加工・処理するために、使いやすいソフトウエアがあると、農業経営改善に役立てられる。

（馬渕　富美子）

【参考文献】

1）道農政部技術普及課・次世代農業普及推進事業、「各農業改良普及センターによるGPSガイダンスなど先進的農業機械活用事例」、大規模畑作経営におけるレーザー式生育センサー・自動操舵の活用

第3部 事例編

衛星リモートセンシングの活用

北海道は、日本国内では衛星リモートセンシングの農業分野での研究事例が多く、生産現場などで実利用されている事例は複数ある。その一因として、北海道の気象条件や農業形態がリモートセンシングの利用に比較的好適であることが挙げられる。

まず梅雨や台風の影響が少ないことから、春から秋の農耕期間中の天候が比較的良く、晴天時にしか観測できない光学センサーの観測機会が多いこと、また一筆圃場の区画が大きく、水稲の他にも小麦や馬鈴しょ、てん菜などの土地利用型の作物がまとまって作付けされていること、農耕期間が限られることから播種・定植や収穫が短期間に集中して行われ、作物の生育ステージが斉一であることなど、いずれも広域を同時に観測する衛星リモートセンシングの利用に好適である。

このように衛星リモートセンシングの利用に好適な北海道では、1970年代から当時の国立の北海道農業試験場（現在の農研機構北海道農業研究センター）が中核となって、リモートセンシングの農業利用に関する研究が進められてきた。77年の有珠山噴火に際しては、降灰によって大きな農業被害が生じたが、当時のランドサット衛星のMSSセンサーデータ（地上分解能80m）を用いて、日本で初めてリモートセンシングによる農業被害の解析が行われ、衛星データが広域の被害把握に有効であることが示された[1]。

その後、土壌の腐植含量や透排水性、水稲や主要畑作目の作付け状況判別、干ばつなどの気象災害時の被害状況の把握、草地の牧草

表1　北海道農業における衛星リモートセンシングの研究事例

対　象	項　目
土　壌	腐植含量、水分特性、れき層の深さ
水　稲	収量、冷害被害、タンパク含有率
小　麦	収量、成熟時期、タンパク含有率、倒伏
てん菜	収量、気象災害（湿害、干ばつ害）、根中糖分
牧　草	収量、更新年次、雑草率、マメ科率
その他	火山（有珠山）の降灰被害 作目の判別や面積の把握（水稲、主要畑作物、たまねぎなど） 積雪量推定による包蔵水量評価

収量やマメ科率の推定など、さまざまな研究成果が蓄積された（**表1**）が、生産現場で継続的に実利用される状況には至らなかった[2]。

こうした中で、米のタンパク含有率の推定、そして小麦の収穫適期の推定については、複数年次にわたって継続的かつ大規模に、生産現場で実利用された実績があるので、これら2事例の概要と現状を紹介する。

米のタンパク含有率の推定

米のタンパク含有率は、アミロースとともに、飯米の柔らかさや粘りなどの食味を左右する主要な要因で、北海道の一般的な主食用うるち米では、タンパクは6～7％程度、アミロースは16～20％程度含まれている。タンパクが高過ぎると、飯米が冷めたときに固く感じ、またアミロースが高いと、粘りがな

図１　水稲成熟期の衛星データ（NDVI）と米のタンパク含有率の関係（1998～2000年、北海道Ｎ町）

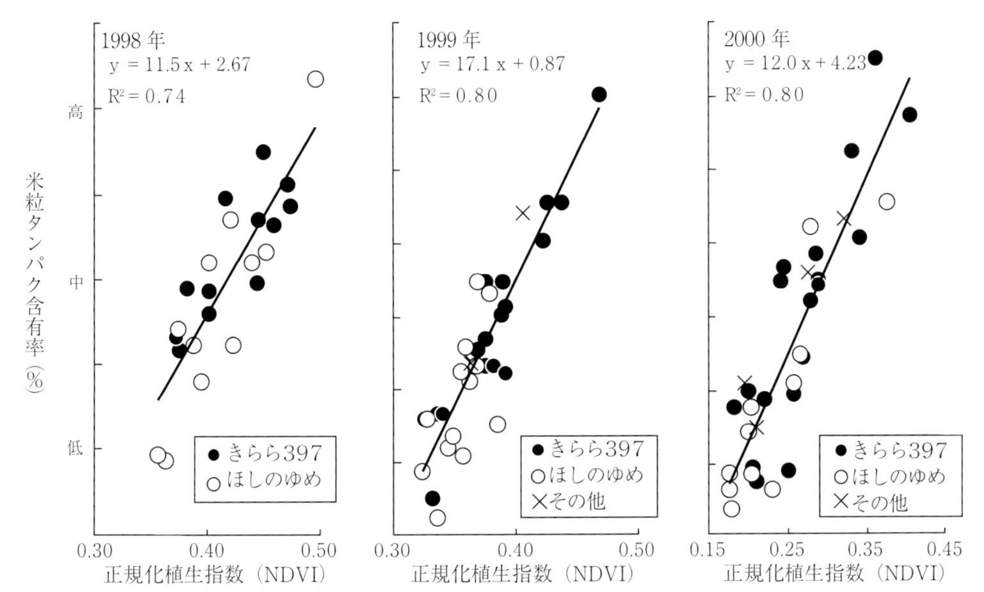

く、ぼそぼそとした食感となる。アミロースは主に品種や登熟期間中の気温によって変動し、タンパク含有率は土壌環境や栽培管理、窒素施肥量によって変動することから、生産現場で行われている良食味生産技術は、主としてタンパク低減技術である。また、タンパク含有率による仕分けも行われており、例えば北海道の現在のトップブランド米である「ゆめぴりか」は、タンパク6.8%を指標として分別されている。このように生産現場では良食味米生産のために、タンパク含有率の制御が重要となっている。

タンパク含有率を改善するには、タンパク含有率の高い圃場に対して改善策を導入することが効果的であるが、地域全体のタンパク含有率を個々の圃場ごとに把握するのは困難であった。そこで、衛星リモートセンシングによって広域のタンパク含有率を推定する技術が開発された[3)]。

水稲成熟期の衛星データから算出した正規化植生指数（NDVI）は、米のタンパク含有率と高い関係があることが明らかとなり（**図１**）、両者の関係式を用いることで、衛星データから米のタンパク含有率を計算してマップ化することができた。

衛星リモートセンシングにより作成した米のタンパクマップの表示例を**図２**に示す。表示例では東西20km、南北30km程度の地域全体の水田について、タンパク含有率ごとに色分けして示しているが、土壌や地形の影響による広域のタンパク変動の様子なども把握できるなど、これまでになかった視覚的な情報を生産現場に提供できた。

タンパクマップは、周辺よりもタンパク含有率が高く改善の必要な圃場を特定して栽培管理の改善や、タンパク含有率が高い地帯について客土や排水改良などの基盤整備導入の検討材料とするなど、次年度以降の改善技術導入を目的としていたが、生産現場では当年の収穫時にタンパク別の区分に利用したいとの要望が強かった。

本技術が開発された2000年当時、北海道では「ななつぼし」など良食味品種の育成や低タンパク米栽培技術の開発が進められ、米の

図２　米のタンパクマップ表示例（1998年、北海道Ｎ町）

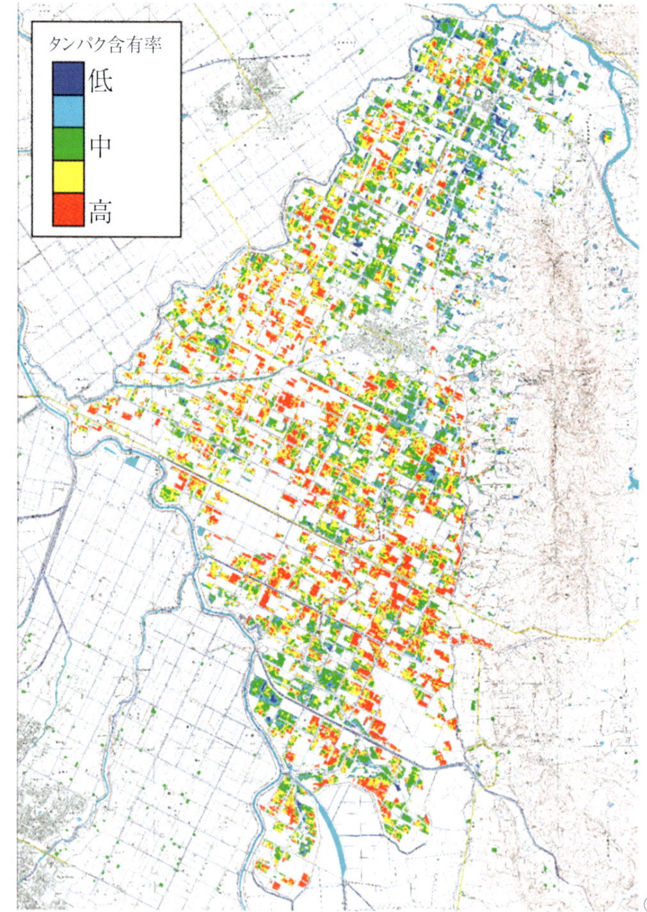

©CNES:1998 SPOT

食味向上対策に生産者や関係団体が一丸となって取り組んでいた。タンパクマップに関する関心も高く、2000年以降北海道の水田面積のほぼ８割で本技術が利用されたほか、新潟県や佐賀県、石川県などでも本技術を参考に同様の取り組みが行われた。

小麦の収穫適期の推定

北海道の小麦作付面積は10万ha超で全国の50％以上、その９割は前年の９月に種をまき、越冬して７月下旬ごろに収穫する秋まき小麦である。収穫は粒の水分がおおむね35～38％程度になったときに行うが、水分が高過ぎると、乾燥に時間と燃油コストが掛かり、収穫適期を過ぎると、降雨により穂発芽や低アミロ小麦が発生して品質を著しく低下させることから、生産現場では収穫時期を見極めることが非常に重要である。また、小麦主産地である十勝地方や北見地方では、収穫作業を地域全体で共同実施している所も多く、収穫機や乾燥施設の運用計画の点からも、収穫適期の判断は重要である。

これまで小麦の収穫適期を判断するには、農協などの担当者が畑の様子を実際に観察していたが、判断には熟練を要する。そこで、北農研センターが主体となり、研究機関や民間企業、農協などが連携して、衛星データから秋まき小麦の収穫適期を推定する技術が開発された[4、5]。

図３　小麦の穂水分とNDVIとの関係
（2004年、北海道M町）

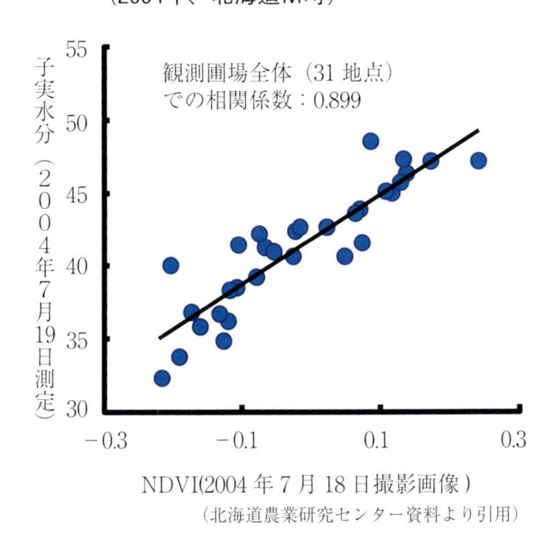

（北海道農業研究センター資料より引用）

小麦の登熟期間の穂水分と、同時期の衛星データから算出したNDVIとの間には高い関係があることが明らかとなり（**図３**）、両者の関係式を用いることで、衛星データから小麦の成熟程度の早晩をマップ化することができた。

衛星リモートセンシングにより作成した秋まき小麦の成熟早晩マップの表示例を**図４**に示す。地域全体の小麦の畑について、成熟の早晩を色分けしており、色に応じて順番に収穫を行うことで、収穫作業を効率的に実施することができる。

本研究の共同研究機関として、現地で実証試験を担当した十勝M町では、町全域で収穫作業を共同で実施しているが、本技術導入以

図４　小麦の成熟早晩マップ表示例（2004年、北海道M町）

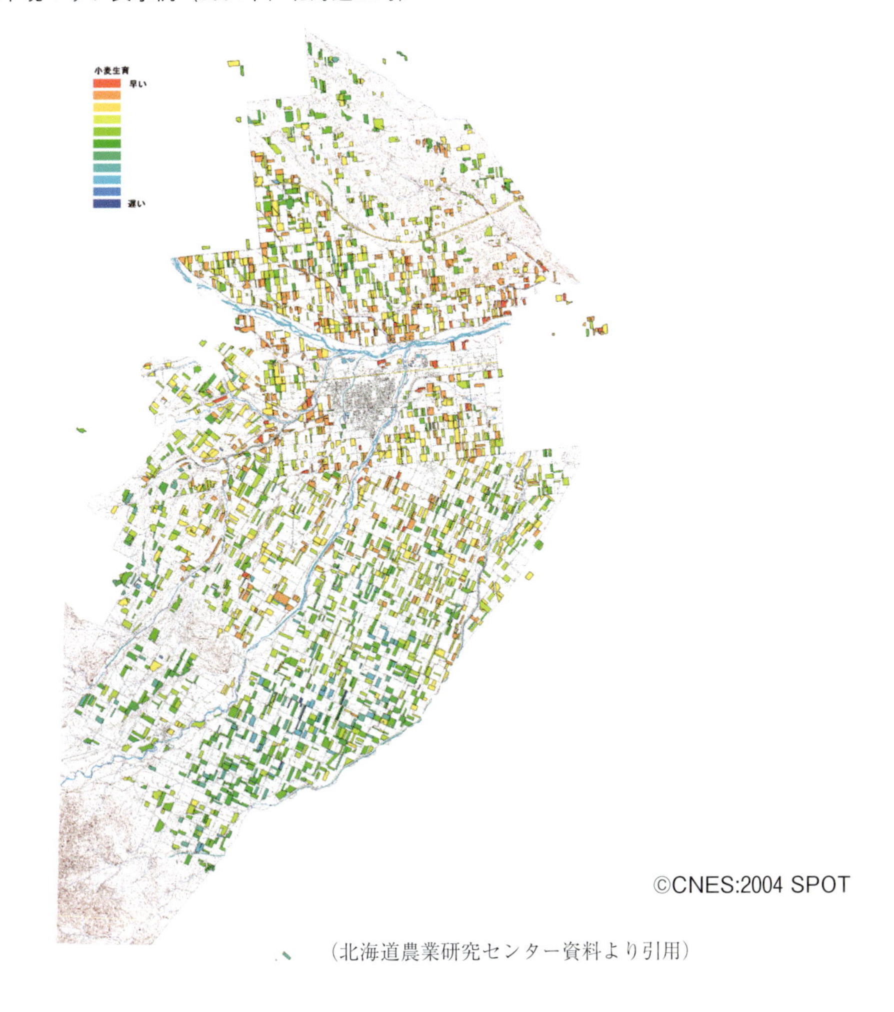

（北海道農業研究センター資料より引用）

前の2000年は刈り取り時の水分の変動が大きく、特に収穫の目安とする35%以上のものが多かったが、本技術を導入した03年には収穫時の水分の変動が小さくなり、また35%以上のものがほぼなくなった（**図5**）。乾燥経費は本技術の導入前後で、1t当たり400円程度減少しており、これに小麦集荷量を掛けると、年間で1,000万円のコスト節減になると試算できる。

本技術は、05年以降に北海道の主産地である十勝地方や北見地方において、北海道の秋まき小麦面積の約4割程度で利用実績がある他、近年は空知地方でも取り組みが始められた。

現在の利用状況とその要因

米のタンパク含有率の推定と小麦の収穫適期推定について、15年現在の利用状況を比較すると、米のタンパク含有率推定については、10年以降、北海道では新たなマップ作成は行われていない。これに対して小麦の収穫適期推定については、本年（15年）もこれまでとほぼ同面積で実施されており、今後も引き続き利用される見込みである。両者とも主な実施主体は農協や農業関係団体であり、観測衛星はSPOTのほかIKONOSやRapidEyeなどが用いられ、衛星データ代および解析費用を合わせたコストは、SPOT利用時で300円/ha程度であるなど、利用条件に大きな差はない。

両者の違いを**表2**に示した。まず利用手段については、米のタンパク含有率推定は、作成したタンパクマップを利用してさらに低タンパク米生産技術を導入することで低タンパク米を生産することができるが、小麦の収穫適期推定は、成熟早晩マップを使って直接収穫作業を行うことができる。つまり米の場合は、タンパクマップだけでは効果が生じないが、小麦は提供された成熟早晩マップから直接効果が生じる。また、米は集荷施設にタンパクの簡易測定装置の導入が進み、搬入ロットごとにタンパク含有率の測定が可能となったが、小麦は現在も目視観察などしか収穫適期の判別手段がない。つまり米は代替手段の整備が進んだが、小麦は代替手段がない。さらに経済効果については、米は低タンパク米生産による付加価値向上で収益増が期待できるが、小麦は乾燥コスト低減などの直接的な経済効果が明確である。

米のタンパクマップは、技術が開発された当時は、これまでにない有用な情報として、

図5　小麦の成熟早晩マップ使用前後の刈り取り水分（北海道M町）

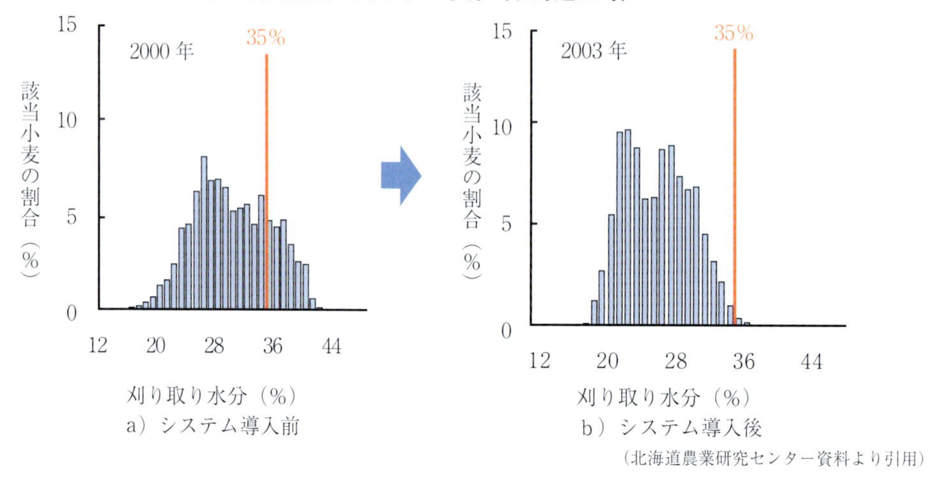

（北海道農業研究センター資料より引用）

表２　米のタンパク含有率の推定と小麦の収穫適期推定の比較

	米のタンパク含有率推定	小麦の収穫適期推定
現状 （北海道）	2010年以降新たに利用されていない	2015年もほぼ同面積で実施
利用手段	タンパクマップを使って、タンパク低減技術を導入し、低タンパク米を生産	成熟早晩マップを使って、収穫作業を実施
代替手段	集荷施設にタンパク簡易測定装置導入 搬入ロットごとのタンパク測定	目視または穂水分の実測
期待される 経済効果	低タンパク米の高価格販売	乾燥施設の燃油コスト低減 収穫機械の効率的運用
その他	タンパクの地域変動に大きな年次間差がない	

低タンパク米生産に活用されたが、コストに見合う明確な経済効果が示しづらい上、代替手段が整備されたことなどによって、必要性が低下していったと考えられる。

リモートセンシングの普及へ

衛星リモートセンシングは広域の情報を一度に取得でき、地域内の変動の様子を客観的に把握できる有用な情報だが、実際に農業生産現場で利用されているのは、今回紹介した２事例などわずかである。

農業生産現場での衛星リモートセンシング利用を制限する要因について、衛星データを利用している農協などの担当者にうかがったところ、衛星データの安定取得が最も高い要望として挙げられた。衛星データが取得できない原因のほとんどは気象条件によるものだが、複数地域での同時リクエストによる観測競合もあった。農業分野では、多くの研究成果は天候により観測が制限される光学センサーを利用している。衛星観測適期が限られる例が多く、例えば小麦の収穫適期推定では衛星観測適期は３週間程度である。そのため、今後は衛星データの安定取得のための観測頻度の向上が求められる。RapidEyeなどのような複数機運用による時間分解能の向上を期待したい。

今後、衛星リモートセンシングの普及に向けては、こうした利用環境の改善とともに、ユーザーが求める情報を掘り起こすことが重要である。北海道の農業生産現場で想定されるユーザーは、個々の生産者ではなく、自治体や農協などの農業団体と考えられる。従って、地域の合意形成や生産・販売戦略などの意志決定を支援できる情報、そして導入に見合うコスト削減や収益増が期待できる情報が求められる。現行のシステムに置き換えてコスト削減や省力化に結び付くような情報や、新たなシステムを構築できるような、これまでなかったタイプの情報を提供することで、衛星リモートセンシングの利用場面は拡大していくと思われる。　　　　**（安積　大治）**

【参考文献】

１）科学技術庁研究調整局（1979年）「『1977年有珠山噴火』に関する特別研究報告書」
２）志賀弘行（2004年）「北海道における農業リモートセンシングの進展」季刊肥料Vol.99、24～29㌻
３）安積大治、志賀弘行（2003年）「水稲成熟期のSPOT/HRVデータによる米粒タンパク含有率の推定」日本リモートセンシング学会誌Vol.23、451～457㌻
４）奥野林太郎（2005年）「衛星リモートセンシングを用いた小麦適期収穫支援システム」農業機械学会誌Vol.67、17～19㌻
５）先端技術を活用した小麦収穫システムの開発成果集編集委員会編（2005年）「大規模収穫・調製に適した品質向上のための小麦適期収穫システム」（独）農研機構北海道農業研究センター資料

第3部　事例編

低層リモートセンシングの活用

本稿では、低層リモートセンシングの活用事例について、著者らが、十勝地域の畑土壌を対象とした取り組みを紹介したい。

利用したシステムの概要

われわれは、低層リモートセンシングに空撮用無人ヘリコプターを利用している。具体的には、ヘリコプターに搭載したデジタルカメラや近赤外カメラを用いて、上空約100mから土壌や作物の反射強度を測定する。センシングはカメラに俯角（ふかく）を付け、畑１枚が全て１枚の画像に含まれるように実施する（**図1**）。

撮影した画像は、圃場の４角の位置データを基に幾何補正を行い、さまざまなマップを作成する（横堀ら、2008年）。

裸地画像による土壌情報の把握

後に述べるように、われわれは低層リモートセンシングを用いて、主に表層土壌画像から畑土壌の肥よく度の把握を実施している。

一般的に土壌センシングは、刻一刻と変わる作物生育状況などに比べて、センシングのリアルタイム性の必要が低い。このことから、「なぜ、土壌にわざわざ低層リモートセンシングを」という疑問を持つかもしれない。その答えの一つのとして、「解像度が高く、１枚の畑の土壌肥よく度のばらつきを詳細かつ迅速に把握できる」ことが挙げられる。

図１　空撮用無人ヘリコプタを用いた撮影法（横堀ら、2008年）

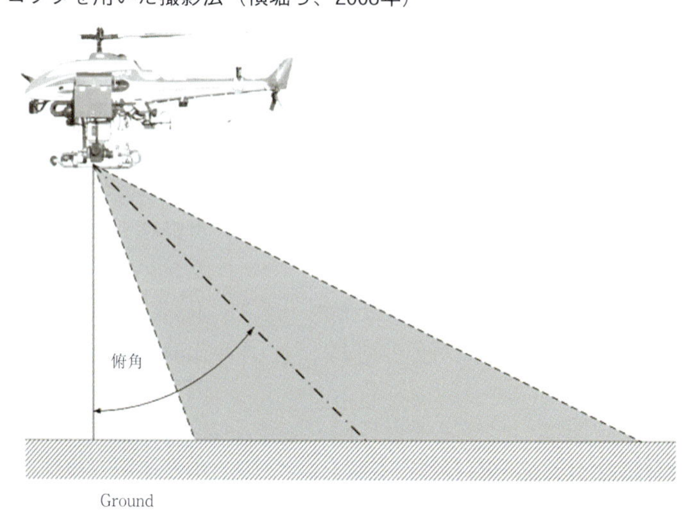

写真１　河川の氾濫地帯における乾燥時と降雨直後の表層土壌（2012年撮影、帯広市）

もう一点、北海道では作物生育や積雪などのため、畑の表面に土壌が見える時期が限られていることも理由になるだろう。作物収穫後でも、土壌表面に作物残さが残っていたり、堆肥を施用されていたりすると、表面は被覆されるため、土壌の状況を精度良くセンシングすることができない。さらに、土壌表面が乾燥状態であったり、逆に降雨直後などに土壌表面が湿潤状態であったりすると、土壌の反射強度の地点間差異が小さくなり、肥よく度のばらつきが判読しづらくなる。

このことから、表層土壌のばらつきを確実に把握するという視点に立つと、雲量に影響を受けず、欲しいときに確実に画像を取得できる低層リモートセンシングは、土壌肥よく度の把握に有効なツールである。

次に、肥よく度以外の畑土壌情報として、低層リモートセンシングを用いて、浅れき土壌区域を抽出した事例を紹介する。

調査対象は帯広市の河川近傍の沖積土地帯とし、解析には乾燥時と降雨直後の２つの時期の表層土壌の画像を利用した。**写真１**は、デジタルカメラで撮影した乾燥時、降雨直後の表層土壌の状況であるが、乾燥時には圃場内の表層の土色に大きな差異がなく、おおむね表層土壌は均一に見えた。

それに対して、降雨直後の画像では、全体的に表層土が黒く変化しているだけではなく、白い区域が筋状に認められ、現地確認の結果、白い区域には表層にれきが多量に混入していることが分かった。れきの混入区域が他の区域と識別可能であったのは、降雨直後には土壌が黒変し、可視域の反射強度が低下するのに対して、れきは乾燥時と同様、可視域の反射強度が高いまま維持されることに起因する。れきの混入区域とその他区域を調査すると、混入区域ではその他区域よりもれき層出現深度が浅く、いずれの調査地点も50cm未満であり、このことから、画像から判読したれきの混入区域を浅れき土壌区域に読み替えた。

その他、低層リモートセンシングを活用す

ると、多量降雨直後から時系列的に表層土壌の変化を把握することができる。土壌が乾くと可視域から近赤外域の反射強度が高くなるのに対して、いつまでも湿潤状態のままの区域では反射強度は低い状態が維持されることが想定される。今後の課題ではあるが、これらの反射強度の時系列変化の違いを低層リモートセンシングにより把握することで、畑の局所的な排水不良区域を正確に抽出できる可能性がある。

作物生育情報を介した土壌情報の把握

れき層出現深度

刻一刻と変わる作物生育を把握するには、リアルタイム性の高い低層リモートセンシング技術が効力を発揮することは言うまでもなく、作物生育むらに基づく可変施肥技術も構築されつつある。一方、刻一刻と変わる作物生育情報をうまく活用すると、間接的に土壌の状況を詳細に把握できることもある。

図2には、収穫直前の小麦子実水分とれき層出現深度の関係を示す。この散布図は、03年に十勝地域芽室町の沖積土地帯において、12圃場を対象とし、1圃場当たり1～3地点でれき深度データを取得し、作成したものである。なお、れき層出現深度は深さ100cmまでを対象として、れき層が確認できなかった地点のれき層出現深度は100cmとした。

その結果、播種日、施肥管理が異なる複数の圃場を一括してプロットしているにも関わらず、子実水分とれき層出現深度の回帰分析の結果、両者の間には高い指数相関が認められ、沖積土地帯では、収穫直前の子実水分はれき層出現深度に大きく影響を受けていることが明らかになった。

既存技術により収穫直前の小麦生育画像から子実水分が精度良く推定できることが示されており（北海道開発局、2008年）、このことは沖積土地帯において収穫直前の小麦生育画像かられき層出現深度が把握できることを示す。しかし、れき層出現深度の把握には、収穫直前という限定した中での画像取得が必要であり、低層リモートセンシングが効力を発揮すると考えられる。

図2　収穫直前の小麦子実水分とれき層出現深度の関係

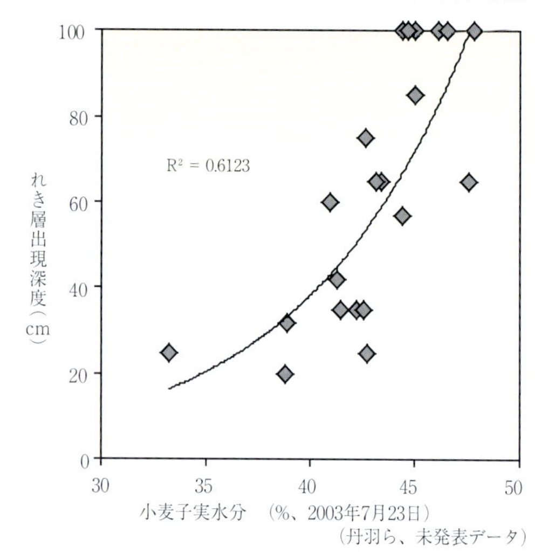

（丹羽ら、未発表データ）

排水不良区域

十勝地域の作物生産の課題に排水不良問題の解消が挙げられる。排水改良が進んだ現在においても、多雨年時に局所的に排水不良被害が発生する。**写真2**は、2010年に一筆圃場内に発生した局所的な湿害発生状況を低層リモートセンシングにより、撮影したものであり、画像から湿害の発生区域を正確に判読することが可能である。

湿害区域の把握は、どの区域を重点的に排水改良するかなど排水改良計画に有効であり、迅速かつ正確に湿害区域を把握できる低層リモートセンシングの活用が期待される。

窒素肥よく度ベースの可変施肥システム

ここでは、われわれが実施している低層リモートセンシングを利用した窒素肥よく度ベースの可変施肥システムについて紹介す

写真２　一筆圃場内の局所的湿害の発生状況（2010年、鹿追町）

写真３　黒ボク土地帯における畑圃場の表層土壌のばらつき
（2014、15年に「革新的技術実証事業」の中で画像を撮影、鹿追町）

る。

なぜ窒素肥よく度なのか

窒素は、作物生育にとって、最も重要な成分の一つであり、これまでの研究から、北海道の主要畑作物の一つであるてん菜では最大糖量を得るための最適窒素吸収量は23kg/10a程度、馬鈴しょで最大規格内収量を得るための最適窒素吸収量はメークインと男爵で、それぞれ13～14kg/10a、11kg/10aである（笛木、2010年）。

作物は窒素を肥料由来、土壌由来の双方から吸収する。そのため窒素施肥量は、土壌由来の窒素供給量（以下、窒素肥よく度）を考慮し、作物の最適窒素吸収量になるように決定するのが理想であるが、ここで問題になるのが土壌由来の窒素の作物供給量には土壌間差が認められることである。

例えば、北海道十勝地域の黒ボク土地帯（主要土壌：黒ボク土、多湿黒ボク土）にお

図３　低層リモートセンシングを活用した窒素肥よく度ベースの可変施肥システム

①空撮用無人ヘリコプタによる
窒素肥よく度のセンシング

解析

②可変施肥マップの作成

タブレット
(Android)

③施肥機への施肥情報の
自動送信・自動可変施肥の実施

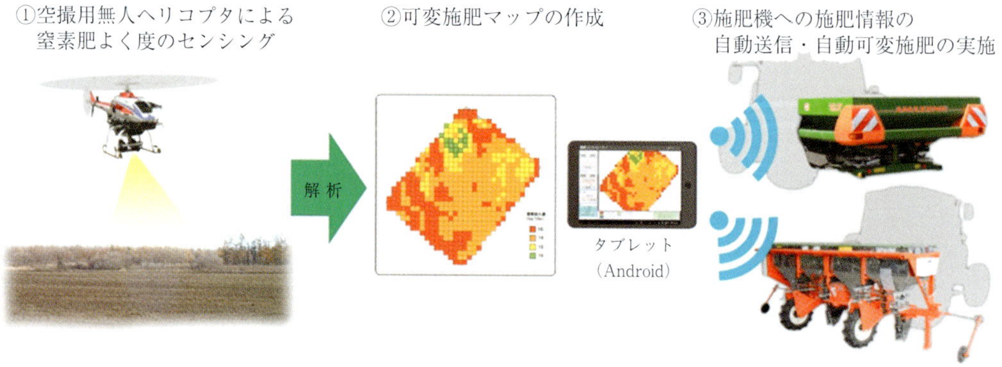

いて、てん菜への土壌に由来する窒素供給量を測定した試験結果によると、黒ボク土では7.5kg/10aであるのに対して、多湿黒ボク土では11kg/10aに及ぶことが示された（西宗ら、1982年）。

これらの土壌は一筆の畑の中でも混在する場合があり、十勝地域の中でも特に黒ボク土地帯では畑の窒素肥よく度にばらつきを持つ（**写真３**）。

このような背景から、窒素施肥の最適化のために、低層リモートセンシングによる窒素肥よく度の把握に着目した。

窒素肥よく度ベースの可変施肥

当社で実施している窒素肥よく度ベースの可変施肥システムは、**図３**の通りである。

窒素肥よく度には、熱水抽出性窒素という土壌分析値を利用している。この熱水抽出性窒素は「北海道施肥ガイド2010」（道農政部、2010年）の中で、てん菜や馬鈴しょなどの窒素施肥対応に利用されている。可変施肥マップは、低層リモートセンシングにより作成した熱水抽出性窒素マップと堆肥施用履歴、前作の作物残さの取り扱いなどを加味し作成する。

当社では作成した可変施肥マップを、サークル機工㈱製の４畦施肥機や、アマゾーネ社の全層施肥機に、無線を介して自動送信することができるアンドロイド版のアプリを開発している。このことから、営農者は従来通りの施肥作業を行うだけで、自動的に可変施肥を行うことができる。なお、れき層出現深度や排水不良が作物生育の良しあしを左右するような条件では、可変施肥効果が判然としない場合もあることに留意が必要である。

窒素ベースの可変施肥の効果

「とかち低コスト施肥技術体系確立事業推進協議会」の中で、著者らが窒素可変施肥マップを用いて、13年にてん菜、馬鈴しょおよびデントコーンでそれぞれ２圃場、合計６圃場について慣行施肥区（農家慣行の施肥量を施用する試験区）と可変施肥区を設け、可変施肥効果について試験を実施した。

その結果、収量水準は各圃場で慣行施肥区と可変施肥区の間に明確な差異は見られなかったが、可変施肥区ではてん菜の糖分が、馬鈴しょについてはでん粉価が高くなる傾向が見られた。それに対して可変施肥区の施肥量は慣行施肥区に比べて少なく、その削減費は６圃場の平均で2,200円/10aとなった。

以上のように、窒素肥よく度ベースの理論的可変施肥は収量を維持したまま、減肥による肥料代削減効果をもたらした。ただし、これらは単年度の成果であり、現在、「革新的技術実証事業」の中で、十勝地域鹿追町を対象に、移植てん菜や直播てん菜を利用し、4畦施肥機による基肥の可変施肥や、全層施肥機を用いた可変追肥などの試験を実施中である。

低層リモートセンシングは、必要な時に必要な画像を確実に取得できる有意点があり、「降雨直後」の表層土壌画像からの浅れき土壌区域の把握などは、まさに低層リモートセンシングだからこそ、実現できた解析といえる。現在、安価なUAV(ドローンなどの無人航空機)の導入などにより、低層リモートセンシングが容易になりつつあり、今後の展開が期待されるところである。

そのためにも、調査対象区域の土壌や作物の顔色を常にうかがい、どのような条件で撮影した画像が、どのように営農に役立つかを常に検討していくことが重要である。

（丹羽　勝久）

【参考文献】

1）北海道開発局（2008年）「北海道農業のためのリモートセンシング実利用マニュアル」、43～45㌻

2）北海道農政部（2010年）「北海道施肥ガイド2010」（http：//www.agri.hro.or.jp/chuo/fukyu/sehiguide2010/sehiguide_all.pdf）

3）笛木伸彦（2010年）「北海道農業と土壌肥料2010」、63～70㌻、北農会、札幌

4）西宗昭、藤田勇、金野隆光（1982年）「北農試研報133」、17～30㌻

5）横堀潤、丹羽勝久、野口伸（2008年）「農業機械学会誌70（5）」、92～100㌻

第3部 事例編

第3部 事例編

食味・収量測定機能付きコンバイン

日本農業は、農業従事者の高齢化や後継者不足による農家戸数の減少に加えて、TPP交渉参加により、国際競争力の向上が強く求められるようになってきた。今後は、担い手農家への農地集約化が進み、コスト削減による収益力の向上と米づくり品質をさらに向上させ、日本米のブランド力を維持・向上させていくことが重要である。

しかし多くの生産者は、生産のアウトプットである圃場ごとの食味や収量などの収穫情報を持たずに、勘や経験に頼った農業を行っている。そのため、的確な施肥による食味と収量の効率的な改善が実現できていないことが大きな課題の一つになっている。さらに今後、担い手農家に農地を集約し、拡大・分散化が進む圃場管理の効率化も課題となる。

われわれは、これらの課題に対して、収穫情報や機械の稼働情報などをICT技術で一元

図1　KSAS対応コンバイン（食味センサー、収量センサー）

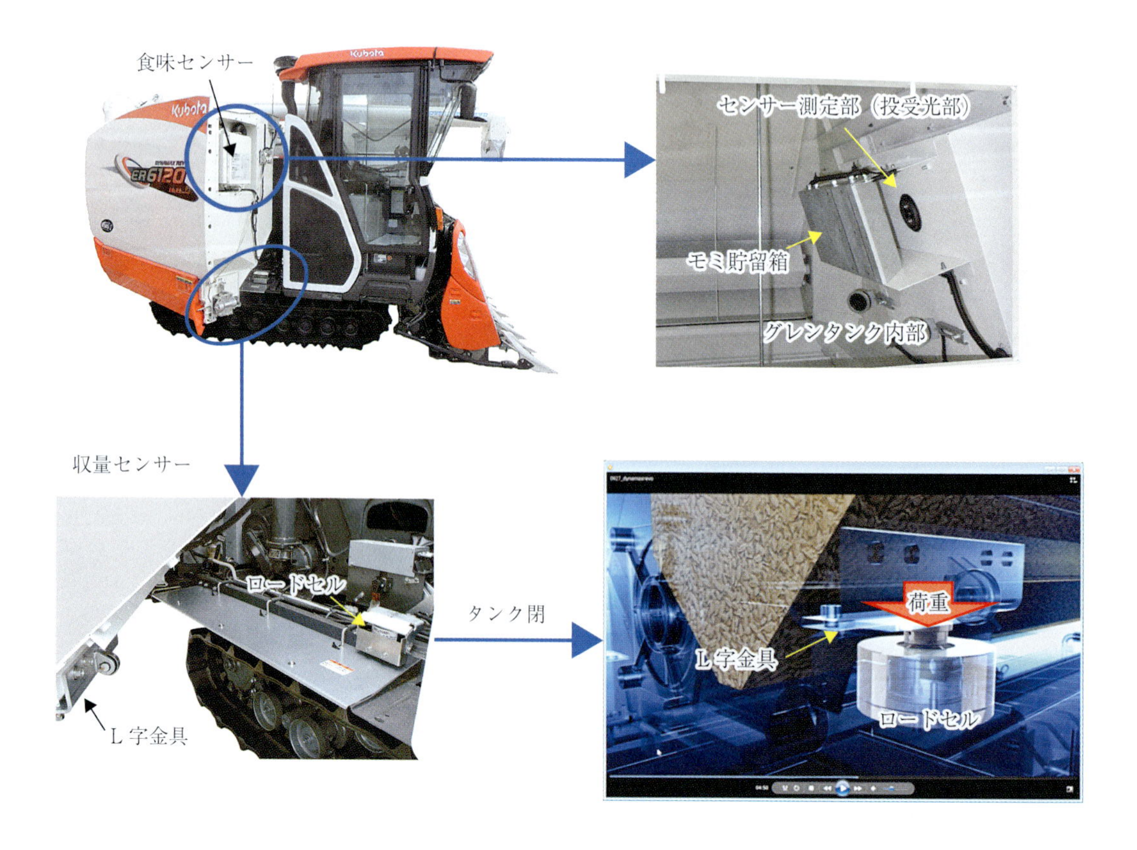

表　マルチナビ表示

タンパク	6.3%
水分	17.4%

図2　アンローダリモコンとマルチナビ表示

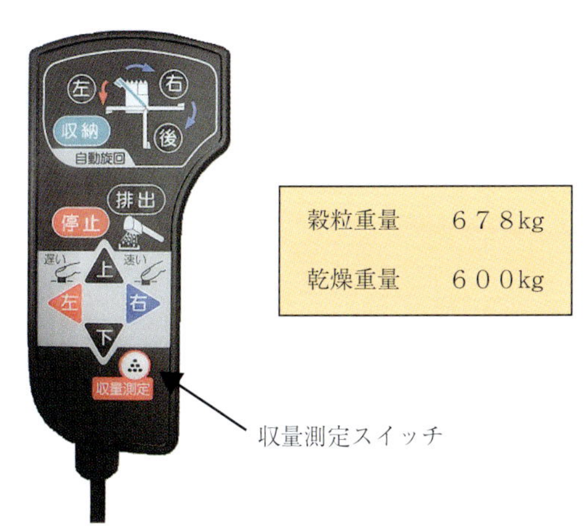

管理し、データに基づいた新しい営農を支援するシステム（以下、KSAS）と、収穫作業と同時に生もみの食味（タンパク質と水分の含有率）と収量を測定できる食味・収量測定機能付きコンバイン（以下、KSAS対応コンバイン）を開発したので、以下に紹介する。

KSAS対応コンバインの概要

食味測定機能

食味センサーは、**図1**のようにグレンタンク前方部に取り付けられており、測定部はタンク内部に露出するようにセットされている。測定部の前にはもみを一時貯留する箱が設けられ、もみが一定量たまると、自動的に測定を開始し、もみに光を照射する。もみを透過し返ってきた光の強さを近赤外域の波長ごとに分析し、米の食味の代表値であるタンパク質含有率と水分含有率を測定する。測定が終了すると、貯留箱底部のシャッターが開き、もみがタンクに回収される。これら一連の動作を繰り返すことで、10a当たり5～8回の非破壊測定を行う。測定されたデータは、運転席のマルチナビ画面に表示される（**表**）。

収量測定機能

図1のようにプラットフォーム上にロードセルを搭載し、グレンタンク側には重量感知部となるL字金具を設けた。グレンタンクを閉じると、L字金具がロードセル上に乗り、タンク前方にかかる荷重からタンク内のもみ重量を測定する。もみ排出作業前に、アンローダリモコンに設けた収量測定スイッチを押すと、自動車体水平制御で機体が水平状態になった後、重量測定を開始する。測定を終了すると、マルチナビ画面に測定した穀粒重量と15%の水分で換算した乾燥重量が表示される（**図2**）。

その他の機能

マルチナビ表示には、前述したもの以外に**図3**のような表示機能を備えている。これらは、マルチナビの下にある表示切換スイッチを押して切り換える。①はタンパク質含有率と水分含有率の平均値、収穫した穀粒の積算重量を表示する。②の作業開始画面で表示切換スイッチを長押しすると、①の平均値と積算値がリセットされる。新たな圃場で作業する前にこの機能で値をリセットすることで、圃場ごとのデータ測定が可能である。③は、グレンタンク内の穀粒重量をリアルタイムで表示している。刈り取り中にも確認できるので、例えばタンク満タンまで後どれくらい作業できるかなどの判断がしやすい。また、穀粒重量値でタンク満タン警報の設定ができるので、例えばフレコンの容量に合わせた穀粒重量で警報設定をしておくと、もみ排出作業中にフレコンの交換作業などがなくなり、排出作業の効率化が図れる。

図３　その他のマルチナビ機能

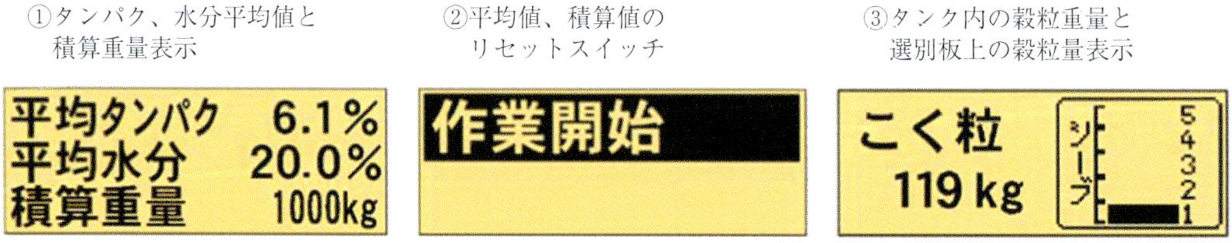

①タンパク、水分平均値と
積算重量表示
②平均値、積算値の
リセットスイッチ
③タンク内の穀粒重量と
選別板上の穀粒量表示
平均タンパク　6.1％
平均水分　20.0％
積算重量　1000kg
作業開始
こく粒
119 kg
シーブ
5
4
3
2
1

図４　KSAS概要

無線LANユニット
KSASモバイル
送受信
送受信
PC
KSASクラウド

図５　食味収量分布図

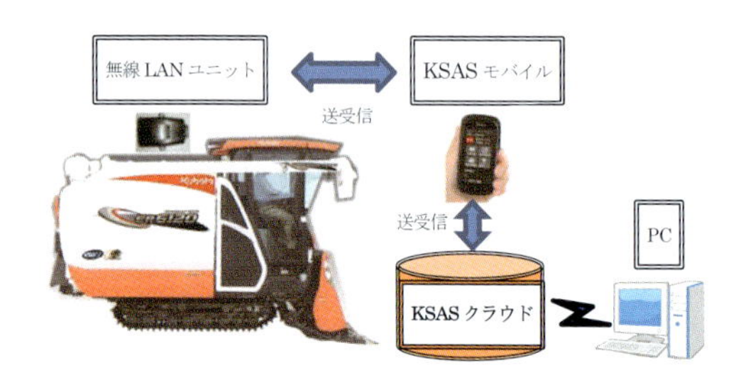

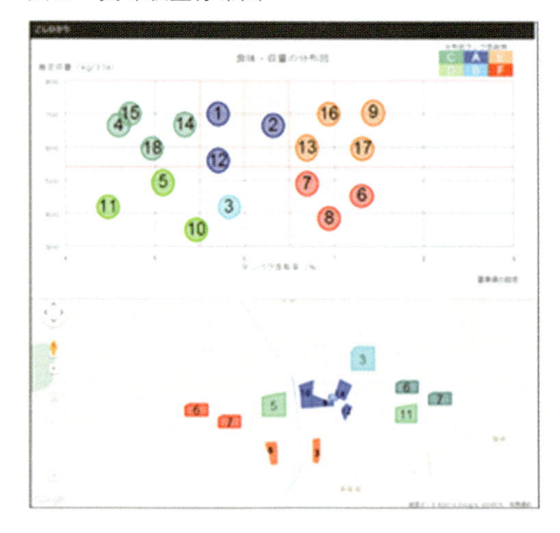

KSASによる収穫情報の見える化と新しい営農サイクルの実現

KSASは主に、①KSAS対応農機②KSASモバイル③KSASクラウド環境―で構成される。KSAS対応コンバインで測定した食味や収量などの収穫情報は、無線LANユニットからモバイルを介して、圃場ごとのデータとして、クラウド環境に保存される。そしてこれらのデータは、事務所のPC端末からWEBブラウザを介して容易に閲覧可能である（**図４**）。

例えば、**図５**に示すような食味収量分布図が作業終了と同時に得られ、圃場ごとの収穫結果を数値データとして評価分析することが可能となる。

そしてこれらの情報を施肥設計などの翌年の栽培計画に活用し、その結果を再び数値データとして評価分析し、さらに翌年の栽培計画に生かしていく。このように数値データに基づく新たな営農サイクルを実現することで、圃場ごとのばらつきを解消し高収量、良食味米の生産に貢献できるものと考えている（**図６**）。

さらにノウハウがデータベース化され、「見える化」を図ることで後継者の育成にも役立つと考える。**図７**は、2011年から担い手農家の15圃場（約３ha）で行ってきた実証試験の結果である。初年度は、慣行農法で全て同じ量の施肥を行っていた試験圃場を、KSAS対応コンバインで収穫した結果、圃場ごとのタンパク質含有率と収量のばらつきが大きいことが明確となった。

翌年からは、これらの収穫情報を基に、圃場ごとの施肥設計を行ったところ、ばらつきが大きく改善され、タンパク質含有率を適正範囲に入れながら、収量を上げることができ、効果が実証された。

図6　新しい営農サイクルの実現

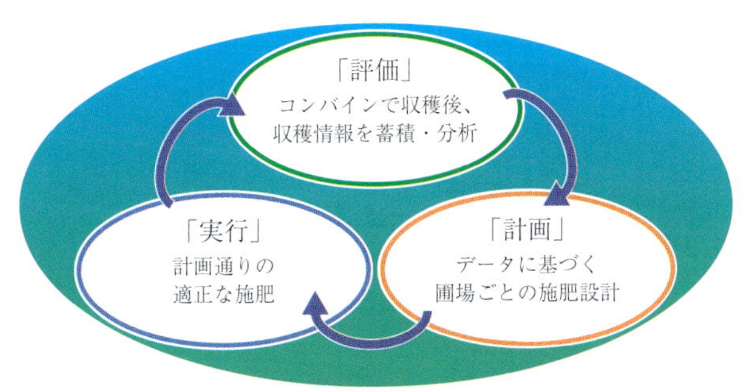

図7　実証試験結果（圃場ごとのタンパク質含有率と収量、網掛け内が目標範囲）

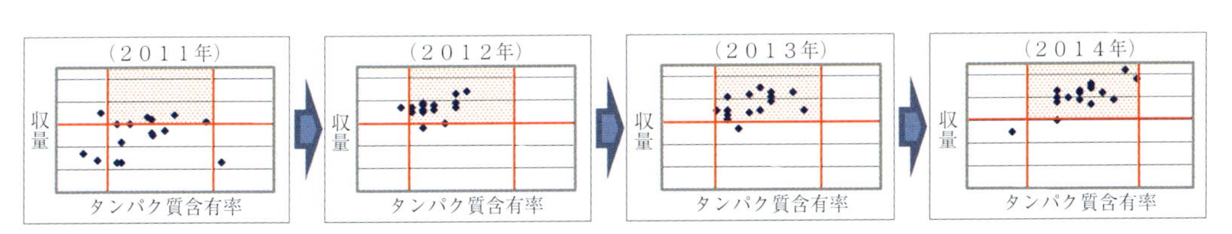

KSASの評価─活用事例紹介

以下から、KSAS対応コンバインなど本システムを利用したユーザーの声を紹介する。

新潟県農事組合法人濁川生産組合

■タンパク6％以下目標をクリア

「47haのうち約4.5haが契約栽培で、約42haが自己流通。レストランに白米を出しているが、このように直接販売をしているのは、味はもとより、安心安全な米を届けたいから。食味という面では、タンパク質含有量が一番食味に影響してくると思うので、それがすぐその場で見られるというのがすごいところ。今までサンプルを取って、食味計による測定を依頼していたが、今後はKSAS対応コンバインで食味が測れるので非常にありがたい。

うちの目標はタンパク質含有率6％を超えないこと。収量を上げようとすると食味が下がるという経験もしているし、6％を超えないというのが、良いものをつくっていく上での目安。その数値がKSAS対応コンバインだとすぐ出てくる。ここの田んぼは超えているんだとか、ここは下回っているとか。田んぼを見ながら、こんなつくり方をすれば目安の値に収められるというように、その場で検討できる」─。

■食味・収量確保に必須

「最低でも540kg（10a当たり）という目標収量を決めてやっているので、この食味収量の分布図で味も確認しながら検討している。例えば、収量が多いとタンパク質も多い傾向になりがちである。それがどこの田んぼなのかがマップで特定できる。これを見て、スコアの低い田んぼはどう改善していこうかということを考えている（図8）。KSASとKSAS対応コンバインを導入したのは、やはり味のレベルを落としたくないということが大きい。新潟のおいしい米だということをアピールしているので、販売先のことを考えると絶対に味は落とせない。食味管理にKSASは欠かせない」

図８　コンバインのメータに表示された収量（上）と食味・収量の分布図（下）

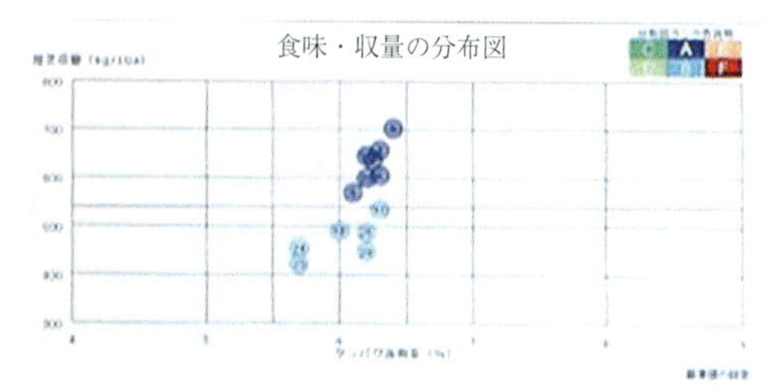

愛媛県田村ファーム&フォレスト

■タンパク質含有率がその場で分かる

「米のおいしさというものは、タンパク質含有率がいかに少ないかで決まってくるので、そういったデータが即時に分かるのがありがたい。今までも食味計で測るようにしていたが、それは部分的で、全体が把握できない上、かなりの手間が掛かる。タンパク質含有率がその場その場で測定できるというのは画期的なこと。一番の購入動機はタンパク値ともみ収量の測定、そしてそれらの値を即座にパソコンに送信できること」

■未来への大きな第一歩

「海外研修で訪れたアメリカやオーストラリアのように、大規模農業をやっている生産者は、売るにしても買うにしてもすごくシビア。大きな集荷場にトレーラーで持って行っても全てスタッフが付いていて、その時に食味を測り、水分含有量も測る。そしてその施設にその仕組みが備えられている。アメリカやオーストラリアの農業は量があったらいいというように大ざっぱに思われているけれども、日本よりシビアな面も多い。これからはそういうツールが必要になると思っていた。

KSASを導入したことが僕らの未来の農業の大きな第一歩になる。日本の農業というのは今までは感覚で行っていた。これからは生産する側も、うちはこういったものをこうやってつくっている、と伝えられるようになっていかないといけない。KSASはそれを支援してくれる」

■求められるのはトレーサビリティー

「米価が非常に下がっている中で、どうするべきかと考えた時に、やっぱりしっかりと流通に乗せることが必要になる。つくることができても、ちゃんとそれをお金にする仕組みがないとダメだと思う。そのためにも生産する側が、自分の物をちゃんと知っておく必要がある。『こういった形でこのお米を生産しています』ということを即時に伝えられる、またはデータで提示できることが求められる。東京や大阪のような大商圏に対して、販路を拡大していく上で、きちんとしたトレーサビリティーを示さなければならない。そんな資料を提出しやすくしてくれるのがKSAS。作業記録、肥培管理データ、食味・収量データなどの全ての栽培情報が履歴として残っていく。しかも圃場１枚ごとに。これがKSASを加入・購入した決定打となった」

福岡県・遠藤さん

■ライスセンターに運び込む前に水分量が分かるのがいい

「うちは麦も米もつくっているが、麦はタンパク質が高く、米は低い方がいい。それが刈りながら分かるのがありがたい。水分についても、今まではライスセンターに持ち込むまで分からなかったが、収穫と同時にリアルタイムで分かるようになったのは大きい。少し刈って水分が多ければ刈り取りを遅らせることができる」

富山県・山本農産

■新たにできた食味目標

「今回KSAS対応コンバインで食味を測ったら、タンパク質含有率が想定を超えるような値が出て、これに刺激された。試験の結果を突き付けられているようだが、自分の目標に向かってやってみようという気になった。この結果が出たことによって、来年は肥料メーカーと相談して施肥設計をしたいと思う。また、今回の結果に応じて、肥料の入れ過ぎている所は肥料を減らしていく。それが低コスト農業のあるべき姿だと考える。セオリー通りに、この田んぼには10a当たり何キログラムというような農業ではダメだということを、KSASを導入したことで気付かされた」

■おいしいものを安定供給

「米価が低迷する中で、おいしいものを安定して供給できなきゃ、経営は厳しくなると感じている。米については先行き不透明なところも多いので、胸を張って市場に出せるようなものをつくっていかないといけない。KSAS対応コンバインの活用で、タンパク質含有率がその場で把握できるようになることは非常に有効」

■マルシェでKSASのニーズを実感

「冬に東京のマルシェに出店し、お客さまとのコミュニケーションをとって、何が求められているのかを調査した。どんな味なのか、どういったつくり方なのかということを聞かれ、データで示せればとつくづく感じた。同じようなつくり手が軒を並べるマルシェでもう一つ感じたのは、同業他社と差別化ができるようなつくり方が必要だということ。KSASはそのためのツールになり得ると思う」

富山県・土屋営農組合

■「おいしいね」の声を引き出すKSAS

「米の販売で重要なのはやはり安全と味。この2つが満たされれば、多少高くても買ってもらえる。実際に購入したお客さまから、『おいしいね』の声もよくいただく。評価してもらうためには、このシステムが必要だと感じている。タンパク質含有率が刈り取り時に分かる。これが味の裏付けになり、そのデータが履歴に残ることが安全を証明する。ここに利があると思っている。また、みんな自分の米はうまいと自信を持っていても、実際どの田んぼがおいしいかまでは知らない。だから1枚1枚個別の圃場管理ができずに、かなり大ざっぱな管理になってしまう。個別の細かな管理を可能にするのがKSASだと認識している」

■ビッグデータの未来活用

「今年採取した食味や収量のデータを分析し、課題を洗い出し、来年の施肥設計などに活用する。KSASの導入で、その年のデータを他の年と比較したり、施肥設計改善のやり方が正しかったのかを経年で把握したりすることができる。データが毎年蓄積されれば、ビッグデータとなり、その活用も多岐にわたると思う。KSASに期待している」

今回紹介したKSASおよびKSAS対応コンバインは、主に20～30アール区画圃場の多い稲作をターゲットとし、圃場1枚ごとの収穫情報、圃場管理により食味と収量の安定化を狙いとして開発した製品である。今後は圃場の大規模化や畑作などの対象作物の拡大にも対応させ、担い手農家の経営にさらに役立つシステムに発展させることで、日本農業の競争力向上に貢献していきたいと考えている。

（高原　一浩）

第3部 事例編

農協向け営農支援システムの普及

農業情報管理システムGeoMation Farmの導入実績

㈱日立ソリューションズが提供する農業情報管理システムGeoMation Farm（ジオメーション ファーム）は、GIS（地理情報システム）の技術を使った「圃場・土壌情報管理システム」（以下、圃場情報管理システム）を中核製品として位置付け、「対面型施肥設計システム」「衛星画像利用解析システム」、全地球測位システム（以下、GPS）の位置情報を活用した「農作業管理システム」「生産履歴管理システム」など複数のオプション製品で構成される、統合型農業情報管理システムである。

GeoMation Farmは、圃場情報管理システムを2004年6月にパッケージソフトウェアとして市場に投入して以降、15年7月現在、累計50団体へと販売実績を伸ばしている。主なユーザーは農協だが、農業共済組合や自治体などでも利用されている。

特に北海道でのユーザーが多く、50の顧客のうち40が道内。耕地面積に換算すると、牧草地も含めた北海道の全耕地面積の4割以上は圃場情報管理システムを使って管理されている。なお、北海道については、㈱日立ソリューションズ東日本がシステムの提案・構築・維持保守サービスを提供している。

本稿では、GeoMation Farm製品群のうち、最も普及している圃場情報管理システムに焦点を当てて紹介する。

圃場情報管理システムとは

圃場情報管理システムは、GIS機能を使って農地の情報を統合的に管理し、情報の内容を視覚的に把握できるシステムである。

圃場1筆ごとの形状データに関連付けて、耕作者、作付け作物や土壌分析情報、収量など圃場のさまざまな情報を管理し、「情報による圃場の色分け」「情報の内容を圃場に重ねてラベリングして表示（**図1**）」「土壌マップや背景地図、地番図などの重ね合わせ」「経年変化の管理」「検索機能を使って必要な情報だけを抽出して表示」などさまざまな角度で情報を視覚化し、管理地域全体の統合的な情報利用を支援するのが圃場情報管理システムの特徴である。

特に、水田作、畑作といった土地利用型農業は、GISを使って情報管理する効果が大きい。土壌マップ、気象情報といった空間的に広がる情報は、圃場図と重ね合わせることにより、個々の圃場の情報として活用することができる。

病害虫のまん延状況を地図上で管理することで、エリアを絞った防除計画に利用することができる。農薬散布時のドリフトの影響も、周辺の作物を地図で確認することで対策が容易になる。衛星画像と重ね合わせると、作物ごとの生育の違いを把握でき、営農に役立てることができる。これらは、台帳では管理しきれないGISを使った情報管理の特徴といえるだろう。

図1　圃場図とラベル表示

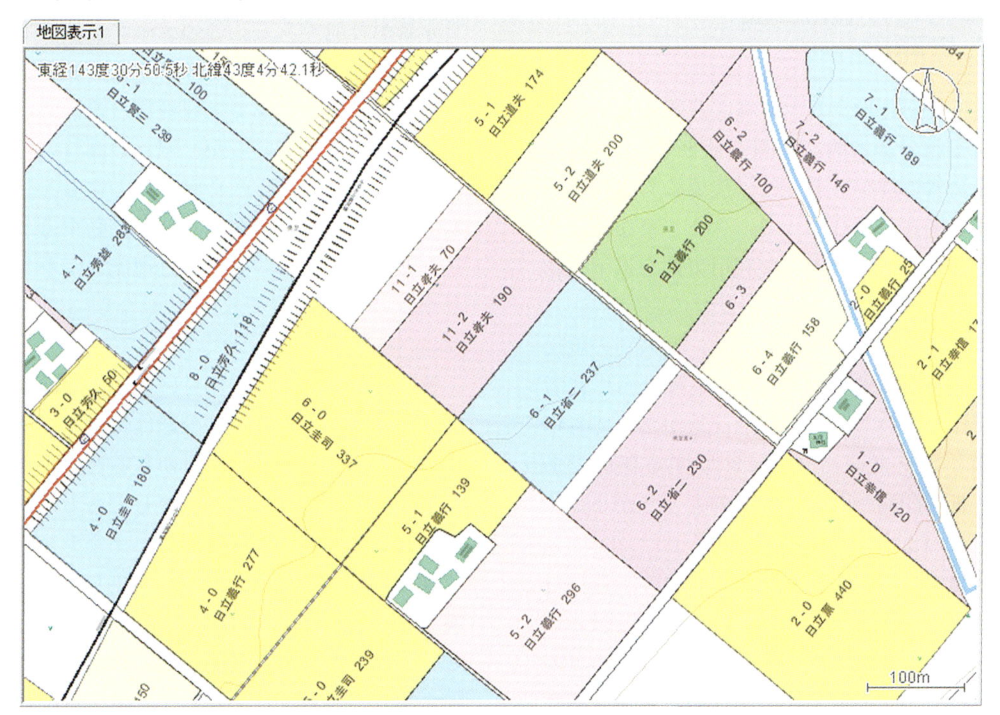

システム開発のきっかけ

GeoMation Farm圃場情報管理システムは、当社が独自に開発したGISエンジンであるGeoMation上に圃場の管理機能を追加したシステムであるが、GeoMationはもともと、主に電力や通信会社の設備管理といった大規模企業向けのGISプラットフォームとして利用されていた。

03年に、北海道のある農協から圃場の輪作体系を管理する目的でGISを導入したいという引き合いがあり、GIS機能に精通したエンジニアが農業向けのデモンストレーション・システムを準備し、提案した。その結果、柔軟性が高いことが評価されて、本システムが採用されたことが圃場情報管理システムを製品化するきっかけとなった。

圃場情報管理システムを使った圃場の輪作体系維持管理のイメージは次のようなものである。

作物ごとに圃場を色分けすると、地域全体の作付けの様子が一目で把握できる。輪作体系を守っているかどうかを視覚的に表現するために、同じ作物を連続して作付けすると、色が濃くなる機能を提供することで、圃場ごとの作付け計画を登録した段階で、色の濃さだけでどの圃場が輪作体系に違反していないかが識別できるようになった。

それまでは、大きな紙に印刷された圃場図を作物ごとに手作業で違う色で塗りつぶし、色塗りされた作付け実績図を複数年分テーブルの上に並べて、今年の作付け計画が輪作体系に違反していないかどうかを圃場ごとに確認していた農協にとっては、圃場情報管理システムの導入により管理作業の負荷を大幅に削減されることになった。

04年6月に、土壌分析結果を圃場と関連付けて管理できる機能を追加して、圃場情報管理システムとして製品化し市場に投入した。

その後も、ユーザーの声を反映し、使いやすさと機能追加を継続し、現在に至っている。

営農指導の情報基盤として利用

圃場情報管理システムは、農協による営農指導業務の基本的な情報基盤となっている。圃場情報管理システムは、農協の営農指導担当者の創意工夫によって、さまざまな使い方がされている。代表的な利用事例を以下に紹介する。

圃場情報管理システムには、個人別の圃場図印刷機能がある（**図2**）。これは、生産者が耕作している圃場を、飛び地があっても切り張りしてコンパクトに印刷する機能である。紙に印刷した際、圃場の大きさが小さくならないようにする工夫である。

農協ではシーズン初めに地域全体の作付け計画を立てる際、生産者ごとの圃場図を印刷・配布し、手書きしてもらった圃場ごとの作付け計画を回収して、農協の職員がシステムに登録する。これにより簡単に作付け計画をデータ化できる。生産者が圃場を2分割して異なる作物を作付ける場合でも、圃場情報管理システムの作図機能を使って簡単な操作で分筆が可能である。このデータを使って前述した輪作体系の維持管理が行える。

また、多くの農協では収穫物の乾燥施設や保管施設を持っているが、個々の面積の異なる畑で単純に輪作体系を守ろうとすると、作物ごとの総作付面積が年ごとに変動することになる。その結果、施設の処理能力が不足したり、余ったりすることにつながってしまう。

そのため、生産者の作付け計画の登録が終わった段階で、作物ごとの総作付面積を確認し、計画値に対して過不足があると、生産者と相談して作付け計画を変更してもらうことになる。その際も、作付けデータをシステムに登録しているので、作物を変更したり、圃場を分筆したりする作業がスムーズに行える。特にてん菜は、農協ごとに作付面積の上限が割り当てられているので、気を使うことになる。

また、土壌分析の結果を圃場に関連付けて管理し、地域全体の農地の性格の把握に役立

図2　個人別圃場図

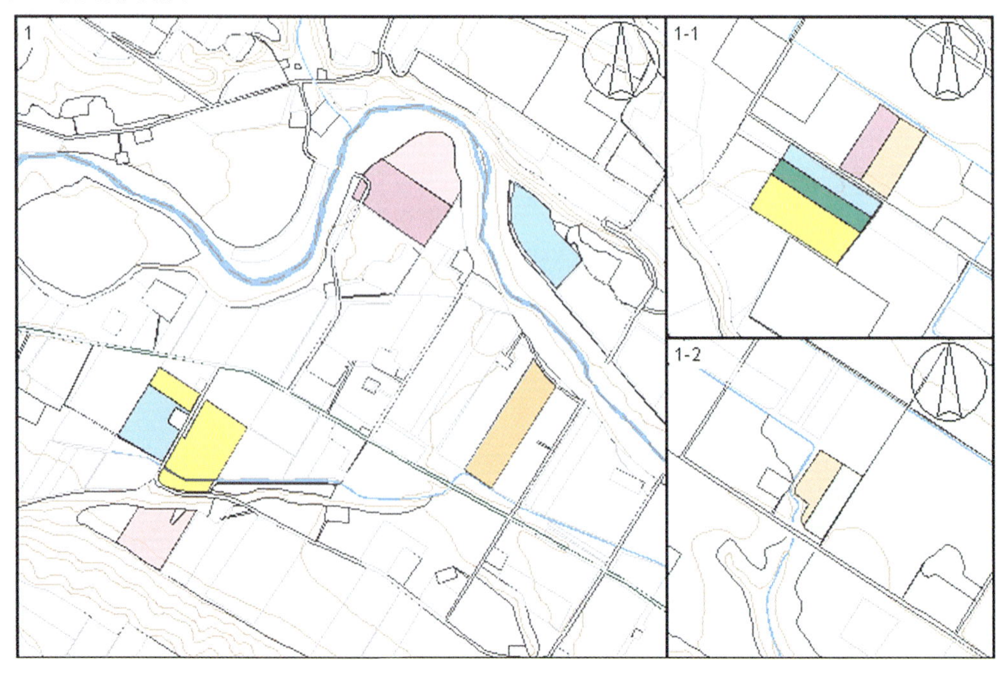

てている（**図3**）。

作付け実績の把握のため、一連の作付けが終わった5月ごろに高精細の衛星画像を取得し、画像を確認して計画と異なっていれば、実績データを修正している農協もある。

本州では、圃場情報管理システムを、営農目的ではなく、ラジコンヘリを使って防除する業者に対して作業を委託する目的だけに利用している農協が複数あるが、これも一つの利用方法である。

なお、初期導入時の圃場データは、当社が委託を受けて、衛星画像などから作成し、システム一式として提供するが、システム導入後は、多くの農協では作付けデータの登録や圃場の変更は農協職員が担当している。

圃場情報管理システム導入のメリット

最近では、個々の生産者や農業法人が利用する農業情報管理ソフトが市場に出回り始めているが、農協が圃場情報管理システムを導入し、情報をメンテナンスしながら情報を活用した営農指導を行うことは、個人レベルの情報活用と比べて、メリットが大きい。

個々の生産者がデータの登録を行うと、システムの利用に不慣れで現場作業の多い生産者が片手間にデータを登録することになりがちで、操作ミスなどで間違ったデータを登録したり、登録漏れが発生したりする危険性がある。その結果、登録された情報が次第に正確でなくなり、誤ったデータを基に行動を起こすことで次第にシステムが使われなくなる可能性が出てくる。

操作に慣れた農協の職員がデータの維持管理を担えば、データの登録間違いや登録漏れを防止でき、正しいデータに基づいた判断が可能となる。情報システムは正しく使うと利用効果が大きいが、登録されるデータが正確でないと逆効果となる。その意味でも、農協がシステムを導入し、データを維持管理し、

図３　土壌分析結果の表示例

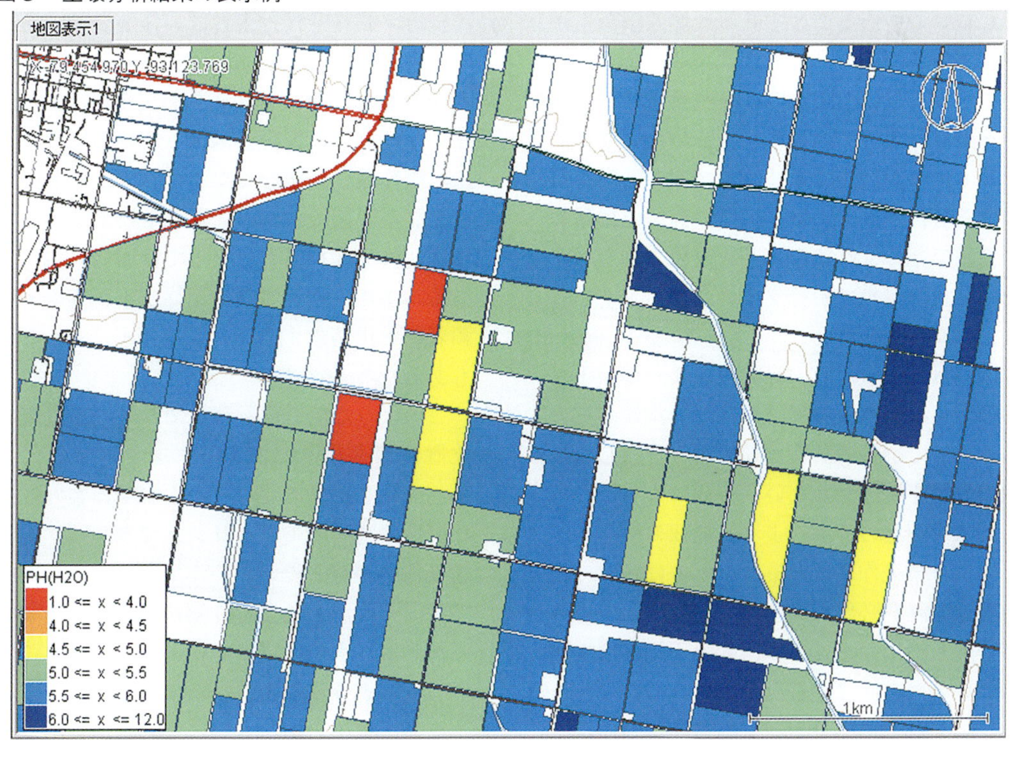

正しい情報に基づいて指導や調整ができる仕組みは意義がある。

もう一つのメリットは、毎年たくさんのデータが集まることである。生産者個人では、自分が耕作している十数枚の圃場のデータしか集まらないが、農協全体では数千枚分の圃場データが毎年集まることになる。投入した資材の量、土壌マップとの重ね合わせ、個人ごとの比較、毎年の収量の変化など、多量のデータを多面的に比較評価することにより、営農指導ができることは、個人レベルの情報管理にはまねのできないメリットである。

農業ロボットの普及と今後の可能性

現在、農業を取り巻く状況は、大きく変わろうとしている。

一つ目は、位置の補正情報を上空から提供してくれる国産の準天頂衛星の本格稼働が2018年に予定されており、位置情報活用の基盤が整いつつあることである。準天頂衛星が本格運用されるようになれば、これまで防風林のそばではGPS衛星の電波が途切れ、トラクタが自動走行できなくなっていたようなボトルネックが回避でき、位置情報の活用が普及する時代が到来する。精度の高い位置情報が活用できるようになると、決められた経路を精度良く自動で走行する農業ロボットの普及につながるだろう。

二つ目は、生産者の高齢化により担い手への農地集積が進み、担い手は経営規模が拡大する一方で圃場の集積は進まず、分散した多数の圃場を耕作するという時代になりつつある。人手不足の中で、より広範囲の耕作を行うには、単純作業は農業ロボットに任せ、細かな気配りが必要な精密作業は人の手で行うといった役割分担により、人手不足を解消するといった方向に進むと予想される。これらは、いずれも農業ロボットの普及につながるトレンドである。

さらには、これまでは全ての農機を生産者個人で所有する傾向が強かったが、経営改善のため、頻繁に使用するトラクタや一部の作業機のみを所有し、特殊な作業や作業期間が短い作業は外部の業者に委託したり、複数の生産者で農機を共同利用したりすることで、経営体質をスリム化する考えも浸透するだろう。

ただし、農作業代行業者が圃場内で作業する際、農地の凹凸に合わせて、細かく作業機の高さを変えたり、湿り気の多い場所に注意したりする必要があるなど、土地の性格を知らないで作業するには難しい面がある。そのことが、生産者が外部に作業委託するのをためらう理由の一つとなっていると聞く。圃場ごとの侵入経路や作業の注意事項を記録しておき、農作業代行業者が作業する際に過去の記録を参考にしながら、気配りの利いた作業ができれば、生産者も安心して作業を委託することができるようになる。

一方、農作業代行業者は、作業を予定通りのスケジュールで終わらせる必要があるが、ぬかるんだ農地にトラクタが沈み込んで動けなくなったり、作物が倒伏していて思うように収穫作業が進まなくなったりするなど、さまざまな要因で作業が滞ることがある。これらは農作業代行業者にとっては頭痛のたねである。また、作業実績の記録が不正確で、依頼者に費用請求する際にトラブルになることもあるだろう。

このような場合に、現場で作業する農機の位置情報と作業実績データをシステムに送り、実績を自動記録しながら現場作業の進捗(しんちょく)状況を事務所でモニタリングできれば、予定通り作業が進んでいない作業者に連絡を取って状況を確認し、早く作業が終わった作業者に対して、別の圃場へ応援に向かわせることができるようになる。

また、種子、肥料といった資材の補給や収

図4　位置情報を活用した機械作業体系

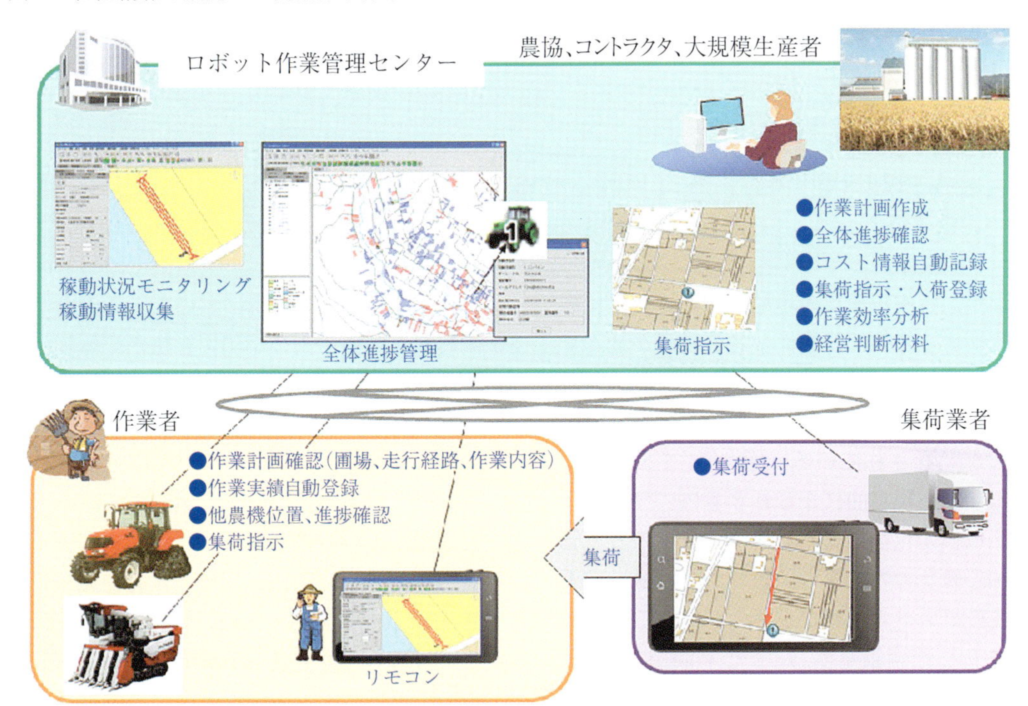

穫物を運搬するトラックは、通常、作業を行う近隣で待機しているが、トラクタやコンバインの作業進捗をパソコン画面で確認することができれば、必要となる時刻に合わせて運搬用トラックを派遣することができ、運搬用トラックを含めた機械作業体系全体の効率化に結び付けられる。人件費や機械の台数を減らせる可能性も出てくる（**図4**）。作業を委託した生産者は進捗が確認できるので安心である。

このような、生産者と農作業代行業者との仲介役を務めることも、農協の役割として期待される。

農機が自動走行するということは、農機にコンピューターが搭載されることを意味する。コンピューターを使って単に計画経路に沿って走るだけでなく、各種センサーを搭載し、資材の散布実績や収量データを位置情報とともに通信回線を使ってシステムに送れば、それらのデータを自動的に圃場と関連付けて管理することができるようになる。

農業の情報化を阻んでいる理由の一つは、作業の記録が全て手作業に委ねられていることである。情報を正確に記録することの重要性は分かっていても、農作業の記録を手作業で残すのは煩雑で手間が掛かる作業である。それが、機械に搭載されたセンサーを使って自動的に記録されれば、これまで以上に情報の利活用が進むだろう。

確実に進むであろう農業ロボットの普及・高度化に合わせた情報活用を支援する機能を提供することで、新しい時代の農業を支援していきたい。　**（西口　修、三枝　昌弘）**

【引用文献】

1）㈱日立ソリューションズ(2013年)「農業情報管理システム『GeoMation Farm』」(http://hitachi-solutions.co.jp/geomation_farm/)

※GeoMation,GeoMation Farmは㈱日立ソリューションズの登録商標です

第3部 事例編

農家向け営農支援システムの普及

近年、日本の農業の現場において、主に高齢化による基幹的農業従事者の減少が進んでおり、労働力不足の深刻化に加え、高齢化により引退する熟練の農業者が持つ経験や勘の喪失が懸念されている（**図1**）。また、TPPへの参加が現実的になるとともに、今後の市場環境の変化を見据えた中で、日本の農産物の国際競争力の確保も課題であり、品質向上や生産コストの削減が求められている。

こうした背景を受け、「効率的な農作業、農業機械の稼動」「日々の作業の記録による作業ノウハウの継承」「高品質の農作物生産や生産のコスト削減」を実現する「経営効率化ツール」として、農業ICTへの期待が高まっている。

日本の稲作は生産費において、労働費と農機具費が占める割合が50％を超えており、労働生産性を高めるとともに、農業機械の稼働率をいかに上げるかが重要である（**図2**）。さらに、稲作は大部分の作業が機械作業となるため、機械稼働率向上が労働生産性向上にも直結している。

ヤンマーでは2013年7月から農業機械の稼働率向上を目的とし、利用者に対する機械サービスの充実やメンテナンス提案をするために、遠隔監視システム「スマートアシストリモート」のサービスを開始した。また、15年4月には前述の農業ICTへの期待の高まりを受けて、同システムの営農支援機能をリニューアルし、サービスを提供している。

図1　農家人口、基幹的農業従事者数の推移

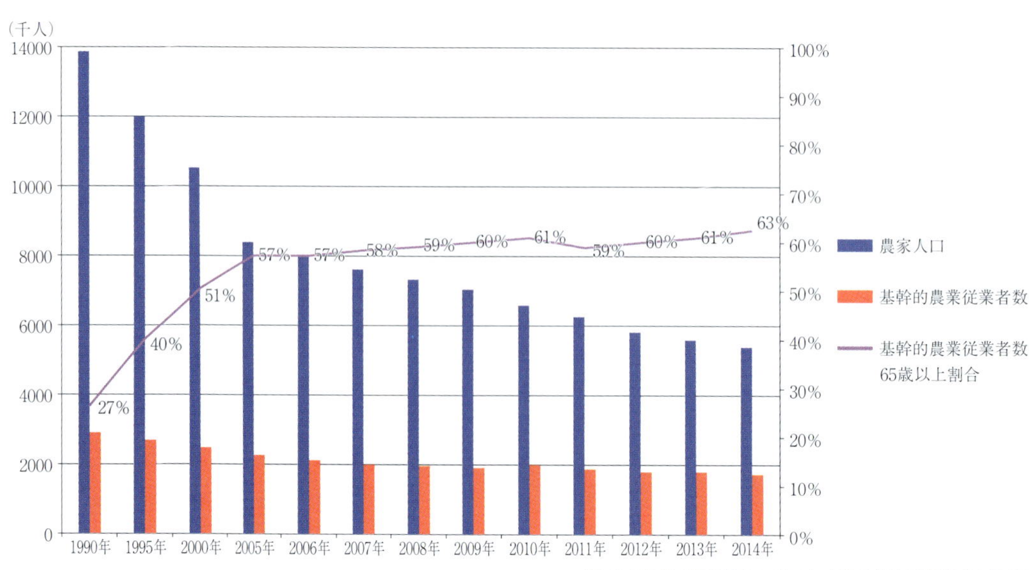

（農林水産省「農林業センサス」、「農業構造動態調査」抜粋）

図2　2013年産10a当たり米生産費における主要費目の構成割合

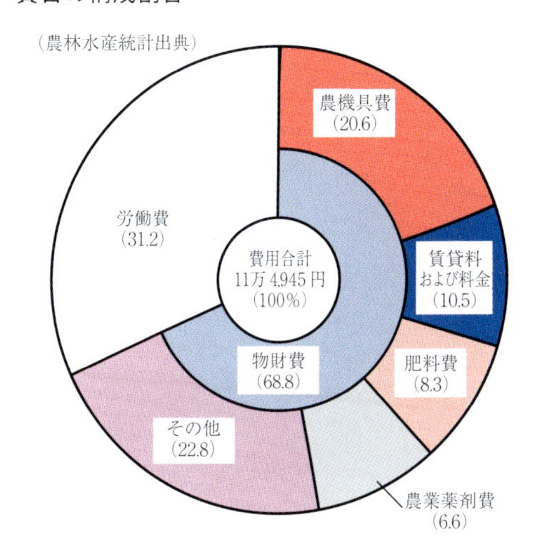

ヤンマー「スマートアシストリモート」

システム概要

ヤンマーのスマートアシストリモートは、農業機械にGPSアンテナと通信端末を搭載し、機械の位置情報や稼働情報を、携帯通信網を利用してヤンマーのデータサーバーに送信、蓄積している。蓄積した情報のうち、マシントラブルに関する情報やメンテナンスに関する情報はヤンマーのサービス拠点で閲覧できるようになっており、常に最適なサービスやサポートを利用者に提供するために活用している。また、機械の状態や日々の作業の記録は、インターネットを介して利用者自身がウェブページから閲覧できる。

現在スマートアシストリモートは、ヤンマー製のトラクタ、コンバインで利用することができる。トラクタは90馬力以上の6型式、コンバインは4条～7条刈りの自脱型コンバイン7型式と普通型コンバイン2型式で利用でき、15年6月現在、国内で計約3,000台が稼働している。

利用者への提供価値と活用事例

スマートアシストリモートは「お客さまの機械を見守り、『あんしん』を提供する」3つのサービスと、「お客さまの農業経営をサポートする」3つのツールで構成されている。3つのサービスは主にヤンマーから利用者に提供するものであり、3つのツールは利用者ごとにウェブページで利用できるコンテンツである。おのおのの提供価値の詳細および活用事例を事項から紹介する（**図3**）。

■機械を見守り、「あんしん」を提供

①稼働診断保守サービス

【提供価値】

蓄積したスマートアシスト搭載機の稼働情報を基に、稼働時間やエンジン負荷率・燃料消費率などの情報、機能の利用状況やマシンエラーの発生履歴に関する情報をカルテとして提供する。本カルテにより、利用者自身が機械の利用状況を確認することで、機械の利用効率を高めたり、燃料消費率を低く抑えたりするよう運転方法を改善できる。

また、機械の稼働状態を詳細に把握できるため、サービス拠点からは、最適なメンテナンスの項目や時期の提案が可能である。現在は、稼働時間に応じたオイル、エレメント交換などの各種メンテナンス情報を提供することで、TBM（Time Based Maintenance）を実現している。将来的には、稼働時間以外の稼働状況を表すパラメータを複合的に判断することで、一台一台の機械の稼働情報に合わせたきめ細かなメンテナンス提案、いわゆるCBM（Condition Based Maintenance）の実現を視野に入れている。

【活用事例】

例えば、**図4**のカルテのようなトラクタの場合、PTO作業をメーンで行われているが、稼働状況のグラフからは稼働時間全体の約1/4が移動もしくは停止時間となっていることが分かる。移動・停止時間は、実際には

第3部 事例編

図３　スマートアシストリモートの提供コンテンツ

機械を見守り「あんしん」を提供

稼働診断保守サービス
稼働効率の向上や、ランニングコストの低減を提案

エラー情報通知サービス
機械のダウンタイムを大幅に削減

盗難抑止見守サービス
万一の盗難にも素早く対応

お客さまの「農業経営」をサポート

稼働状況管理ツール
機械の稼働状況を「見える化」する

圃場情報管理ツール
圃場１枚ごとに記録・管理する

作業記録管理ツール
作業内容を記録し、
活用・効率改善につなげる

作業をしていない無駄時間ともいえるため、これの短縮を意識することで、稼働効率の向上を図ることができる。

　また、エンジン負荷率のグラフからは、ほとんどの稼働についてエンジン負荷率が50％以下であったことが分かる。一般的に50～80％のエンジン負荷率が、作業効率・燃料消費率・製品寿命の観点から最適と言われており、この場合はもう少し大きめの作業機を使う、もしくは作業速度を速くすることで、さらなる効率向上を図る余地があることを表している。

　機能設定時間の**図４**の表からは、耕うん作業の精度を上げるUFO機能の利用率は、期間内稼働338時間に対して309時間と高いが、燃料消費率や作業精度の向上に貢献するエンジン負荷制御「e-control」については、全く活用されていないことが読み取れる。本機能を活用することで、燃料消費率を低減できる可能性を示唆している。

②エラー情報通知サービス

【提供価値】

　スマートアシスト搭載機では、稼働中に警報やエラーが発生すると、ただちにヤンマーのデータサーバーに情報を送信する。データサーバーが情報を受信すると、機械ごとに決められたサービススタッフ宛に、発生時間、場所、内容、対処方法などが電子メールで通知され、PCやタブレットからはエラー発生時の詳細情報をウェブサイト経由で確認することができる。これまでの故障対応が利用者からの電話連絡によって対応する待ちの姿勢であったのに対して、現象を現場で確認する前にエラーの内容や対処方法が特定できるため、ダウンタイムの低減に貢献できる。

　またヤンマーでは、2015年４月１日に全国のスマートアシスト搭載機の稼働状態を「24時間365日」監視するリモートサポートセンターを開設した。サービス拠点の対応が手薄になる夜間や休日などの営業時間外には、利用者への連絡やスタッフへの指示を代行することで、万全のサポート体制を構築している。

【活用事例】

　実際に、北海道で起きた故障に対する対応履歴を紹介する。５月26日にシステムがトラ

図４　稼働診断保守サービスによるトラクタEG105のカルテ

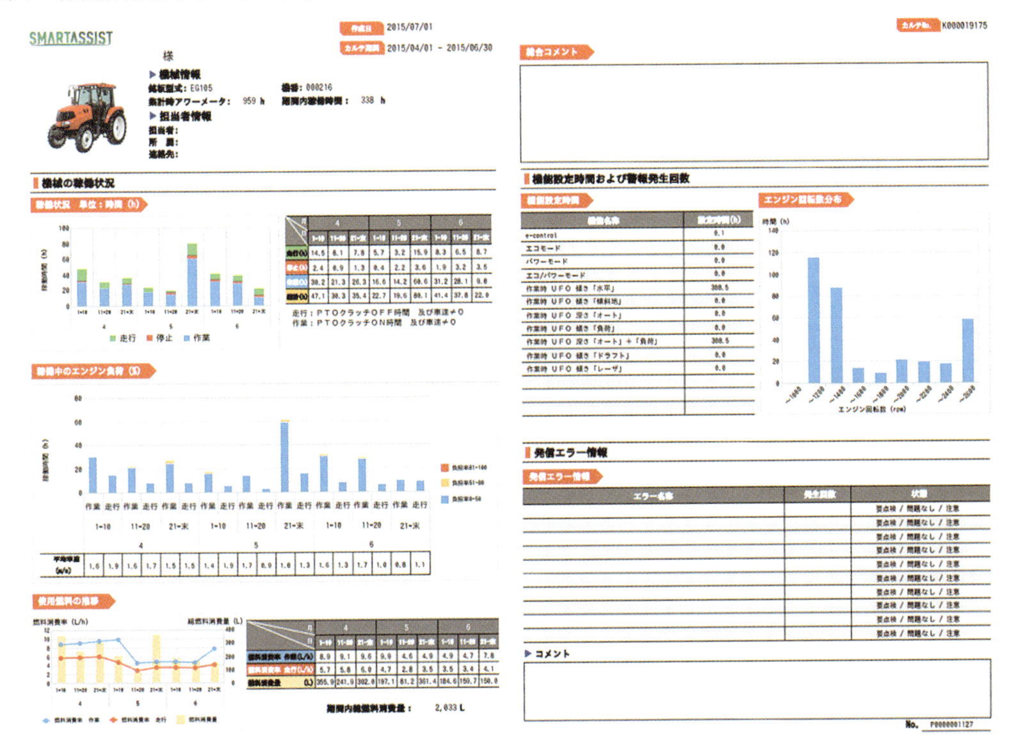

クタのセンサーの異常を検知し、担当サービススタッフが電子メールを受信した。スタッフは直ちに利用者に電話し、取りあえず応急的に使う方法を連絡した。その後、部品を手配して修理に向かおうとしたが、新品部品がすぐに入手できなかったため、同一部品を持つ在庫機から部品を取り外して持参し、エラー発生から約１時間で応急処置を完了。２日後に新品部品の入荷を受け、あらためて訪問し、修理完了とした。スマートアシストリモートの活用により事前に現象を確認できた結果、利用者の機械のダウンタイムを最小限にとどめることができた一事例である。

③盗難抑止見守サービス

【提供価値】

近年、関東や東海および近畿地方を中心に農業機械の盗難事件が多発している。農業機械の盗難においては、機械がなくなることによる直接の被害額ももちろんであるが、代わりの機械が準備できず作業適期を逃す、請け負っている作業を予定通りに行うことができない、などの間接的な被害も大きい。万一の盗難に備え、スマートアシストリモートでは、事前に設定した稼働制限範囲および稼働制限時間を超えた稼働を検知した際に、電子メールで通知を行うサービスを実施している。同時に希望者には、前述のリモートサポートセンターより電話で通知するサービスも行っている。

通知を受けた利用者は、現場確認や通報といった次のアクションを素早く取ることができるため、盗難抑止効果が期待できる。

【活用事例】

東海地方で、トラクタ EG97の利用者が盗難未遂事件に遭遇した際の経緯を記す。利用者は、耕うん作業終了後、翌日以降も作業が続くことから圃場にトラクタを置いたまま帰宅、トラクタはキーを抜いただけの状態であった。深夜12時前に、スマートアシストがトラクタの稼働を検知、稼働時間を６：00～

22：00と設定していたため、時間外の稼働ということで、利用者とサービススタッフに盗難を知らせるメールが送信された。メールを受信した利用者は、スタッフと連絡を取りつつ現場に急行し、停車していた場所から500mほど離れた場所でトラクタを発見した。現場には、犯人のものと思われるリュックサックなどの遺留品が残されており、犯人は利用者が現場に到着した気配を察知し、慌てて逃走したものと推測される。トラクタはキーシリンダが破壊され、キーがない状態でも動く状態にされていたが、スマートアシストリモートを活用することで、盗難の未然防止につながった。

■「農業経営」をサポート

以下から、スマートアシストウェブサイト経由で提供している3つのツールを紹介する。

④稼働状況管理ツール

【提供価値】

スマートアシスト搭載機の現在位置を地図上に表示、稼働中か停止中かをリアルタイムに確認し、利用効率の向上につなげることができる。また、作業時間やエンジン回転数、燃料消費率、燃料消費量などの項目をグラフで表示する。また、前述のカルテと同様に、各機能の利用率をこのサイトからも確認できる。今まで気付かなかった操作のばらつきや無駄を明らかにすることで、ランニングコストの低減につなげられる。

【活用事例】

閲覧できる内容は前述の稼働診断保守サービスとほぼ同じであるが、こちらは利用者自身でいつでも機械の利用状況を確認できるため、オペレーターごとの操作の癖や作業効率の差などをより細かく把握できる。

実際に、スマートアシスト搭載機であるAG6114Rを利用する九州の利用者は、サイトで作業時間や燃料消費量を日々確認していたところ、エンジンをかけたまま走行も作業もしていない停止時間の比率が高いことに気が付いた。作業中必要のない時にエンジンを切ることを心掛けたところ、燃料消費量を抑え、ランニングコストの低減につながった。今後は、この事例を参考に、他のオペレーターにも注意喚起することで、全体のランニングコスト低減につなげていきたいとしている。

⑤圃場情報管理ツール

【提供価値】

圃場の名称、面積をサイト上で登録、また、Google Map上で位置を設定することができる。圃場ごとの作付け情報を登録することで、マップ上で色分けしての表示が可能である。また、後述の作業記録管理ツールを併せて使うことで、圃場・作物ごとの作業記録を残すことができ、作業進捗の確認や作業ノウハウの継承に役立てられる。

【活用事例】

近年は、大規模化の流れを受けて、200～300筆の圃場を所有する経営体が増えてきている。しかし、その管理方法としては、白地図上に圃場の位置を記入し、作付け情報や進捗状況に応じてマーカーなどで色付けする程度の経営体が多い。九州で約30haの水稲を作付ける法人の利用者も、昨年までは紙で管理していたが、現在は所有する圃場の全てをサイト上に登録し、日々の管理を行っている。紙での管理からサイト上での管理に変わったことで、圃場ごとの情報が見やすくなった、サイトから地図を印刷できるので管理の手間が減り、作業圃場を間違えることがなくなった。今後は、圃場ごとの作業記録を活用し、農作物の生産履歴管理などに役立てたいとしている。

⑥作業記録管理ツール

【提供価値】

スマートアシストでは、サイトの他に日々の作業を簡単に記録するためのスマートフォンアプリを提供している。作業を行う圃場をスマートフォンが持つGPS情報と登録してい

図５　スマートアシストアプリ作業設定画面

る圃場のマップ情報から簡単に選択でき、作業内容などの項目を選択して、開始・停止操作をするだけで、圃場・作業者・作業内容・機械・作業機・作業時間を記録できる（**図5**）。さらに、スマートアシストリモートでは、農業機械から自動的に位置情報と稼働情報がデータサーバーに送信、蓄積される。前述のアプリから送信した情報と合わせることで、その作業の中での機械の稼働状態（エンジン回転数、燃料消費率、走行距離など）が分かり、また情報支援機能付コンバインで刈り取り作業を行った場合は、圃場ごとの収穫情報も自動で記録することができる。

【活用事例】

従業員（オペレーター）を複数雇用する経営体においては、業務管理が課題となる。いつ、どこで、誰が、どんな作業をしたのかを記録するために、これまでは紙の作業日誌にオペレーターが記入し、それを事務員もしくは経営者がパソコンでエクセルに記入するのが主流であった。スマートアシストでは、各従業員がスマートフォン経由で作業記録を送信するため、後でエクセルに入力するなどの事務作業が必要なくなり、作業時間も正確に記録できる。作業の記録を詳細に付けることで、次年度以降の栽培計画が立てやすくなり、後継者へのノウハウ継承もスムーズに行える。

スマートアシスト搭載機で作業をした場合、それぞれの作業記録から機械がどのような経路で動いたのか、どんな操作をしたのかという詳細情報を見ることが可能である（**図6**）。従業員ごとの操作方法の癖や作業ごとのムリ・ムダ・ムラを把握することで、作業効率の改善を図ることができる。

農業経営の収益を向上する上で、農作物の収量・品質の向上も大きな要因である。情報支援機能付きコンバインにより圃場ごとの収穫情報を記録すると、グラフやマップ上で収量の分布を確認できる（**図7**）。収穫量の結果と、気象情報や土壌情報、作業の履歴を照会し、年々改善することで全体として収量・品質を向上することができる。

◇

前述のように、スマートアシストリモートは、「機械の安定稼働のサポート」と「農業経営支援」という２つの側面を持つシステムである。

機械の安定稼働のサポートにおいては、今後さまざまな機械の稼働データを蓄積し、サービスだけでなく、開発、生産、販売、品質保証などさまざまな分野で活用することで、より良い商品やサービスメニューの開発・提供に結び付けていく。利用者のライフサイクルコストを低減し、ライフサイクルバリューの最大化につなげることが、ヤンマーの目標である。

農業経営支援においては、まず日々の作業

図6　コンバイン一日の動き

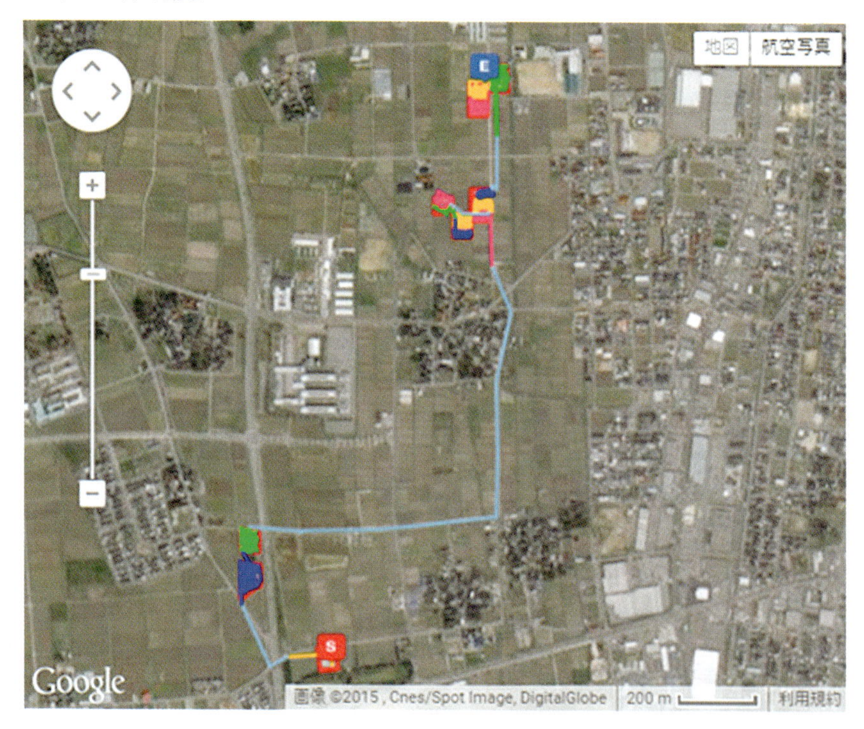

図7　収穫量分析画面

を記録することが必要である。今後も、さらに簡単に作業記録ができる仕組みを提供しつつ、記録を活用するアプリケーションの充実化を図り、よりいっそうお客さまの役に立てるシステムとして確立していく。

（村田　想介）

ニューカントリー2015年秋季臨時増刊号

ICTを活用した営農システム

次世代農業を引き寄せる

平成27年11月１日発行

発行所　株式会社北海道協同組合通信社
札幌本社
〒060-0004
札幌市中央区北４条西13丁目１番39
TEL　011-231-5261　FAX　011-209-0534
ホームページ　http://www.dairyman.co.jp/
編集部
TEL　011-231-5652
Eメール　newcount@ruby.ocn.ne.jp
営業部（広告）
TEL　011-231-5262
Eメール　eigyo@dairyman.co.jp
管理部（購読申し込み）
TEL　011-209-1003
Eメール　kanri@dairyman.co.jp

東京支社
〒170-0004 東京都豊島区北大塚２-15-９
ITY大塚ビル３階
TEL　03-3915-0281　FAX　03-5394-7135
営業部（広告）
TEL　03-3915-2331
Eメール　eigyo-t@dairyman.co.jp

発行人　安田　正之
編集人　新井　敏孝

印刷所　山藤三陽印刷株式会社
〒063-0051 札幌市西区宮の沢１条４丁目16-１
TEL　011-661-7161

定価 3,619円＋税・送料205円
ISBN978-4-86453-036-1 C0461 ¥3619E

出版案内　北海道協同組合通信社の本

B５判 オールカラー 108頁
定　価　1,333円＋税（送料124円＋税）

北海道の新顔野菜

Part II つくってみヤサイ！

著者　安達　英人

北海道の生産現場や販売店に最近登場し、注目されている「新顔野菜」を紹介・解説し大好評だった「北海道の新顔野菜　つくってみヤサイ！」の第２弾が満を持して登場。エゴマ、いちごほうれんそう、芽キャベツ、カラーだいこん、フローレンスフェンネル、ヒヨコマメ等、新顔野菜40品目の栽培法や食べ方をまとめました。また本書後半では、アスパラガスや馬鈴しょ、たまねぎなど定番野菜について、色や味の異なる種類の品揃えや、品種・生産情報の提供など、有利販売するためのコツを紹介します。

家庭菜園からプロユースまで、広く役に立つ参考書です。

北海道の新顔野菜

つくってみヤサイ！

著者　安達　英人

アイスプラント、ロマネスコカリフラワー、スイスチャード……。今まで北海道の畑では見られなかった野菜。最近販売店に並ぶようになった珍しい野菜。

ニューカントリーの人気企画「つくってみヤサイ！」から、注目の新顔野菜40品目をピックアップし再編集、北海道での栽培法、調理法を紹介。また野菜づくりの基礎知識、新顔野菜やそのタネ・苗を入手できるお店情報も掲載。

B５判 オールカラー 108頁
定　価　1,333円＋税（送料124円＋税）

ー図書のお申し込みは下記までー

株式会社 北海道協同組合通信社
デーリィマン社
管理部
☎ 011(209)1003
FAX 011(209)0534

※ホームページからも雑誌・書籍の注文が可能です。http://www.dairyman.co.jp　e-mail kanri@dairyman.co.jp

Welcome to MaY MARCHE

マーカス・ボスの北海道野菜

著者　Markus Bos

マーカス・ボス氏は、欧州各地のレストランで修業を重ね来日、人気の野菜マーケット「メイマルシェ」を主宰する傍ら、北海道を拠点に料理教室やメディアを通じ北海道のおいしい素材へのこだわりと、持ち味を引き出す料理の楽しさを、独自のスタイルで伝えています。本書は、加熱調理用トマトやフェンネルなど、洋野菜のレシピ37点を紹介。マルシェに並ぶ野菜の写真も美しく、料理をつくり味わう喜びはもちろん、ページをめくり、眺めるだけでも癒される「野菜の力」を感じる1冊です。

Ａ４変型判　92頁　オールカラー
定価　本体価格1,600円＋税

からだにいい新顔野菜の料理

北海道の野菜ソムリエたちが提案

監修　安達英人・東海林明子

新顔野菜の伝道師・安達英人さんが、21種類の新顔野菜をわかりやすく解説。その特徴を存分に生かした食べ方を北海道の野菜ソムリエ14人が提案、選りすぐりの84品を、料理研究家・東海林明子さんが料理する。

料理することが楽しくなるヒントやアドバイスがいっぱい。今、全国でも注目の新顔野菜の魅力が満載です。

235㎜×185㎜　128頁
オールカラー
定価　本体価格1,300円＋税

―レシピ提案ソムリエ―

伊東木実さん、大澄かほるさん、大宮あゆみさん、小川由美さん、吉川雅子さん、佐藤麻美さん、辻綾子さん、土上明子さん、長谷部直美さん、萬谷利久子さん、松本千里さん、萬年暁子さん、室田智美さん、若林富士女さん

株式会社 北海道協同組合通信社
デーリィマン社　管理部
☎ 011(209)1003
FAX 011(209)0534
※ホームページからも雑誌・書籍の注文が可能です。http://www.dairyman.co.jp
e-mail kanri@dairyman.co.jp

散布/空散/無人ヘリ
散布方法を選べる便利な
殺菌剤
稲　麦　果樹　野菜　花の
病害防除に!!
トップジンMのフロアブル剤
殺菌剤
トップジンM
ゾル
TOPSIN-M ULV
5ℓ入
日本曹達株式会社
トップジンMの
フロアブル剤
500ml
ダウンウォッシュで
薬剤が株元まで届く!!